面向"十二五"高职高专规划教材·计算机系列

Flash 动画制作教程

王 斌 主编

唐永芬 秦虎锋 伏祥莲 副主编

清华大学出版社

北京交通大学出版社

·北京·

内 容 简 介

本书对当前最为流行的 Flash CS3 进行了较为详尽的介绍，结合作者多年的教学经验，以实例贯穿全书，配合大量的图解，循序渐进地讲解了 Flash 制作动画的核心知识。

本书内容包括 Flash 工作界面及常用面板，绘制图形及图形编辑，逐帧动画，动作补间动画及形状补间动画，遮罩动画及引导动画，时间轴特效动画，元件、实例和库的使用方法，应用动作脚本制作交互动画的方法，动画的输出与发布设置，并以讲解实例的方式介绍了 Flash 在制作 MV、手机动画、游戏中的综合应用。

本书全面地介绍了制作各种动画的方法和技巧，内容实用，实例的可操作性极强，难度适中，适合完全没有美术基础的读者。本可作为高职高专院校计算机专业教材，也可以作为网页动画设计者与爱好者的参考用书。

本书封面贴有清华大学出版社防伪标签，无标签者不得销售。
版权所有，侵权必究。侵权举报电话：010-62782989　13501256678　13801310933

图书在版编目（CIP）数据

Flash 动画制作教程 / 王斌主编．—北京：清华大学出版社；北京交通大学出版社，2009.9
（2014.8 重印）
（面向"十二五"高职高专规划教材）
ISBN 978-7-81123-621-7

Ⅰ．F…　Ⅱ．王…　Ⅲ．动画-设计-图形软件，Flash CS3-高等学校：技术学校-教材
Ⅳ．TP391.41

中国版本图书馆 CIP 数据核字（2009）第 123512 号

责任编辑：谭文芳
出版发行：清 华 大 学 出 版 社　　邮编：100084　　电话：010-62776969　　http://www.tup.com.cn
　　　　　北京交通大学出版社　　　邮编：100044　　电话：010-51686414　　http://press.bjtu.edu.cn
印　刷　者：北京时代华都印刷有限公司
经　　　销：全国新华书店
开　　　本：185×260　　印张：18.25　　字数：490 千字
版　　　次：2009 年 9 月第 1 版　　2014 年 8 月第 8 次印刷
书　　　号：ISBN 978-7-81123-621-7/TP·509
印　　　数：13 001～14 000 册　　定价：29.00 元

本书如有质量问题，请向北京交通大学出版社质监组反映。对您的意见和批评，我们表示欢迎和感谢。
投诉电话：010-51686043，51686008；传真：010-62225406；E-mail：press@bjtu.edu.cn

前　　言

Adobe Flash CS3 是美国 Adobe 公司收购 Macromedia 公司后将享誉盛名的 Macromedia Flash 更名为 Adobe Flash 后的首款动画软件。在新版本中，Flash 的功能得到极大的扩展。作为多媒体创作工具，Flash CS3 以其便捷、完美、舒适的动画编辑环境，深受广大动画制作爱好者的喜爱，在网页设计和多媒体制作等领域都得到了广泛的应用，已经成为网络动画的行业标准。

● **本书特色**

本书从实用的角度出发，考虑初学者实际学习的需要，采用"任务导入、案例驱动"的教学方法、"理论+实践"的教学模式，由浅入深，引导学生掌握动画设计与制作的专业技能。

● **本书的结构**

第 1 章 Flash 入门，主要介绍软件的工作界面、新建和保存文档、常用面板及基本的动画制作原理等。

第 2 章绘制图形，主要介绍绘图工具、填充工具与文本工具，如线条工具、钢笔工具、颜料桶工具、墨水瓶工具等。

第 3 章图形编辑，主要介绍图形制作中选取与变形的工具及其使用方法，如套索工具、任意变形工具、翻转对象、排列图形等。

第 4 章动画制作中的帧与图层，主要介绍时间轴中帧与层的操作，如创建帧、复制帧、移动帧、创建图层、删除图层、隐藏与显示图层等。

第 5 章基础动画制作，主要介绍动画制作方法的基础，包括动作补间动画、形状补间动画。

第 6 章高级动画制作，主要介绍动画制作中用到的更高级的方法，包括遮罩动画、引导动画和时间轴特效动画。

第 7 章元件、实例和库的使用，主要介绍元件和库的应用，包括图形元件、影片剪辑元件、按钮元件、元件的管理等。

第 8 章使用动作脚本制作交互动画，主要介绍 ActionScript 的用法，包括时间轴控制函数、按钮事件处理函数、影片剪辑的事件处理等。

第 9 章动画的输出与发布，主要介绍动画后期输出与发布的方法，包括导出不同类型作品的方法和载入动画的制作。

第 10 章制作 MV，通过具体实例的制作讲解了 Flash MV 的制作方法与技巧。

第 11 章制作手机动画，通过具体实例的制作介绍手机动画的特点及 Flash 制作手机动画的方法。

第12章游戏制作，通过具体实例的制作讲解Flash游戏制作的流程及制作过程中具体问题的解决。

● **版权声明**

本书采用的创意、图片、音乐等均为所属公司或个人所有，本书引用仅为说明（教学）之用，绝无侵权之意，特此声明。

由于成稿时间比较仓促，加之作者水平有限，不足之处在所难免，恳请广大读者批评指正。

作　者
2009年8月

目 录

第1章 Flash 入门 ... 1
1.1 基础部分——初识 Flash CS3 ... 1
1.1.1 Flash 界面组成 ... 2
1.1.2 常用面板 ... 5
1.1.3 文件操作 ... 8
1.1.4 文档属性 ... 10
1.2 基础部分——Flash 动画制作入门 ... 10
1.2.1 Flash 动画制作原理 ... 11
1.2.2 普通帧、关键帧、空白关键帧 ... 11
1.2.3 导入文件与素材 ... 11
1.3 实例部分——我的第一个简单动画 ... 12
1.3.1 动画说明与效果预览 ... 12
1.3.2 动画分析 ... 12
1.3.3 制作要点 ... 13
1.3.4 制作步骤 ... 13
1.4 上机实战与提高 ... 16
1.5 思考与练习 ... 17

第2章 绘制图形 ... 18
2.1 基础部分——基本绘图工具 ... 18
2.1.1 线条工具 ... 18
2.1.2 钢笔工具 ... 19
2.1.3 椭圆工具 ... 20
2.1.4 矩形工具 ... 21
2.1.5 多角星形工具 ... 23
2.1.6 铅笔工具 ... 24
2.1.7 刷子工具 ... 25
2.1.8 橡皮擦工具 ... 26
2.1.9 典型实例——冬日雪景 ... 27
2.2 基础部分——基本填充工具 ... 30
2.2.1 颜料桶工具 ... 30
2.2.2 墨水瓶工具 ... 30
2.2.3 滴管工具 ... 31
2.2.4 渐变变形工具 ... 31

I

  2.2.5 典型实例——夜景 ············ 32
 2.3 基础部分——文本工具 ············ 33
  2.3.1 创建文本 ············ 33
  2.3.2 设置文本样式 ············ 34
  2.3.3 滤镜 ············ 35
  2.3.4 典型实例——发光字 ············ 35
  2.3.5 典型实例——立体字 ············ 35
  2.3.6 典型实例——爱心字 ············ 37
 2.4 实例部分——海底世界 ············ 38
  2.4.1 实例说明与效果预览 ············ 38
  2.4.2 实例分析 ············ 39
  2.4.3 制作要点 ············ 39
  2.4.4 制作步骤 ············ 39
 2.5 上机实战与提高 ············ 42
 2.6 思考与练习 ············ 44

第 3 章 图形编辑 ············ 45
 3.1 基础部分——基本工具 ············ 45
  3.1.1 选择工具的用法 ············ 45
  3.1.2 套索工具 ············ 47
  3.1.3 任意变形工具 ············ 48
  3.1.4 典型实例——西瓜 ············ 49
 3.2 基础部分——其他图形编辑方法 ············ 51
  3.2.1 翻转对象 ············ 51
  3.2.2 图形的伸直、平滑和优化 ············ 51
  3.2.3 将线条转换为填充 ············ 52
  3.2.4 扩展填充和柔化填充边缘 ············ 53
  3.2.5 图形的组合与分离 ············ 54
  3.2.6 排列图形 ············ 54
 3.3 实例部分——"春节"灯笼 ············ 57
  3.3.1 实例说明与效果预览 ············ 57
  3.3.2 实例分析 ············ 57
  3.3.3 制作要点 ············ 57
  3.3.4 制作步骤 ············ 57
 3.4 上机实战与提高 ············ 61
 3.5 思考与练习 ············ 62

第 4 章 动画制作中的帧与图层 ············ 64
 4.1 基础部分——帧的编辑方法 ············ 64
  4.1.1 创建帧 ············ 64
  4.1.2 选择、复制和移动帧 ············ 66

		4.1.3 删除帧、清除帧和翻转帧	67
		4.1.4 设置帧频	68
	4.2	基础部分——图层的基本操作	69
		4.2.1 图层的作用	69
		4.2.2 创建图层	69
		4.2.3 选取、删除和重命名图层	70
		4.2.4 复制和移动图层	71
		4.2.5 显示、隐藏与锁定图层	71
		4.2.6 管理多图层	73
	4.3	实例部分——卡通钟表	74
		4.3.1 实例说明与效果预览	74
		4.3.2 实例分析	75
		4.3.3 制作要点	75
		4.3.4 制作步骤	75
	4.4	上机实战与提高	79
	4.5	思考与练习	81
第5章	基础动画制作		82
	5.1	基础部分——制作动作补间动画	82
		5.1.1 动作补间动画的特点	82
		5.1.2 创建动作补间动画的方法	82
	5.2	基础部分——形状补间动画	87
		5.2.1 形状补间动画的特点	87
		5.2.2 创建形状补间动画的方法	88
		5.2.3 关于形状提示应用	89
		5.2.4 典型实例——变换的字符	91
	5.3	实例部分	92
		5.3.1 实例说明与效果预览	92
		5.3.2 实例分析	92
		5.3.3 制作要点	92
		5.3.4 制作步骤	92
	5.4	上机实战与提高	97
	5.5	思考与练习	100
第6章	高级动画制作		101
	6.1	基础部分——遮罩动画	101
		6.1.1 创建遮罩层动画的方法	101
		6.1.2 应用遮罩的技巧	102
		6.1.3 典型实例——放大镜	103
	6.2	基础部分——引导路径动画	107
		6.2.1 创建引导路径动画的方法	107

		6.2.2 应用引导路径的技巧	108
		6.2.3 典型实例——落叶	110
	6.3	基础部分——利用时间轴特效快速制作动画	116
		6.3.1 时间轴特效的使用方法	116
		6.3.2 变形特效	117
		6.3.3 转换特效	118
		6.3.4 分离特效	119
		6.3.5 展开特效	120
		6.3.6 投影特效	121
		6.3.7 模糊特效	121
	6.4	实例部分——飞来的卷轴	122
		6.4.1 实例说明与效果预览	122
		6.4.2 实例分析	123
		6.4.3 制作要点	123
		6.4.4 制作步骤	123
	6.5	上机实战与提高	133
		6.5.1 鲜花文字	133
		6.5.2 倒影动画	134
	6.6	思考与练习	136
第7章	元件、实例和库的使用		137
	7.1	基础部分——图形元件的使用	137
		7.1.1 图形元件的创建	137
		7.1.2 典型实例——气泡	139
	7.2	基础部分——影片剪辑的使用	141
		7.2.1 影片剪辑的创建	141
		7.2.2 典型实例——蝴蝶飞舞	143
	7.3	基础部分——按钮的使用	147
		7.3.1 按钮元件的创建	147
		7.3.2 典型实例——聚焦按钮	149
	7.4	基础部分——元件的管理	157
		7.4.1 复制、删除与重命名元件	157
		7.4.2 使用外部"库"和公用"库"	162
	7.5	实例部分——行驶的汽车	163
		7.5.1 实例说明与效果预览	163
		7.5.2 实例分析	164
		7.5.3 制作要点	164
		7.5.4 制作步骤	164
	7.6	上机实战与提高	173
	7.7	思考与练习	175

第 8 章 使用动作脚本制作交互动画 ... 176
8.1 基础部分——动作脚本入门 ... 176
8.2 基础部分——添加动作脚本的方法 ... 177
8.2.1 时间轴控制函数 ... 177
8.2.2 为按钮实例添加动作脚本 ... 182
8.2.3 为影片剪辑实例添加动作脚本 ... 187
8.3 实例部分——滑落的雪花 ... 189
8.3.1 实例说明与效果预览 ... 189
8.3.2 实例分析 ... 189
8.3.3 制作要点 ... 189
8.3.4 制作步骤 ... 189
8.4 实例部分——可移动的放大镜 ... 197
8.4.1 实例说明与效果预览 ... 197
8.4.2 实例分析 ... 197
8.4.3 制作要点 ... 197
8.4.4 制作步骤 ... 198
8.5 上机实战与提高 ... 201
8.6 思考与练习 ... 204

第 9 章 动画的输出与发布 ... 205
9.1 基础部分——测试 Flash 作品 ... 205
9.1.1 优化动画 ... 205
9.1.2 测试动画的网络播放效果 ... 205
9.2 基础部分——导出 Flash 作品 ... 207
9.2.1 导出 SWF 动画影片 ... 208
9.2.2 导出 GIF 动画图像 ... 210
9.2.3 导出静态图像 ... 211
9.3 基础部分——发布 Flash 作品 ... 213
9.3.1 发布设置 ... 213
9.3.2 预览与发布 ... 215
9.4 实例部分——loading 动画的制作 ... 215
9.4.1 实例说明与效果预览 ... 215
9.4.2 实例分析 ... 216
9.4.3 制作要点 ... 216
9.4.4 制作步骤 ... 216
9.5 上机实战与提高 ... 219
9.6 思考与练习 ... 220

第 10 章 制作 MV ... 221
10.1 基础部分——Flash MV 制作基础 ... 221
10.1.1 Flash MV 制作流程 ... 221

　　　　10.1.2　声音的导入 ……………………………………………………………… 221
　　10.2　制作 Flash MV ……………………………………………………………………… 224
　　　　10.2.1　实例说明与效果预览 ……………………………………………………… 224
　　　　10.2.2　实例分析 …………………………………………………………………… 225
　　　　10.2.3　制作要点 …………………………………………………………………… 225
　　　　10.2.4　制作步骤 …………………………………………………………………… 225
　　10.3　思考与练习 …………………………………………………………………………… 243
第 11 章　制作手机动画 ………………………………………………………………………… 244
　　11.1　基础部分——手机动画设计特点 …………………………………………………… 244
　　11.2　实例部分——个性相册 ……………………………………………………………… 244
　　　　11.2.1　实例说明与效果预览 ……………………………………………………… 244
　　　　11.2.2　实例分析 …………………………………………………………………… 244
　　　　11.2.3　制作要点 …………………………………………………………………… 245
　　　　11.2.4　制作步骤 …………………………………………………………………… 245
　　11.3　思考与练习 …………………………………………………………………………… 248
第 12 章　游戏制作 ……………………………………………………………………………… 249
　　12.1　基础部分——Flash 游戏制作基础 ………………………………………………… 249
　　　　12.1.1　游戏的种类 ………………………………………………………………… 249
　　　　12.1.2　Flash 游戏制作流程 ……………………………………………………… 249
　　12.2　实例部分——射击游戏 ……………………………………………………………… 249
　　　　12.2.1　游戏说明与效果预览 ……………………………………………………… 249
　　　　12.2.2　游戏分析 …………………………………………………………………… 250
　　　　12.2.3　制作要点 …………………………………………………………………… 250
　　　　12.2.4　制作步骤 …………………………………………………………………… 250
　　12.3　思考与练习 …………………………………………………………………………… 280
参考文献 ………………………………………………………………………………………… 281

第 1 章　Flash 入门

　　Flash 动画是当前最为流行的动画表现形式之一，它凭借便捷、完美、舒适的动画编辑环境等诸多优点，在互联网、多媒体课件制作及游戏软件制作等领域得到了广泛应用。Flash CS3 是 Adobe 公司最新推出的 Flash 动画制作软件，它相比之前的版本在功能上有了很多有效的改进及拓展。在制作动画之前，先对其工作环境进行介绍，包括一些基本的操作方法和工作环境的组织和安排。

1.1　基础部分——初识 Flash CS3

　　运行 Flash CS3，首先出现的是"开始页"。"开始页"将常用的任务都集中显示在一个页面中，包括"打开最近的项目"、"新建"、"从模板创建"、"扩展"以及对官方资源的快速访问，如图 1-1 所示。

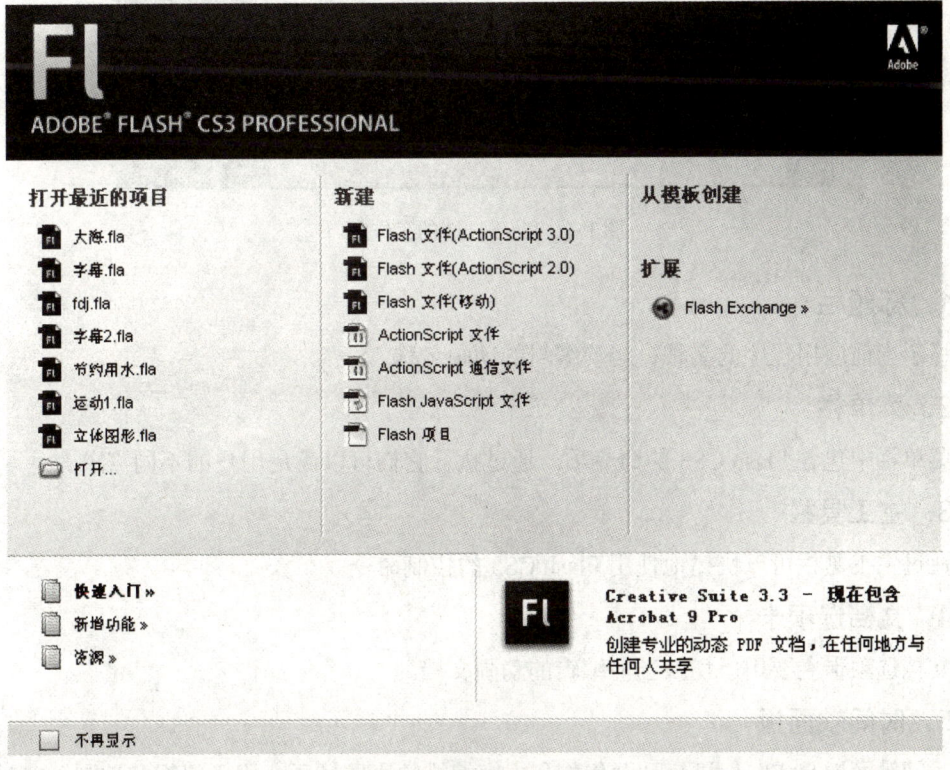

图 1-1　Flash CS3 开始页

　　如果要隐藏"开始页"，可以单击选择"不再显示"，然后在弹出的对话框中单击"确定"按钮即可。

如果要再次显示"开始页",可以通过选择菜单"编辑"→"首选参数"命令,打开"首选参数"对话框,然后在"常规"选项卡中将"启动时"选项设置为"欢迎屏幕"。

1.1.1 Flash 界面组成

在"开始页"中,选择"新建"下的"Flash 文件",这样就启动 Flash CS3 的工作窗口并新建一个影片文档,Flash CS3 的工作窗口由标题栏、菜单栏、主工具栏、文档选项卡、时间轴面板、舞台、工具箱、属性面板以及面板集组成,如图 1-2 所示。

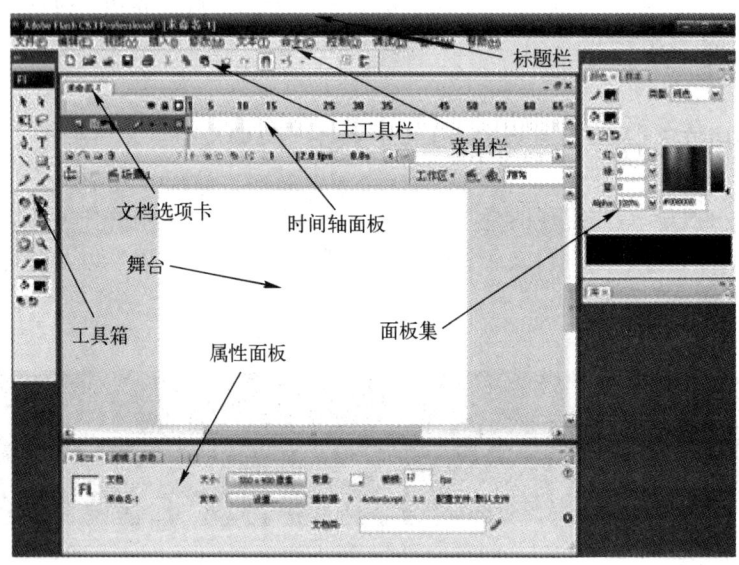

图 1-2 Flash CS3 的工作窗口

1．标题栏

显示当前应用程序的名称、当前编辑的动画名称。

2．菜单栏

菜单栏中包含 Flash CS3 的命令项,通过执行它们可以满足用户的不同需求。

3．主工具栏

通过主工具栏可以快捷地使用 Flash CS3 的控制命令。

4．文档选项卡

文档选项卡主要用于切换当前编辑的动画文档。

5．时间轴面板

时间轴面板是 Flash 进行动画创作和内容编排的主要场所,用于组织和控制一定时间内的图层和帧中的文档内容。与电影胶片一样,Flash 文档也将时间长度分为帧。图层就像堆叠在一起的多张幻灯胶片一样,每个图层都包含一个显示在舞台中的不同图像,在舞台上一层层地向上叠加。如果上面一个图层没有内容，那么就可以透过它看到下面的图层。时间轴由图层、帧和播放指针组成，如图 1-3 所示。

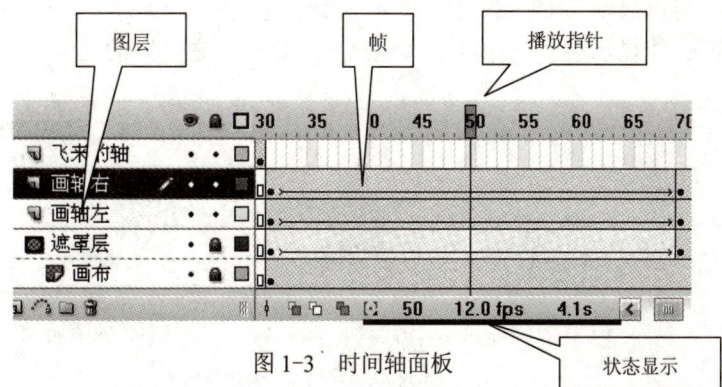

图 1-3 时间轴面板

时间轴状态显示在时间轴的底部，它指示所选的帧编号、当前帧频以及到当前帧为止的运行时间。

文档中的图层列在时间轴的左侧。每个图层中包含的帧显示在该图层名右侧的一行中。时间轴顶部的时间轴标题指示帧编号。播放指针指示当前在舞台中显示的帧。播放文档时，播放指针从左向右通过时间轴。

6．舞台

"时间轴"下方是"舞台"。舞台是在创建 Flash 文档时放置图形内容的矩形区域。在当前编辑的动画窗口中，动画内容编辑的整个区域叫作场景（Scene），舞台是放置动画内容的矩形区域，舞台之外的灰色区域的内容是不显示的，这个区域称为工作区，如图 1-4 所示。

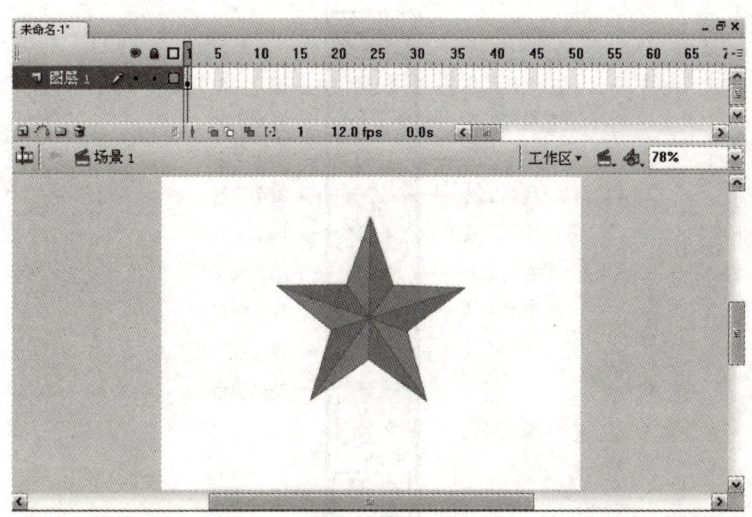

图 1-4 舞台

工作时可以根据需要来改变舞台显示的比例大小，舞台上的最小缩小比率为 8%，最大放大比率为 2000%。

可以在"舞台"右上角的"显示比例"列表框中设置显示比例。

"工作区"中有以下 3 个选项。

"符合窗口大小":用来自动调节到最合适的舞台比例大小。

"显示帧":可以显示当前帧的内容。

"显示全部":能显示整个工作区中(包括在"舞台"之外)的元素,如图 1-5 所示。

图 1-5 舞台显示比例

若要放大某个对象,可以选择"工具箱"中的"缩放工具" ,然后单击该对象。若要在放大或缩小之间切换缩放工具,可以在选中缩放工具的状态下,选择"工具箱"选项区中的"放大" 或"缩小" 按钮,或者按住 Alt 键在放大与缩小之间切换。

使用缩放工具在舞台上拖出一个矩形选取框可以放大特定区域。

选择工具箱中的"手形工具" ,在舞台上通过拖动鼠标可以平移舞台,可以很方便地显示与编辑对象。

7. 工具箱

"工具箱"位于窗口左侧,功能强大,是 Flash 中最常用到的一个面板,使用"工具箱"中的工具可以绘图、上色、选择和修改插图,并可以更改舞台的视图,如图 1-6 所示。

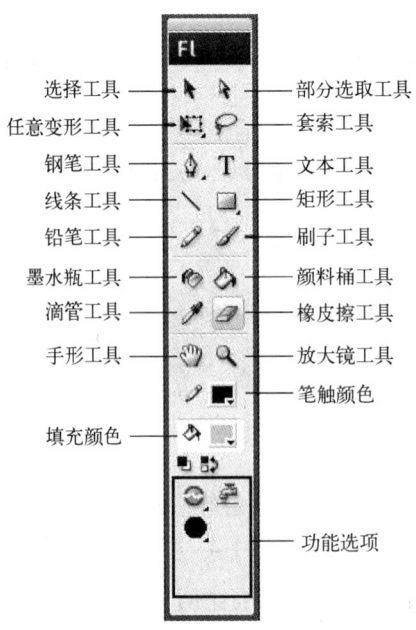

图 1-6 工具箱

1.1.2 常用面板

面板是 Flash 中最重要的组成部分,在制作动画过程中,要经常用到各种面板。下面对 Flash CS3 常用的面板进行简要介绍。

1. 面板的基本操作

(1)打开面板。选择"窗口"菜单中的相应面板命令可以打开指定面板。

(2)关闭面板:在已经打开的面板标题栏上右击,然后在弹出的快捷菜单中选择"关闭面板"命令即可关闭面板。

(3)折叠或展开面板。单击标题栏或者标题栏上的折叠按钮可以将面板折叠为其标题栏,再次单击即可展开。

(4)移动面板。拖动面板标签可以移动面板位置或者将固定面板移动为浮动面板。

(5)折叠为图标。在已经打开的面板标题栏上右击,然后在快捷菜单中选择"折叠为图标"命令即可将面板折叠为图标。

(6)展开折叠的面板。在面板标题栏上右击,然后在弹出的快捷菜单中选择"展开停靠"命令即可展开折叠的面板。

(7)恢复默认布局。选择菜单"窗口"→"工作区"→"默认"即可恢复默认的布局。

提示:按 F4 键可以在隐藏或显示所有面板中交替切换。

2. "属性"面板

使用"属性"面板可以修改舞台或时间轴上当前选定项的最常用属性。可以在"属性"面板中更改对象或文档的属性。根据当前不同的选择,"属性"面板可以显示当前文档、文本、元件、形状、位图、视频、组、帧或工具的信息和设置。当选定了两个或多个不同类型的对象时,"属性"面板会显示选定对象的总数。

当选定不同的对象或工具时,"属性"面板中会显示与该对象或工具相关的设置参数,若未选中任何对象,则属性面板会显示当前文档的属性,如图 1-7 所示。

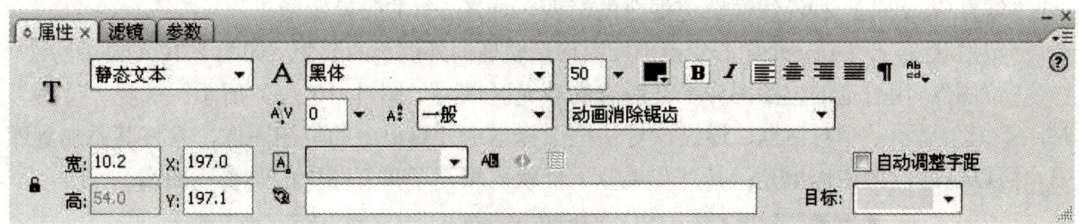

图 1-7 显示文本工具属性的"属性"面板

3. "滤镜"面板

使用 Flash CS3 滤镜,可以为文本、按钮和影片剪辑增添有趣的视觉效果。"滤镜"面板如图 1-8 所示。针对此面板的使用在后面的章节里会详细介绍。

图 1-8 "滤镜"面板

4."颜色"面板

使用"颜色"面板，可以更改笔触和填充的颜色。面板上有各种色彩填充的模式可供选择，同时还可以设定新的色彩填充效果，如图 1-9 所示。

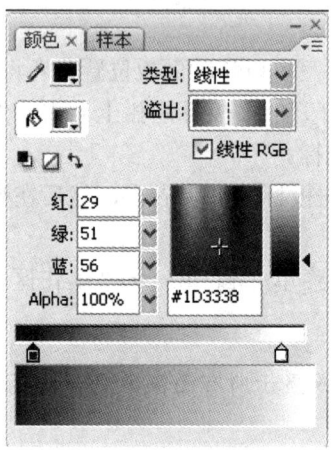

图 1-9 "颜色"面板

笔触颜色：更改图形对象的笔触或边框的颜色。
填充颜色：更改填充颜色。填充是填充形状的颜色区域。
"类型"下拉列表：更改填充样式，包括以下几种选项。
"无"：删除填充。
"纯色"：提供一种单一的填充颜色。
"线性"：产生一种沿线性轨道混合的渐变，如图 1-10（a）所示。
"放射状"：产生从一个中心焦点出发沿环形轨道向外混合的渐变，如图 1-10（b）所示。
"位图"：用可选的位图图像平铺所选的填充区域，如图 1-10（c）所示。选择"位图"时，系统会显示一个对话框，通过该对话框选择本地计算机上的位图图像，并将其添加到库中。可以将此位图用作填充；其外观类似于形状内填充了重复图像的马赛克图案。

  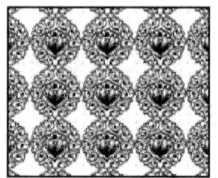

（a）线性填充　　　　　（b）放射状填充　　　　　（c）位图填充

图 1-10 填充类型

"Alpha"下拉列表：用于设置实心填充的不透明度，或者设置渐变填充的当前所选滑块的不透明度，有两种选择：Alpha 值为 0%，创建的填充不可见（即透明）；Alpha 值为 100%，创建的填充不透明。

5."库"面板

"库"面板是存储和组织在 Flash 中创建的各种元件的地方，它还用于存储和组织导入的文件，包括位图图形、声音文件和视频剪辑，如图 1-11 所示。使用"库"面板可以组织文件夹中的库项目，查看项目在文档中使用的频率，并按类型对项目排序。

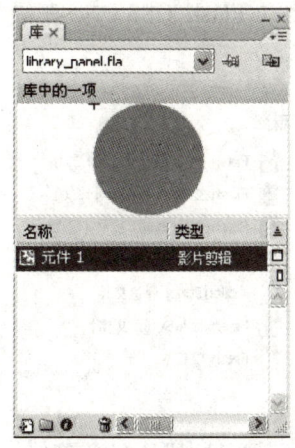

图 1-11 "库"面板

若要打开"库"面板，可以选择菜单"窗口"→"库"，或者按 F11 键。

6."动作"面板

使用"动作"面板可以创建和编辑对象或帧的 ActionScript 代码，如图 1-12 所示。选择帧、按钮或影片剪辑实例可以激活"动作"面板。根据选择的内容，"动作"面板标题也会变为"按钮动作"、"影片剪辑动作"或"帧动作"。关于此面板的详细应用，会在后面的章节中具体讲解。

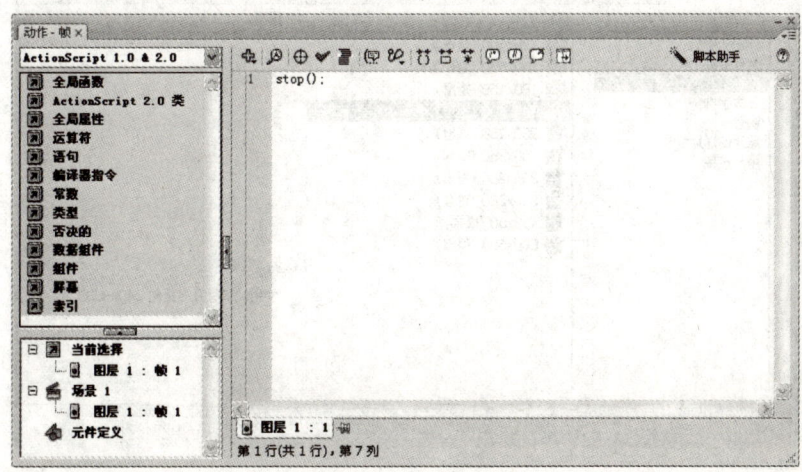

图 1-12 "动作"面板

若打开"动作"面板,可以选择菜单"窗口"→"动作",或按 F9 键。

1.1.3 文件操作

文件操作是使用 Flash 创建动画的最基本的操作,其中包括文件的新建、保存、打开和关闭等。

1. 新建文件

新建 Flash 文件有以下 3 种方法。

(1)通过"开始页"创建。启动 Flash CS3 时,在"开始页"中直接选择,如图 1-13 所示。

图 1-13 新建 Flash 文件

(2)通过菜单创建。如果没有"开始页"或 Flash 已启动,可以通过菜单"文件"→"新建"来新建文件。

(3)从模板创建。在"开始页"选择"从模板创建",或选择菜单"文件"→"新建",打开"从模板新建"对话框,如图 1-14 所示。在"模板"选项卡中选择相应的模板,单击"确定"按钮即可基于该模板创建新的 Flash 文件。

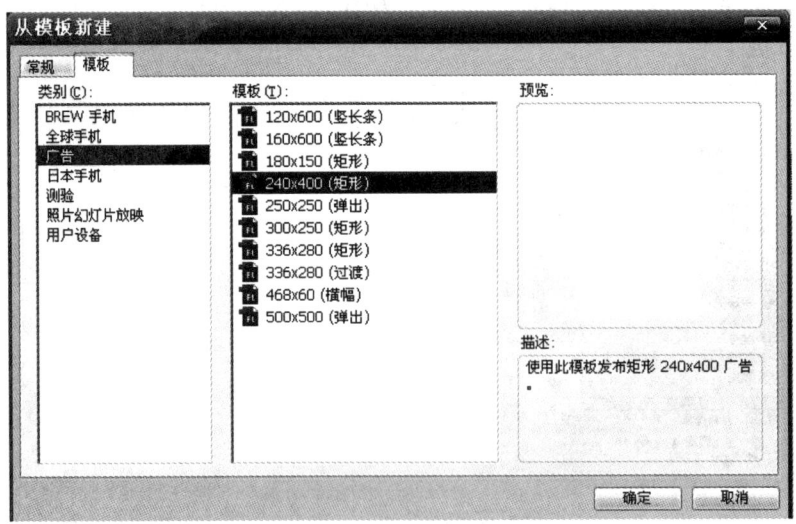

图 1-14 "从模板新建"对话框

2. 保存文件

（1）选择菜单"文件"→"保存"命令，会弹出"另存为"对话框，如图 1-15 所示。

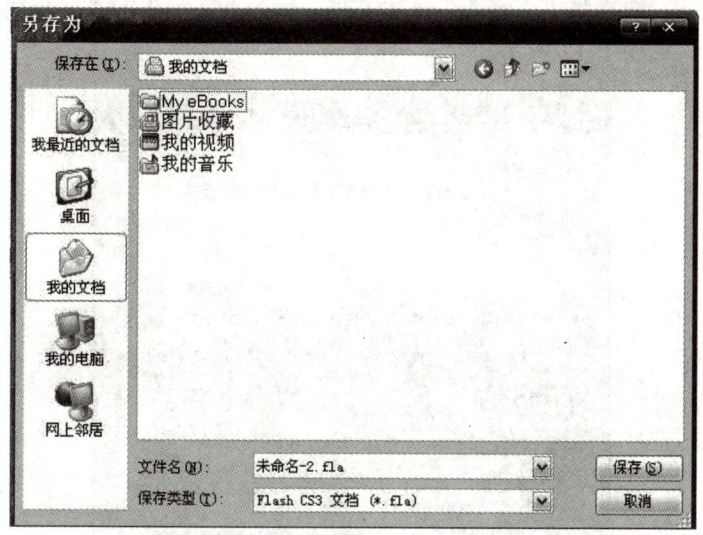

图 1-15 "另存为"对话框

（2）在对话框中的"保存在"下拉列表框中选择文件要被存储的位置，在"文件名"中输入文件名，在"保存类型"下拉列表框中选择要保存的文件格式。

（3）单击"保存"按钮，文档即以相应的名字与类型保存。

3. 打开文件

要打开已有的 Flash 文档，可以选择菜单"文件"→"打开"命令，弹出"打开"对话框，在"查找范围"下拉列表框中选择文件存储的位置，再选择要打开的文件，然后单击"打开"按钮（或者双击该文件），如图 1-16 所示。

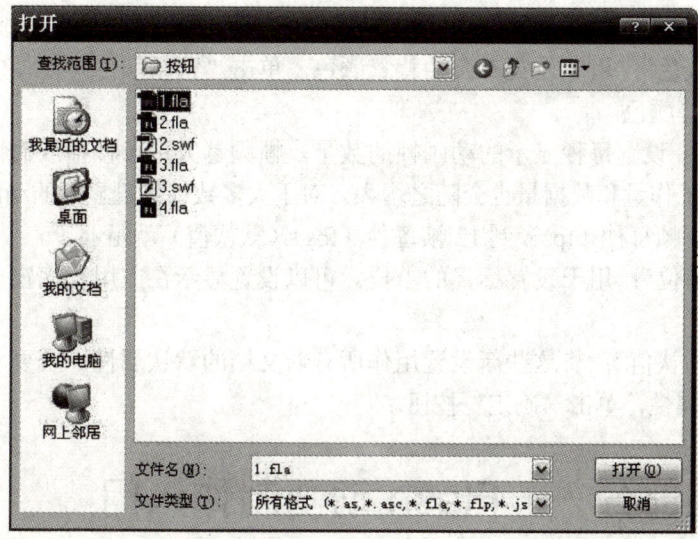

图 1-16 打开文件

1.1.4 文档属性

在 Flash 中新建文档默认的尺寸大小是 550×400 像素（px），背景颜色是白色。可以在文档打开的情况下，选择菜单"修改"→"文档"命令，在弹出的"文档属性"对话框中修改文档各项属性，如图 1-17 所示。

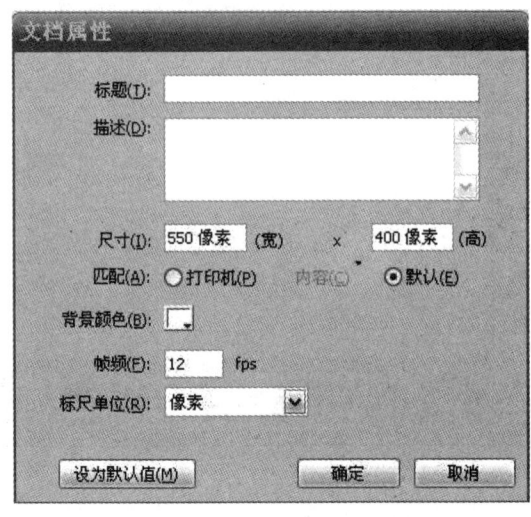

图 1-17 "文档属性"对话框

"文档属性"对话框主要的参数设置如下。

（1）"尺寸"：用于设置舞台大小（以像素（px）为单位）。最小为 1×1 像素，最大为 2880×2880 像素。

（2）"匹配"：用于设置舞台大小相匹配的内容，有 3 种选项。

- "打印机"：可以设置舞台大小与"打印机"匹配。此区域的大小是纸张大小减去"页面设置"对话框的"页边界"区域中当前选定边距之后的剩余区域。
- "内容"：可以设置舞台大小与舞台上的内容相匹配。
- "默认"：将舞台大小设置为默认大小（550×400 像素）。

（3）"背景颜色"：用于设置舞台的背景颜色。单击"背景颜色"控件中的三角形，然后从调色板中选择颜色。

（4）"帧频"：设置每秒显示的动画帧的数量。帧频越大，每秒播放的帧数就越多，动画就越连贯，但工作量和数据量也会随之增大。对于大多数计算机显示的动画，特别是网站中播放的动画，8 帧每秒（fps）到 12 帧每秒（fps）（默认值）就足够了。

（5）"标尺单位"：用于设置标尺的单位。可以设置显示在应用程序窗口上沿和侧沿的标尺的单位。

（6）"设为默认值"：将这些新设置用作所有新文档的默认属性。若要将新设置仅用作当前文档的默认属性，单击"确定"按钮。

1.2 基础部分——Flash 动画制作入门

Flash 动画在一定意义上与传统动画有许多共通之处，都是通过连续播放一组画面来实现动画效果。我们知道，电影动画的速度是 24 帧每秒，就是每秒播放 24 幅画面。而 Flash 动画可以在 0.01～120 的范围内设定每秒帧数。

1.2.1 Flash 动画制作原理

1．Flash 动画类型

Flash 制作的动画可以分为两种类型，即逐帧动画和补间动画。

逐帧动画的每一帧都是关键帧，即每一幅画面都由自己制作，传统动画都是这样制作的。

补间动画只需绘制开始和结束两个关键帧，由 Flash 自动计算生成中间的帧，从而大大减轻工作量。

2．Flash 动画制作的步骤

Flash 动画制作基本可以分为以下几个步骤。

（1）构思：明确动画的目的、风格、效果及要表达的内容。

（2）准备素材：收集动画所需的图像、声音、动画等素材。

（3）制作动画：利用收集的素材制作动画。

（4）测试影片：对影片进行调整，对不满意的地方进行修改，测试网络环境中影片的播放。

（5）发布影片：制作好 Flash 动画后，根据不同的应用场合，把动画最终按不同的要求发布成相应的格式。

1.2.2 普通帧、关键帧、空白关键帧

Flash 动画通过对帧的连续播放实现动画效果，帧是构成 Flash 动画最基本的单位，动画实际上就是利用人类眼睛"视觉暂留"的特点，快速地播放不同的画面（帧）来产生动画效果。

在 Flash 中，帧可以分为 3 种类型，即关键帧、空白关键帧和普通帧，如图 1-18 所示。

关键帧是与它前后的帧内容都不相同的帧。在动画播放过程，关键帧表现的是关键性动作或关键性内容。

空白关键帧和关键帧有一点是一致的，就是都是关键帧，只不过空白关键帧没有任何内容，主要用于结束前一个关键帧的内容。

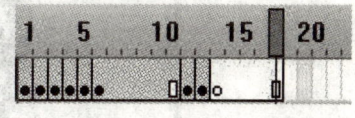

图 1-18 帧的类型

普通帧是作为关键帧直接的过渡，或者说是用于延长关键帧的播放时间。如果希望关键帧的播放时间越长，那么就在它的后面添加更多的普通帧。但要注意的是，普通帧的内容是不能修改的，如果对其修改，实际修改的是普通帧前面的关键帧。

1.2.3 导入文件与素材

Flash CS3 可以导入各种文件格式的矢量图形和位图图像，并将这些资源用在 Flash 文档中。同时，还可以导入视频、声音等多媒体元素，并可以进行一定的编辑处理。

1. 将文件导入到 Flash

（1）如果要将文件直接导入到当前 Flash 文档中，选择"文件"→"导入"→"导入到舞台"。

（2）如果要将文件导入到当前 Flash 文档的库中，选择"文件"→"导入"→"导入到库"（若要使用文档中的库项目，可直接将它拖到舞台上）。如果所导入的文件名以数字结尾，并且在同一文件夹中还有其他按顺序编号的文件，会弹出对话框询问是否全部导入。若要导入所有的连续文件，单击"是"按钮。若要只导入指定的文件，单击"否"按钮。

2. 导入位图

如果要将其他应用程序中的位图直接粘贴到当前 Flash 文档中，步骤如下。

（1）复制其他应用程序中的图像。

（2）选择菜单"编辑"→"粘贴到中心位置"即可。

1.3 实例部分——我的第一个简单动画

1.3.1 动画说明与效果预览

本实例制作一个眼睛会动的小熊，效果如图 1-19 所示。

图 1-19 实例效果预览

1.3.2 动画分析

这个动画主要是让读者对制作 Flash 的流程与思路有一个简单的了解。

在这个动画中，通过在不同时刻利用 Flash 工具绘制出的不同图形，连续播放就可以产生动画的效果。

注意图 1-20 所示的三个小熊眼睛的不同。

图 1-20 小熊状态

1.3.3 制作要点

① "椭圆工具"的用法。
② "笔触颜色"和"填充颜色"的设置。
③ "帧"的简单操作。
④ "图层"的简单操作。

1.3.4 制作步骤

（1）启动 Flash CS3，在"开始页"新建或选择菜单"文件"→"新建"，新建一个 Flash 文件，如图 1-21 所示。

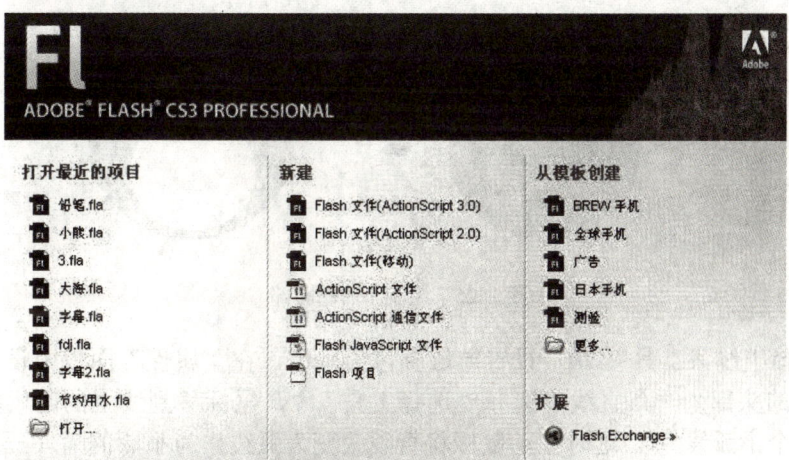

图 1-21 新建文件

（2）在"属性"面板将文档背景色修改为浅黄色，如图 1-22 所示。

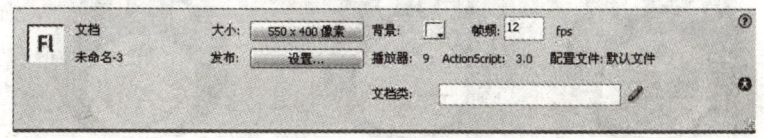

图 1-22 修改文档属性

（3）选择位于舞台的右上角的显示比例为"显示帧"，让舞台全部显示，也可以双击"工具箱"中的"手形工具"进行设置。

（4）选择"椭圆工具"，如果工具箱中没有显示该工具，可以在矩形工具上按住鼠标左键，会弹出隐藏的工具面板菜单，如图 1-23 所示，然后选择椭圆工具即可。

（5）单击工具箱下部的"对象绘制"按钮。

（6）将笔触颜色和填充颜色都设置为黑色。

（7）在舞台中拖动鼠标绘制小熊的脑袋和耳朵，并用"选择工具"调整位置，如图 1-24 所示。

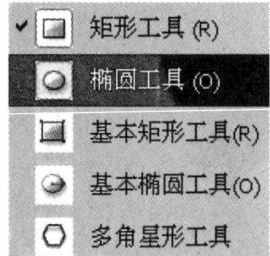

图 1-23 选择"椭圆工具"

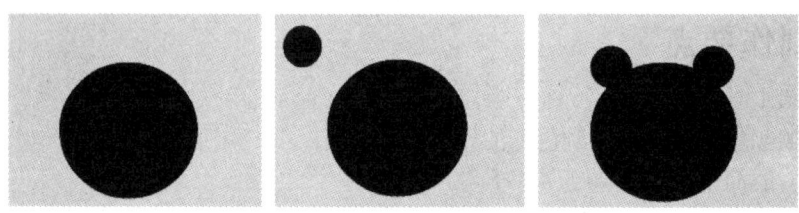

图 1-24 绘制小熊的脑袋和耳朵

（8）用同样的方法绘制和调整脸部，要注意先画白色椭圆，最后画黑色的鼻子，如图 1-25 所示。

图 1-25 绘制小熊的脸部

（9）选择"线条工具"，设置笔触颜色为黑色，在"属性"面板中设置线的粗度为 3，在熊的头部画一条直线。选择"选择工具"，鼠标移到线上的时候指针的右下角会出现一个小弧线，这时拖动鼠标将直线改变为弧线作为小熊的嘴（一定注意此时直线不能是选择状态），如图 1-26 所示。

图 1-26 绘制小熊的嘴

（10）选择"刷子工具" ，设置填充颜色为白色，在工具箱下部修改刷子大小，在熊的鼻子上白色绘制反光点，如图 1-27 所示。

图 1-27　绘制小熊的鼻子

（11）在时间轴面板中图层 1 的 15 帧处右击，在弹出的快捷菜单中选择"插入帧"。

（12）在时间轴面板的下边，单击新建图层按钮 ，在图层 1 上新建一个图层 2，这时的时间轴如图 1-28 所示。

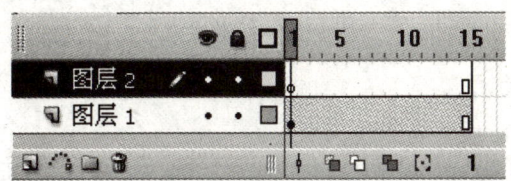

图 1-28　新建图层

（13）选中图层 2 的第 1 帧，修改填充颜色为黑色，确定当前工具是刷子工具，在舞台中用刷子工具在熊的眼睛处点两个黑点作为眼珠，如图 1-29 所示。

图 1-29　绘制小熊的眼睛

（14）在图层 2 的第 5 帧处右击，在弹出的快捷菜单种选择"插入空白关键帧"，这时舞台中熊的眼睛里的黑点消失，用刷子工具换个位置点两个黑点，在第 10 帧处同样插入空白关键帧，再换个位置画眼珠，三个位置如图 1-30 所示。

图 1-30　小熊眼睛的三个位置

（15）选择菜单"控制"→"测试影片"，或按 Ctrl+Enter 键，就可欣赏动画啦！

1.4 上机实战与提高

本例继续利用基本工具和逐帧动画的方法制作简单的动画效果,效果如图 1-31 所示。

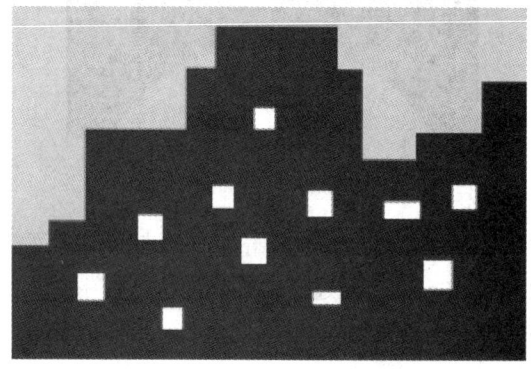

图 1-31 效果预览

步骤提示:

(1)新建 Flash 文档,设置背景色为灰色。

(2)选择矩形工具,设置"笔触颜色"为无,"填充颜色"为黑色,在舞台拖动鼠标绘制多个矩形,形成如图 1-32 所示的房子图形。

图 1-32 绘制"房子"

(3)修改"填充颜色"为黄色,同样用矩形工具绘制几个小矩形作为"窗户",如图 1-33 所示。

图 1-33 绘制"窗户"

(4) 右击第 5 帧,在弹出的快捷菜单中选择"插入关键帧"。

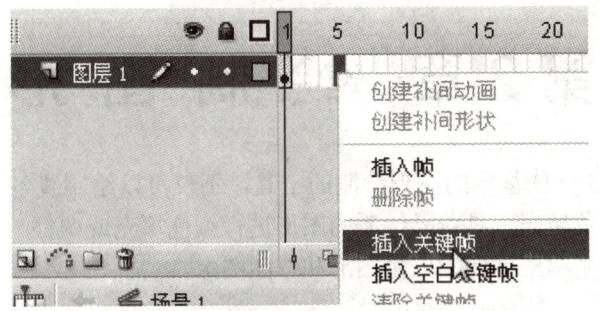

图 1-34 插入关键帧

(5) 在第 5 帧继续用"矩形工具"多绘制一些黄色小矩形。
同样在第 10 帧和第 18 帧重复步骤(4)和(5)。

1.5 思考与练习

1. Flash 源文件的扩展名是_____,播放文件的扩展名是_____。
2. Flash 文档默认的帧频是_____帧每秒。
3. 在 Flash 中,帧分为_____、_____和_____三种类型。
4. Flash 工作区的默认布局包含哪些部分?主要组成部分的功能是什么?如何改变其布局?
5. 可导入 Flash 中的外部素材文件有哪些?
6. 简述 Flash 动画制作原理。

第 2 章 绘制图形

Flash CS3 提供了一些基本的图形绘制的工具,不仅可以绘制线条、椭圆、矩形等基本图形,还可以使用颜色填充工具对已绘制的图形进行颜色填充或调整。另外,在 Flash CS3 中还可以导入其他应用程序创建的矢量图形和位图图像。

2.1 基础部分——基本绘图工具

2.1.1 线条工具

在 Flash CS3 中,"线条工具" 常用于绘制不同角度的直线。在工具箱中选择"线条工具"后,光标会变为十字形状,按住鼠标左键并向任意方向拖动,到所需位置释放鼠标,即可绘制一条直线。如果按住 Shift 键,可以画出水平、垂直和 45°角的直线。

选择"线条工具"后,在"属性"面板中会显示有关线条的各项参数,可以设置线条的颜色、粗细和样式等,如图 2-1 所示。

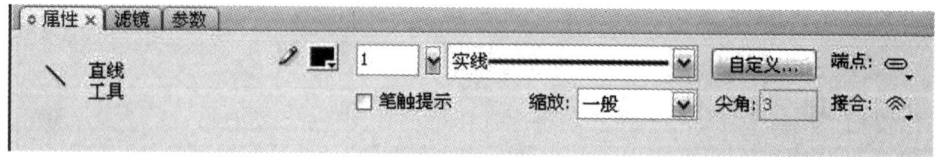

图 2-1 线条属性

【操作实例 2-1】 绘制小鱼

(1)选择菜单"文件"→"新建"命令,建立一个新文件。
(2)单击工具箱中的"线条工具" 。
(3)确定工具箱下部的"贴紧至对象" 是有效状态。
(4)在舞台鼠标绘制一个三角形,选择"选择工具" ,鼠标移到线上,指针变为 时拖动鼠标改变直线为弧线,绘制出鱼的身体,如图 2-2 所示。

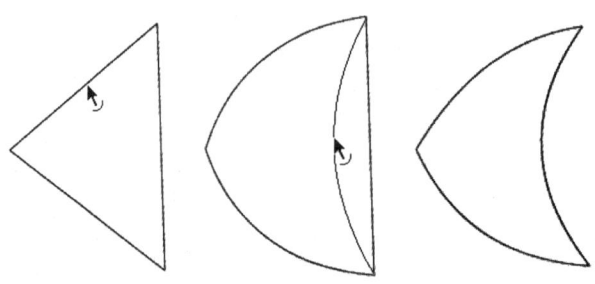

图 2-2 绘制鱼的身体

(5)用同样的方法绘制鱼的尾部,并通过选择工具 调整,如图2-3所示。

(6)最后同样用"线条工具"绘制腮部和嘴,调整弧度,最后用"刷子工具"点上鱼的眼睛,结果如图2-4所示。

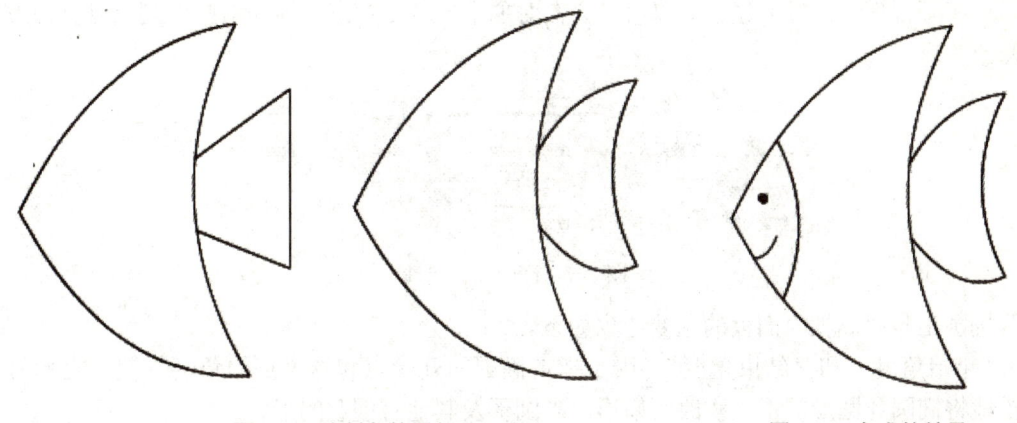

图2-3 绘制鱼的尾部　　　　　　　　图2-4 完成的效果

2.1.2 钢笔工具

钢笔工具可以绘制连续线条和贝塞尔曲线。在 Flash CS3 中有一组钢笔工具,其中包括"钢笔工具"、"添加锚点工具"、"删除锚点工具"和"转换锚点工具"。

选择钢笔工具后,在舞台上点选第一个节点,再选择"转换锚点指针" 可以将不带方向线的转角点转换为带有独立方向线的转角点。

【操作实例2-2】 绘制爱心

(1)选择菜单"文件"→"新建"命令,建立一个新文件。

(2)选择"钢笔工具" 。

(3)将钢笔工具定位在直线段的起始点并单击,定义第一个锚点(一定要注意不能拖动鼠标,否则会出现曲线)。依次单击,绘制出图形,如图2-5所示。

(4)选择"转换锚点工具" ,在 A、B 锚点拖动鼠标,使图形由直线段调整为曲线,结果如图2-6所示。如果要移到锚点,可以选择"部分选取工具" 。

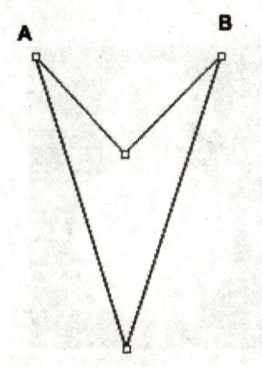 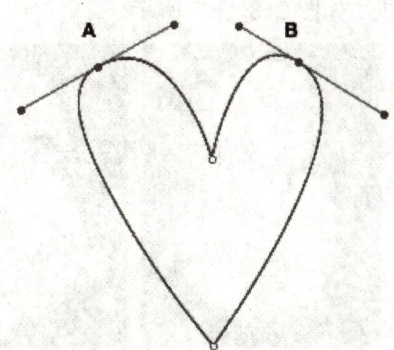

图2-5 "爱心"的创建　　　　　图2-6 "爱心"的调整

2.1.3 椭圆工具

"椭圆工具"是基本绘图工具之一，用于绘制各种椭圆和圆形。

"基本椭圆工具"可以通过使用"属性"面板进行进一步的修改，如图 2-7 所示，而且通过在舞台拖动鼠标创建了对象后，会在对象上出现控制点，拖动这些控制点可以很方便地修改图形。

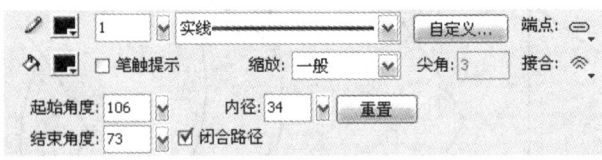

图 2-7 椭圆工具属性

椭圆工具"属性"面板的主要选项如下。

"起始角度"和"结束角度"：用于指定椭圆的开始点和结束点的角度，使用它们可以轻松地将椭圆和圆形的形状修改为扇形、半圆形及其他有创意的形状。

"内径"：用于指定椭圆的内径（即内侧椭圆）。可以在框中输入内径的数值，或单击滑块相应地调整内径的大小。允许输入的内径数值范围为 0～99，表示删除的椭圆填充的百分比。

"闭合路径"：用于指定椭圆的路径（如果指定了内径，则有多个路径）是否闭合。如果指定了一条开放路径，但未对生成的形状应用任何填充，则仅绘制笔触。默认情况下选择闭合路径。

"重置"：将重置所有基本椭圆工具的设置，并将在舞台上绘制的基本椭圆形状恢复为原始大小和形状。

【操作实例 2-3】 雪人

（1）选择菜单"文件"→"新建"命令，建立一个新文件。

（2）修改文档背景为蓝色。

（3）选择"椭圆工具"，设置"笔触颜色"为无，"填充颜色"为白色。在舞台拖动鼠标绘制两个圆形作为雪人的头和身体，如图 2-8（a）所示。

（4）设置填充色为红色，绘制一个小圆，选择"选择工具"，把它的形状改为胡萝卜的样子作为雪人的鼻子，移动到合适位置，如图 2-8（b）所示。

（5）选择"刷子工具"，设置刷子大小，设置填充色为黑色，在雪人头部点上眼睛，画出嘴部，如图 2-8（c）所示。

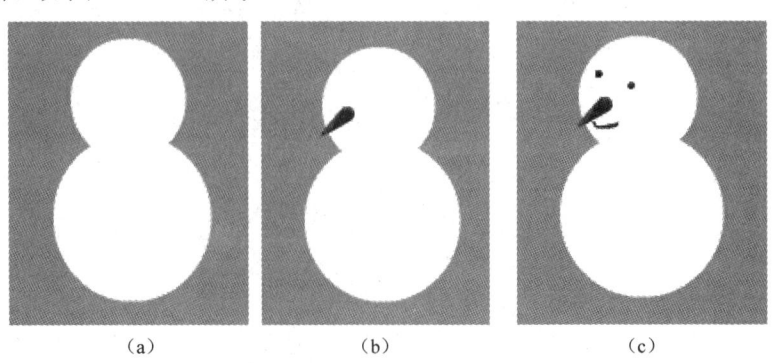

图 2-8 制作雪人

(6) 选择"椭圆工具" ，设置"笔触颜色"为无,"填充颜色"为白色,在舞台上绘制很多椭圆作为白云,效果如图 2-9 所示。

图 2-9 制作白云

2.1.4 矩形工具

"矩形工具" 用于绘制矩形或正方形,按住鼠标左键拖动,可以绘制出矩形,如果拖动前按住 Shift 键,则绘制出正方形。

选择"矩形工具" 后,通过对"属性"面板中各参数的修改,可以进一步修改形状,或指定填充和笔触颜色。

"基本矩形工具"的"属性"面板如图 2-10 所示。

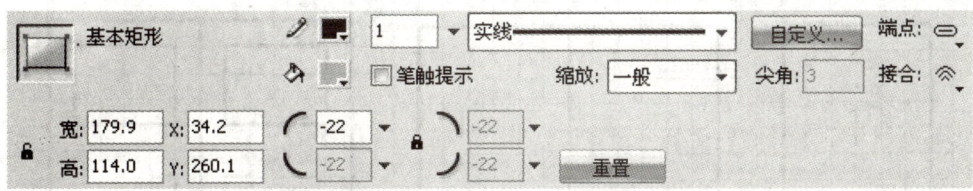

图 2-10 "基本矩形工具"的"属性"面板

"矩形角半径":用于指定矩形的角半径。可以在框中输入内径的数值,或单击滑块相应地调整半径的大小。如果输入负值,则创建的是反半径。还可以取消选择限制角半径图标,然后分别调整每个角半径。

"锁定":若要对矩形的每个角指定不同的角半径,需要取消选择位于"属性"面板中的锁定图标。锁定时,半径将受限制,因此每个角将使用相同的半径。

"重置":将重置所有"基本矩形"工具参数,并将在舞台上绘制的基本矩形形状恢复为原始。

如果想绘制圆角矩形,除了通过修改参数外,还可以在绘制时按向上箭头键或向下箭头键。当圆角达到所需圆度时,松开按键即可,如图 2-11 所示。

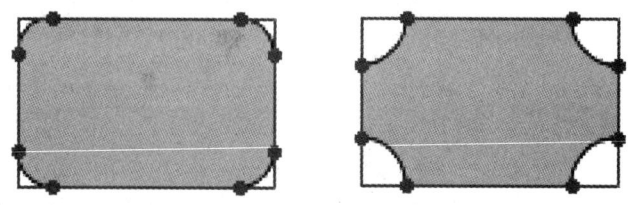

图 2-11　圆角矩形

【操作实例 2-4】 门

（1）选择菜单"文件"→"新建"命令，建立一个新文件。
（2）选择菜单"视图"→"网格"→"显示网格"。
（3）选择菜单"视图"→"贴紧"→"贴紧至网格"。

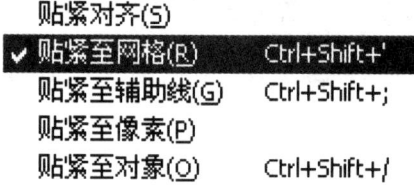

图 2-12　菜单"贴紧至网格"

（4）选择"矩形工具" ，设置"笔触颜色"为黑色，"填充颜色"为无，在舞台上拖动鼠标绘制矩形，有了网格作参考，绘制矩形时的大小和位置就很容易控制了，绘制过程如图 2-13 所示。

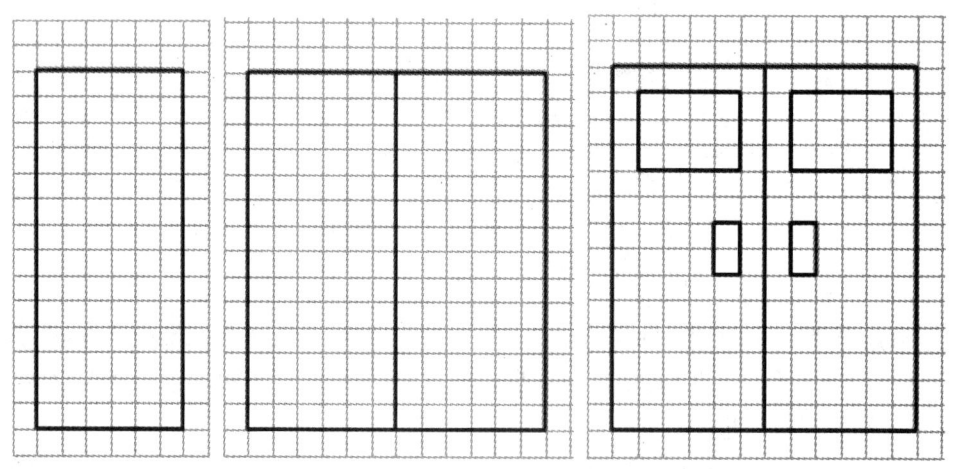

图 2-13　绘制门

（5）在外部画一个大矩形，注意上部和左右都间隔一格，下面与门的底部线条重合。绘制好后可以关闭网格显示，也可以选择填充色对图形进行填充，完成后的效果如图 2-14 所示。

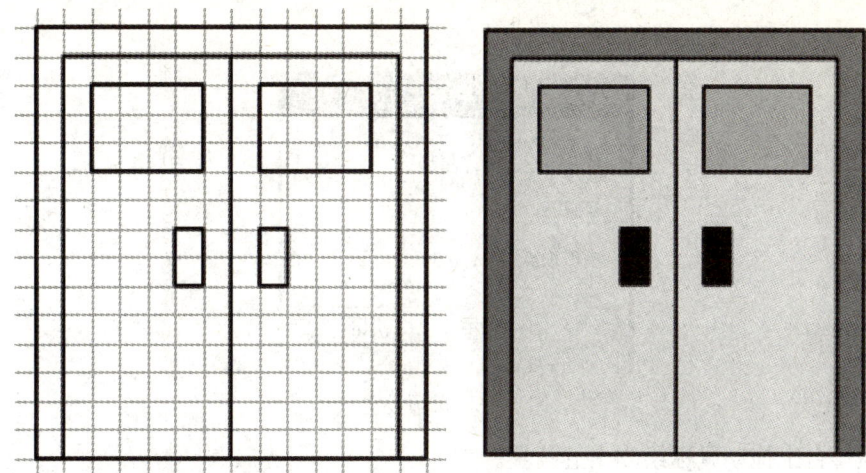

图 2-14　完成效果

2.1.5　多角星形工具

"多角星形工具" 可以用于创建多边形或星形。

选择"多角星形工具" ，如果当前工具箱中没有显示该工具，可以在"矩形工具"上单击并按住鼠标就会弹出。

在"属性"面板中可以选择笔触和填充属性。

单击"选项",然后在弹出的"工具设置"面板中执行以下操作。

在"样式"中选择"多边形"或"星形"。

在"边数"中输入一个介于 3～32 之间的数字。

在"星形顶点大小"中输入一个介于 0～1 之间的数字以指定星形顶点的深度。此数字越接近 0，创建的顶点就越深（像针一样）。如果是绘制多边形，应保持此设置不变（它不会影响多边形的形状）。

不同参数的创建效果如图 2-15 所示。

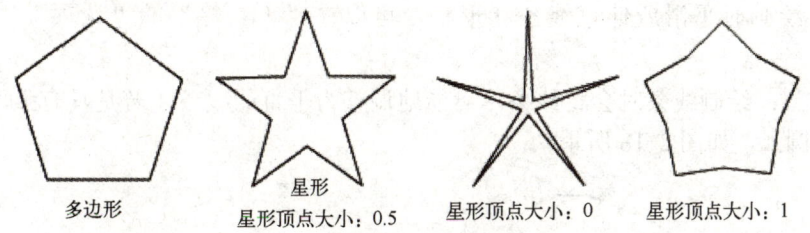

图 2-15　不同参数的创建效果

【操作实例2-5】　五角星

（1）选择菜单"文件"→"新建"命令，建立一个新文件。

（2）选择"多角星形工具" ，设置"笔触颜色"为黑色，"填充颜色"为无。在"属性"面板中单击"选项"，弹出的"工具设置"面板，设置"样式"为星形，如图 2-16

所示。

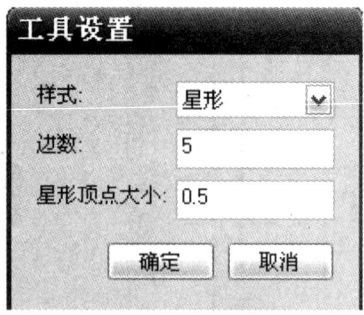

图 2-16　选项设置

（3）在舞台上拖动鼠标绘制出五角星。

（4）选择"线条工具"，确定"贴紧至对象" 是按下的状态，在五角星的五个角上拖动鼠标绘制直线，结果如图 2-17 所示。

图 2-17　绘制效果

2.1.6　铅笔工具

使用"铅笔工具" 可以绘制线条和形状，绘画的方式与使用真实铅笔大致相同。按住鼠标左键任意拖曳，可以绘制出各种形状、各种类型的线型。按住 Shift 键后再拖动鼠标，可以绘制出水平或垂直的线条。

若要在绘画时平滑或伸直线条和形状，可以在"工具箱"的"选项"中设置"铅笔模式"。

直线化 ：绘制线条时会将线条尽可能地调整为平直的线条，若是具有弧度的线条，则会调整为圆弧，如图 2-18 所示。

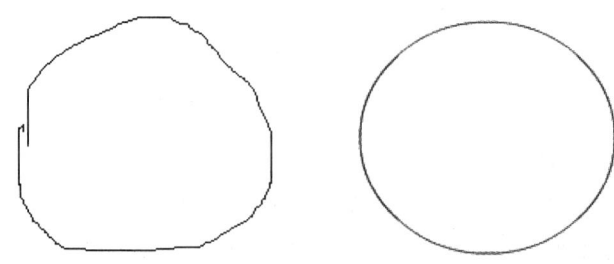

图 2-18　直线化模式调整前后的效果

平滑 ：绘制平滑曲线，效果如图 2-19 所示。

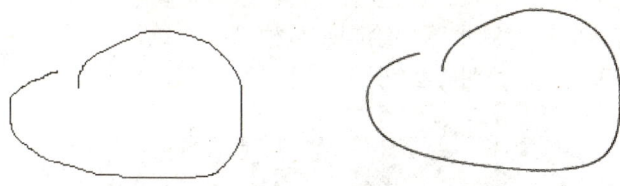

图 2-19 平滑模式调整前后的效果

墨水瓶 ：绘制不用修改的手画线条，效果如图 2-20 所示。

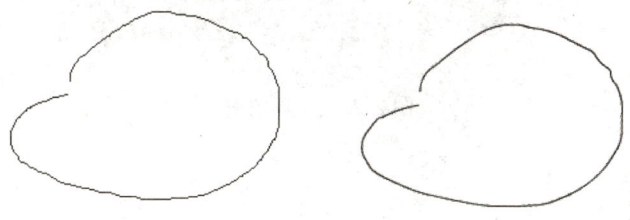

图 2-20 墨水瓶模式调整前后的效果

2.1.7 刷子工具

"刷子工具" 能绘制出刷子般的笔触。选择"刷子工具" 后在工具箱下部的选项中可以选择刷子大小和形状。

在 Flash 中，刷子的大小甚至在更改舞台的缩放比例级别时也保持不变，所以当舞台缩放比例降低时，同一个刷子大小就会相对变大。例如，假设将舞台缩放比例设置为 100%，并使用刷子工具以最小的刷子大小涂色。然后，将缩放比例更改为 50%，并用最小的刷子大小再画一次。绘制的新笔触就比以前的笔触显得粗 50%。（更改舞台的缩放比率并不更改现有刷子笔触的大小。）

单击"刷子模式" 会弹出一个下拉菜单，如图 2-21 所示，提供了 5 种刷子模式。

"标准绘画"模式：可对同一层的线条和填充涂色。

"颜料填充"模式：对填充区域和空白区域涂色，不影响线条。

"后面绘画"模式：在舞台上同一层的空白区域涂色，不影响线条和填充。

"颜料选择"模式：在"填充颜色"控件或"属性"检查器的"填充"框中选择填充时，新的填充将应用到选区中，就像选中填充区域然后应用新填充一样。

"内部绘画"模式：对开始刷子笔触时所在的填充进行涂色，但不对线条涂色。如果在空白区域中开始涂色，则填充不会影响任何现有填充区域。

图 2-21 刷子模式

【操作实例 2-6】 水草

（1）选择菜单"文件"→"新建"命令，建立一个新文件。

(2) 设置文档背景色淡蓝色。

(3) 选择刷子工具，设置"填充颜色"为深绿色，并调整刷子大小和形状 。

(4) 在舞台上拖动鼠标绘制水草，绘制时从根部往上绘制，而且还可以修改刷子大小来绘制不同粗细的水草，效果如图 2-22 所示。

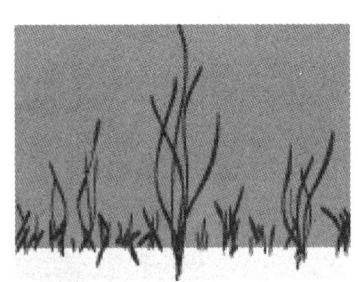

图 2-22 水草效果

2.1.8 橡皮擦工具

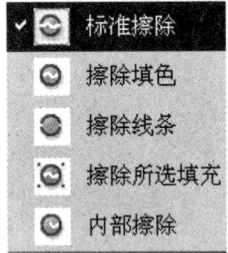

图 2-23 橡皮擦模式

"橡皮擦工具"与传统意义上的橡皮一样，可以用来清除线条或填充。

选择"橡皮擦工具"后，在工具箱下部的"橡皮擦模式"中可以选择橡皮擦的大小和形状，与刷子工具相同，更改舞台的缩放比率并不更改现有橡皮擦的大小。

单击"橡皮擦模式"会弹出一个下拉菜单，如图 2-23 所示，提供了 5 种模式。

- "标准擦除"模式：擦除同一层上的笔触和填充。
- "擦除填色"模式：只擦除填充；不影响笔触。
- "擦除线条"模式：只擦除笔触；不影响填充。
- "擦除所选填充"模式：只擦除当前选定的填充，不影响笔触（不论笔触是否被选中）。以这种模式使用橡皮擦工具之前，请选择要擦除的填充。
- "内部擦除"模式：只擦除橡皮擦笔触开始处的填充。如果从空白点开始擦除，则不会擦除任何内容。以这种模式使用橡皮擦并不影响笔触。

提示：双击"橡皮擦"工具可以快速删除舞台上的所有内容。

擦除的操作方法如下。

(1) 选择橡皮擦工具。

(2) 在"工具栏"中单击"橡皮擦模式"并选择一种擦除模式。

(3) 单击"橡皮擦形状"并选择一种橡皮擦形状和大小。确保不要选中"水龙头"。

(4) 在舞台上拖动。

"水龙头"模式可以删除笔触段或填充区域，操作方法如下。

(1) 选择"橡皮擦"工具，然后在"工具箱"下部的选项区打开"水龙头"选项。

(2) 单击要删除的笔触段或填充区域。

【操作实例 2-7】 篮球

(1) 选择菜单"文件"→"新建"命令,建立一个新文件。

(2) 选择"椭圆工具" ,设置"笔触颜色"为黑色,"填充颜色"为无,按住 Shift 键在舞台拖动鼠标绘制一个圆圈,如图 2-24(a)所示。

(3) 选择"线条工具",按住 Shift 键在舞台拖动鼠标绘制水平和垂直线,如图 2-24(b)所示。

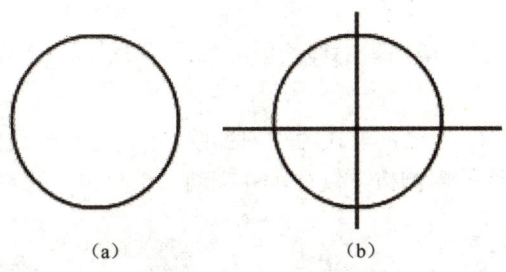

图 2-24 绘制圆和线条

(4) 选择"椭圆工具",在水平直线的左右(大约在 A 和 B 点的位置),如图 2-25 所示,按住 Alt 键和 Shift 键(Alt 键是从中心画圆),拖动鼠标绘制两个圆。

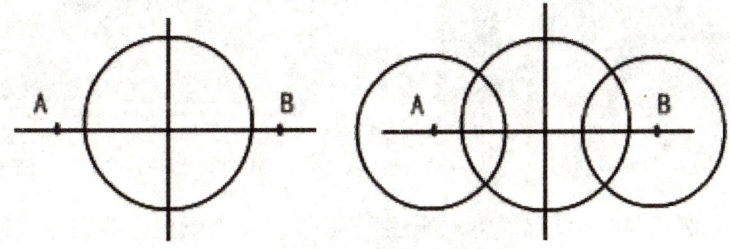

图 2-25 沿中心绘制圆

(5) 选择"橡皮擦工具" ,然后单击"水龙头" ,鼠标指针变为 ,在不需要的线条上单击鼠标,擦除无用的线条,结果如图 2-26(a)所示。

(6) 可以选择"颜料桶工具"给篮球填充自己喜欢的颜色,如图 2-26(b)所示。

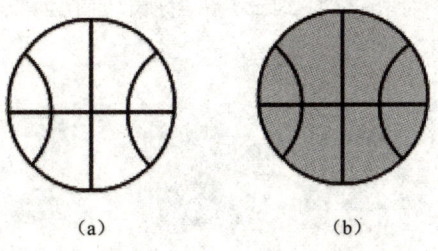

图 2-26 擦除线条和填色效果

2.1.9 典型实例——冬日雪景

(1) 选择菜单"文件"→"新建"命令,建立一个新文件。

(2) 打开"属性"面板,修改文档背景为淡蓝色。

(3) 选择"铅笔工具" ,在工具箱下部的选项区选择"铅笔模式"为墨水 ,在舞台上绘制一棵树,如图2-27所示。

(4) 选择"油漆桶工具",选择填充色为绿色,在绘制的松树图形的内部单击填充颜色。如果填充不上,可能是线条没有封闭,可以单击工具箱下部选项区的"空隙大小" ,选择"封闭大空隙",如果还不行,再把视图缩小或者找到缺口重新选择铅笔工具封闭图形。

(5) 选择"选择工具",双击轮廓线选中线条,按 Delete 键删除。框选中树干,将它的颜色修改为深褐色。

(6) 选择"刷子工具",设置模式为"内部绘画",选择合适的刷子大小,设置填充色为白色,在树的靠近边缘的内侧按下鼠标,并拖动,绘制白色的雪,效果如图2-28所示。

   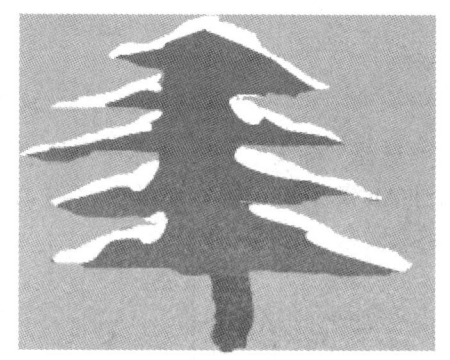

图 2-27 制作树   图 2-28 刷子绘制雪的效果

(7) 选择"椭圆工具",设置"笔触颜色"为无,"填充颜色"为白色,绘制雪人的脑袋和身体。

(8) 选择"线条工具",打开"贴紧至对象" ,绘制一个三角形作为雪人的帽子,用"油漆桶工具"将帽子填充为红色。

(9) 选择"椭圆工具",将"笔触颜色"和"填充颜色"都设置为红色,在"属性"面板中修改"笔触样式"为最后一种,笔触高度为10,在三角形的角上绘制一个圆。

(10) 选择"选择工具",鼠标移到三角形的底边时拖动修改图形,效果如图 2-29 所示。

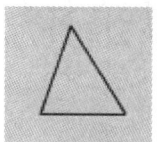  

图 2-29 制作帽子

(11) 选择整个帽子,移动到雪人头上。如果对大小和角度不满意,可以通过"任意变形工具"来进一步修改。

(12) 选择"刷子工具",修改"填充颜色"为黑色,修改刷子大小,为雪人头部点上眼睛，身体点上扣子。

（13）选择"椭圆工具"，设置"笔触颜色"为无，"填充颜色"为红色，绘制一个小圆，用"选择工具"修改外形为胡萝卜状，作为雪人的鼻子，移动到雪人头部合适位置。

（14）选择"线条工具"，设置"笔触颜色"为黑色，在"属性"面板中修改"笔触样式"为第 4 种，笔触高度为 3。拖动鼠标在雪人头部绘制一条短线段作为嘴，用"选择工具"修改它为弧线。

（15）修改"线条工具"的"笔触样式"为第 2 种"实线"，笔触高度为 5，绘制出雪人的胳膊。

（16）选择"刷子工具"，设置模式为"标准绘画"，选择合适的刷子大小和刷子形状，设置填充色为红色，为雪人绘制出红色围巾，雪人完成效果如图 2-30 所示。

图 2-30　完成的雪人

（17）修改"刷子工具"的刷子大小为第 2 种，刷子形状为圆形，在舞台上随意单击绘制出雪花的效果，最终效果如图 2-31 所示。

图 2-31　最终效果

2.2 基础部分——基本填充工具

2.2.1 颜料桶工具

可以通过"颜料桶工具"用指定颜色填充指定的区域。选择好填充色后,用颜料桶工具在指定对象上单击就可以了。

选择"颜料桶工具"后,单击工具箱下部的选项栏中的按钮,会弹出填充方式选择面板,有以下几类选择类型。

- 不封闭空隙:填充区域必须是完全封闭状态才能填充。
- 封闭小空隙:填充区域有小缺口的情况下也能填充。
- 封闭中等空隙:填充区域有中等缺口的情况下也能填充。
- 封闭大空隙:填充区域有较大缺口的情况下也能填充。

如果缺口比较大,在选择了"封闭大空隙"后,仍然无法填色,可以把图形缩小,这样看起来缺口就小,一般就可以填色了。但如果空隙太大,就只能用线条手动封闭缺口。

【操作实例2-8】 铅笔

(1)选择菜单"文件"→"新建"命令,建立一个新文件。
(2)选择菜单"视图"→"网格"→"显示网格"。
(3)选择菜单"视图"→"贴紧"→"贴紧至网格"。
(4)选择选择"矩形工具",设置"笔触颜色"为黑色,"填充颜色"为无,在舞台上拖动鼠标绘制矩形,宽度为三格网格。选择线条工具,在矩形内绘制两条竖线,绘制过程如图2-32所示。

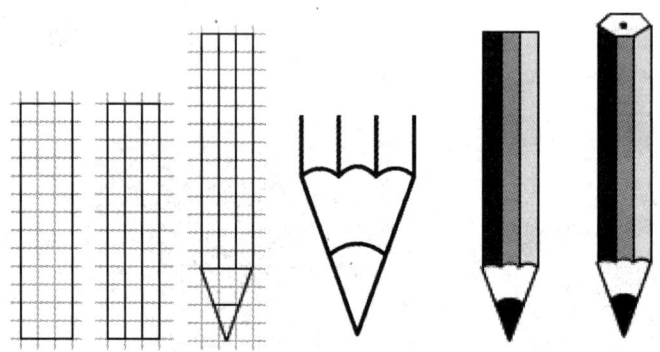

图2-32 铅笔绘制过程

(5)取消菜单"视图"→"贴紧"→"贴紧至网格",关闭"贴紧至网格"。
(6)用"线条工具"绘制铅笔的笔头。
(7)选择"选择工具",调整铅笔头部。
(8)选择"颜料桶工具",设置填充色为黑色,在铅笔头上单击。选择其他填充色,在笔杆上单击填充不同的颜色。

2.2.2 墨水瓶工具

相对于"颜料桶工具"是修改区域的填充色,"墨水瓶工具"修改的是线条或者形状轮廓的笔触颜色、宽度和样式。

【操作实例 2-9】 小熊

（1）选择菜单"文件"→"新建"命令，建立一个新文件。

（2）选择"椭圆工具"，在舞台上拖动鼠标绘制出小熊。

（3）从工具箱中选择"墨水瓶工具"，选择笔触颜色为黑色。在"属性"面板选择笔触样式和笔触宽度。

（4）单击舞台中的对象，可以看到修改的线条效果，如图 2-33 所示。

图 2-33　不同轮廓线条的效果

2.2.3　滴管工具

可以用"滴管工具"从一个对象复制填充和笔触属性，然后将它们应用到其他对象。"滴管工具"还允许从位图图像取样用作填充。

若要将笔触或填充区域的属性应用到另一个笔触或填充区域，可以选择"滴管工具"，然后单击要应用其属性的笔触或填充区域。

当单击一个笔触时，该工具自动变成墨水瓶工具。当单击已填充的区域时，该工具自动变成颜料桶工具，并且打开"锁定填充"功能键。

单击其他笔触或已填充区域以应用新属性。

2.2.4　渐变变形工具

"渐变变形工具" 主要应用于调整和修改渐变色的应用。

（1）从"工具"面板中选择"渐变变形工具"。

（2）单击用渐变或位图填充的区域。系统将显示一个带有编辑手柄的边框。当指针在这些手柄中的任何一个上面的时候，它会发生变化，显示该手柄的功能，如图 2-34 所示。

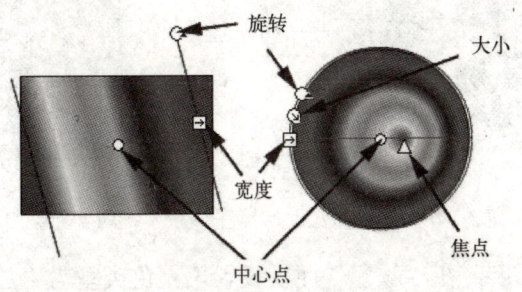

图 2-34　渐变变形工具的应用

"中心点":中心点手柄的变换图标是一个四向箭头。

"焦点":仅在选择放射状渐变时才显示焦点手柄。焦点手柄的变换图标是一个倒三角形。

"大小":大小手柄的变换图标(边框边缘中间的手柄图标)是内部有一个箭头的圆圈。

"旋转":调整渐变的旋转。旋转手柄的变换图标(边框边缘底部的手柄图标)是组成一个圆形的四个箭头。

"宽度":调整渐变的宽度。宽度手柄(方形手柄)的变换图标是一个双头箭头。

2.2.5 典型实例——夜景

(1) 选择菜单"文件"→"新建"命令,建立一个新文件。

(2) 设置文档背景色为深灰色(#666666)。

(3) 选择"矩形工具",设置"笔触颜色"为无,填充颜色为黑色。

(4) 在舞台拖动鼠标,绘制如图 2-35 所示的矩形。

(5) 选择"多角星形工具",用鼠标单击"属性"面板的"选项"按钮,在弹出的"工具设置"面板,在"边数"中输入 3,其他选项默认。

图 2-35 绘制矩形

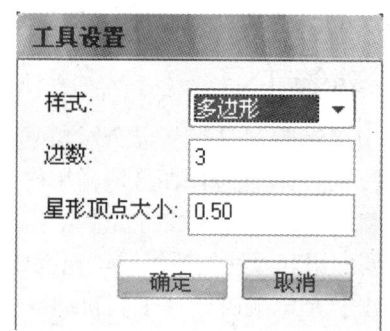

图 2-36 设置多角星形属性

(6) 在舞台拖动鼠标绘制出合适大小的三角形作为房顶,如图 2-37 所示。

(7) 选择"选择工具",框选后按 Delete 键删除部分图形,得到如图 2-38 所示的效果。

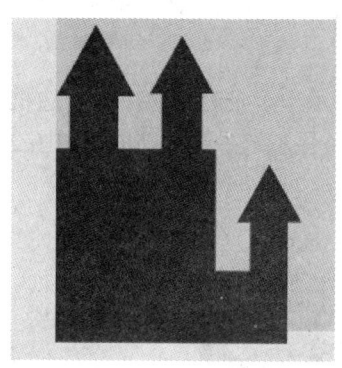

图 2-37 绘制房顶

图 2-38 完成的房子

(8) 选择"椭圆工具",在"颜色"面板设置填充色类型为"放射状",渐变色从左到右依次为白—白—白(alpha=0),如图 2-39 所示。

图 2-39 设置渐变色

（9）在舞台右上角拖动鼠标绘制月亮。

（10）选择"刷子工具"，修改填充色为黑色，选择合适的大小，绘制飞鸟。

（11）选择"椭圆工具"，拖动鼠标绘制多个椭圆组成树冠，用"矩形工具"绘制出树干。

最终的效果如图 2-40 所示。

图 2-40 最终的效果

2.3 基础部分——文本工具

2.3.1 创建文本

在 Flash 中可以创建 3 种类型的文本：静态文本、动态文本和输入文本。

- 静态文本：用于不改变的文本。
- 动态文本：用于需要动态更新的文本，如游戏得分，当前时间等。
- 输入文本：用于需要用户输入的文本，如用户名、密码、问题答案等。

在选择"文本工具"后，将鼠标移动到场景中合适位置，单击文本的起始位置，可以创建在一行中显示的文本，除非按回车键，否则不会换行。此时的文本框为标签文本框，该文本框右上角有一个圆形手柄，如图 2-41 所示。

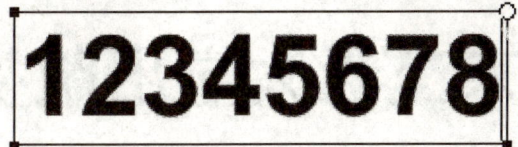

图 2-41 标签文本框

如果要创建定宽（对于水平文本）或定高（对于垂直文本）的文本字段，则需要将指针放在文本的起始位置,然后拖到所需的宽度或高度。这时输入文本达到宽度或高度时会自动换行。这时的文本框为区块文本框,该文本框右上角有一个方形手柄,如图2-42所示。

图 2-42　区块文本框

用鼠标拖动圆形手柄或方形手柄可以改变文本框的宽度,而且一旦拖动,圆形手柄会改变为方形手柄,即以后再输入文本也会自动换行。

2.3.2　设置文本样式

可以设置文本的字体和段落属性。字体属性包括字体系列、磅值、样式、颜色、字母间距、自动字距微调和字符位置。段落属性包括对齐、边距、缩进和行距。

在属性面板中,从"字体"下拉菜单中选择一种字体,或者输入字体名称。

注意:对于静态文本,Flash 会创建字体的轮廓并将它们嵌入 SWF 文件中,并不是所有显示在 Flash 中的字体都可以作为轮廓随 Flash 应用程序导出。可以使用通用设备字体作为嵌入式字体轮廓信息的替换字体。Flash 包括 3 种通用设备字体:_sans、_serif 和 _typewriter。当指定其中的一种字体然后导出文档时,Flash Player 会在用户的计算机上使用一种与通用设备字体最为接近的字体。

"磅值"用来设置字体大小。

单击"粗体"或"斜体"可以应用粗体或斜体样式。

设置文本填充颜色的步骤如下。

(1) 从"颜色选择器"中选择颜色。

(2) 在左上角的框中键入颜色的十六进制值。

(3) 单击"颜色选择器",然后从系统颜色选择器中选择一种颜色(设置文本颜色时,只能使用纯色,而不能使用渐变。要对文本应用渐变,可以选择菜单"修改"→"分离"来分离文本,将文本转换为线条或填充)。

【操作实例 2-10】　文本链接

(1) 选择菜单"文件"→"新建"命令,建立一个新文件。

(2) 选择"文本工具",在舞台输入文本,如图 2-43 所示。

图 2-43　输入文本

(3)选择"北京交通大学出版社",在属性面板的"链接"文本字段 输入 http://press.bjtu.edu.cn/。

(4)选择文本"E-mail",在"属性"面板的"链接"中输入 mailto:press@bjtu.edu.cn。

2.3.3 滤镜

使用滤镜可以为文本添加特殊的视觉效果。

要添加滤镜,可以在选择文本后,单击"添加滤镜" 按钮,如图 2-44 所示,然后选择一个滤镜。选择不同的设置,直到获得所需的效果。

若要删除滤镜,可以从已应用滤镜的列表中选择要删除的滤镜,然后单击"删除滤镜" 按钮。

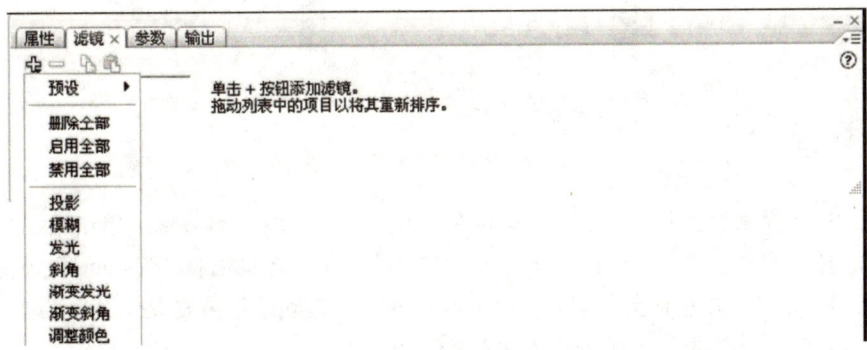

图 2-44 滤镜面板

2.3.4 典型实例——发光字

(1)选择菜单"文件"→"新建"命令,建立一个新文件。

(2)选择"文本工具",在舞台输入文本"Flash 动画",设置文本颜色为黑色。

(3)确认文本为选择状态,选择"滤镜"。

(4)单击"添加滤镜"(+)按钮,然后选择"发光"。

(5)拖动"模糊 X"和"模糊 Y"滑块来设置发光的宽度和高度。

(6)打开"颜色选择器"并设置发光颜色。

效果如图 2-45 所示。

图 2-45 滤镜实例效果

2.3.5 典型实例——立体字

(1)选择菜单"文件"→"新建"命令,建立一个新文件。

(2)选择"文本工具",在舞台输入文本"F"。

(3)选择字母"F",在"属性"面板中将字体修改为"黑体",大小为"200",如

图 2-46 所示。

图 2-46 设置字体

（4）选择菜单"修改"→"分离"，或按下 Ctrl+B 键分离文字，如图 2-47 所示。

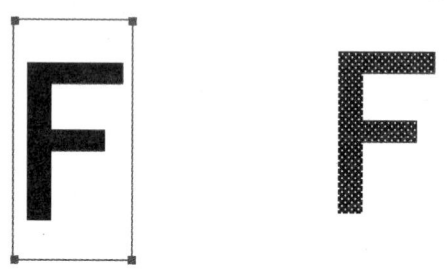

图 2-47 分离文字

（5）选择"墨水瓶工具"，设置"笔触色"为红色，在图形的边缘上单击绘出轮廓。

（6）选择"选择工具"，单击字母中内部的黑色填充，选择后按下 Delete 键删除。

（7）鼠标双击轮廓全部选择，按下 Alt 键，往左上拖动图形再复制一个，为了拖动时好控制，可以关闭工具箱中的"贴紧至对象" 。

（8）选择线条工具，打开"贴紧至对象" ，在对应点之间连线，结果如图 2-48 所示。

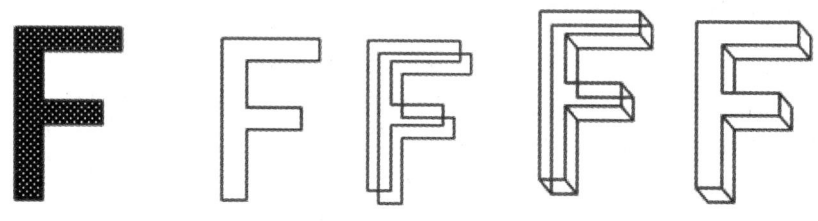

图 2-48 描边并连线

（9）选择"橡皮擦工具"，打开"水龙头" 选项，在多余的线条上单击，得到最后的立体轮廓。

（10）可以选择"颜料桶工具"，在不同的面填充深浅不同的颜色，结果如图 2-49 所示。

图 2-49 填充效果

2.3.6 典型实例——爱心字

（1）选择菜单"文件"→"新建"命令，建立一个新文件。

（2）选择"文本工具"，在舞台输入文本"LOVE"。

（3）选择文本"LOVE"，在"属性"面板中将字体修改为"Arial Black"，大小为150，颜色为红色，如图 2-50 所示。

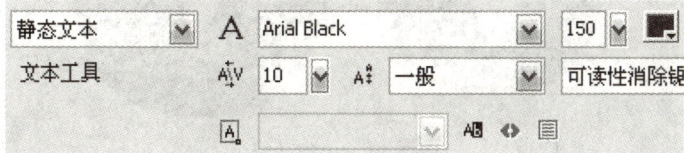

图 2-50 文本属性设置

（4）选择菜单"修改"→"分离"，或按下 Ctrl+B 键，可分离文字。需要操作两次，第一次是把"LOVE"分离为四个字母，第二次是把"LOVE"分离为填充图形，效果如图 2-51 所示。

(a) 未分离　　　　　(b) 第一次分离　　　　　(c) 第二次分离

图 2-51 分离效果

（5）选择"部分选取工具" ，单击字母"O"的内部圆圈，显示出锚点，如图 2-52 所示。

图 2-52 显示锚点效果

（6）选择"钢笔工具"，在弹出的菜单中选择"删除锚点工具"后，在字母"O"内部的锚点上单击，删除锚点至只剩余 4 个，如图 2-53 所示。

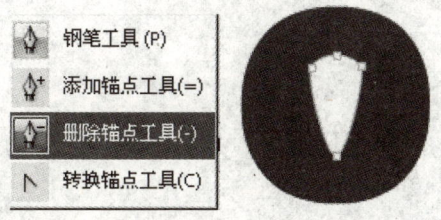

图 2-53 删除锚点

（7）选择"钢笔工具"，在弹出的菜单中选择"转换锚点工具"，在 1、2 点单击，修改为角点。选择"部分选取工具"，拖动 1 点至如图 2-54 所示的位置。

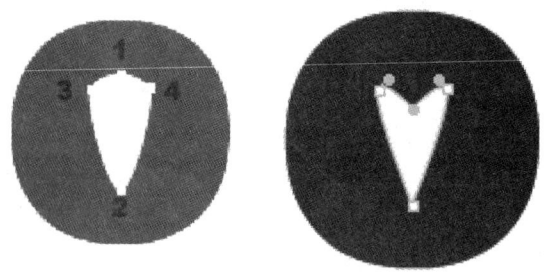

图 2-54 调整效果

（8）选择"转换锚点工具"，在 3、4 点拖动鼠标调整图形。调整中可以用"部分选取工具"移动锚点的位置。完成的效果如图 2-55 所示。

图 2-55 完成的效果

2.4 实例部分——海底世界

2.4.1 实例说明与效果预览

该实例主要通过对各工具的结合使用绘制出如图 2-56 所示的效果。

图 2-56 效果预览

2.4.2 实例分析

实例中在颜色上除了纯色外,为了表现出水的效果,利用了渐变色。
在图形绘制上突出了各工具的结合。

2.4.3 制作要点

① 渐变背景色的制作。
② "刷子工具"的灵活运用。
③ 图形的后期调整方法。

2.4.4 制作步骤

(1)选择菜单"文件"→"新建"命令,建立一个新文件。

(2)选择"矩形工具",在"颜色"面板中设置填充色,类型为"线性渐变",渐变颜色为白到蓝,如图 2-57 所示。

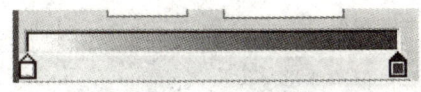

图 2-57 设置渐变色

(3)拖动鼠标绘制一个覆盖整个舞台的矩形作为背景,这时的渐变色是从左至右的。选择"油漆桶工具",在矩形上从上至下拖动鼠标修改填充方向,修改后的颜色是上白下蓝,如图 2-58 所示。

图 2-58 基本效果

(4)在时间轴面板单击 新建一个图层,选择图层 1,锁定该图层防止后面的操作,如图 2-59 所示。

图 2-59 锁定图层

(5)用鼠标单击图层 2 选择该图层。

(6)选择"刷子工具",设置"刷子形状"为 ,"填充颜色"为绿色,拖动鼠标绘制出水草。用"铅笔工具"绘制出沙丘并填充颜色,如图 2-60 所示。

图 2-60 绘制沙丘和水草

（7）选择"多角星形工具"，打开"属性"面板，单击"选项"按钮，在弹出的"工具设置"面板中将"样式"设置为星形，"边数"为 20，"星形顶点大小"为 0.10，如图 2-61 所示。

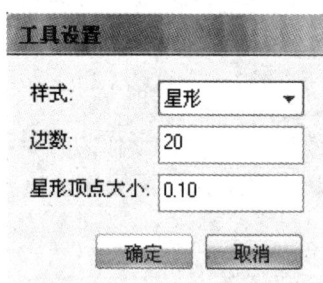

图 2-61 设置"多角星形工具"属性

（8）设置"笔触颜色"为无，"填充颜色"为紫色。在舞台上拖动鼠标绘制多角星形作为"海胆"，如图 2-62 所示。

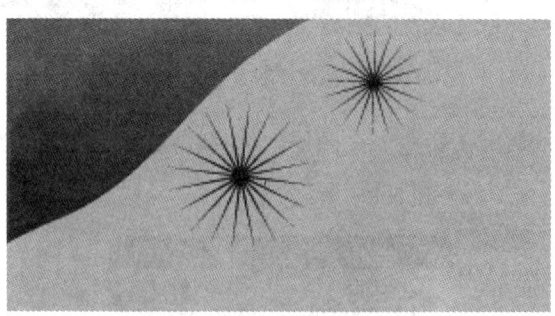

图 2-62 绘制多角星形

（9）再次单击"属性"面板的"选项"按钮，在弹出的"工具设置"面板中设置"边数"为 5，"星形顶点大小"为"0.4"，设置填充颜色为红色，拖动鼠标绘制一个五角星。

（10）选择"转换锚点工具"，在五角星上单击，在五个角的锚点上拖动鼠标改变它的形状为圆角。

（11）选择"线条工具"，设置"笔触颜色"为黄色，在"属性"面板中设置"笔触样式"为"斑马线"，笔触高度为 8，在五角星上绘制如图 2-63 所示的线条，"海星"就做好了，用"选择工具"把它移动到合适位置。

图 2-63　海星效果

（12）选择"椭圆工具"，设置"笔触颜色"为无，"填充颜色"为白色。拖动鼠标绘制一个椭圆。

（13）选择"选择工具"，框选下半部并按 Delete 键将其删除。

（14）选择"刷子工具"，设置"刷子模式"为"标准绘画"，设置合适的刷子大小和形状，拖动鼠标绘制"水母"的触角，如图 2-64 所示。

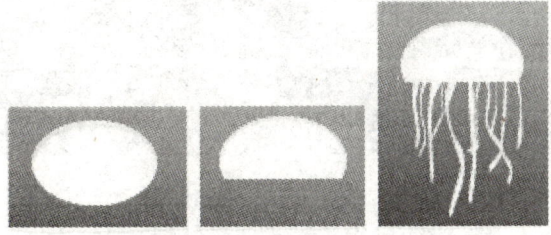

图 2-64　制作水母

（15）用前面学习的"线条工具"绘制几条鱼，效果如图 2-65 所示。

图 2-65　鱼的制作

（16）选择"椭圆工具"，设置"笔触颜色"为白色，"填充颜色"为无，在"属性"面板设置"笔触高度"为"2","笔触样式"为"实线",拖动鼠标绘制几个圆圈作为气泡。选择"刷子工具",设置"填充颜色"为白色,为气泡添加白色反光点,如图2-66所示。

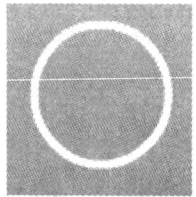

图2-66 制作气泡

(17)调整气泡的位置,如图2-67所示。

图2-67 调整气泡的位置

2.5 上机实战与提高

本实例通过基本图形的绘制和调整制作一个桌子,效果如图2-68所示。

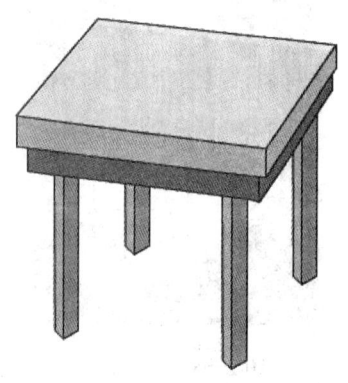

图2-68 效果预览

步骤提示:

(1) 新建文档。

(2) 选择"矩形工具",设置"笔触颜色"为"黑色","填充颜色"为"无"。在舞台绘制一个矩形,如图 2-69 所示。

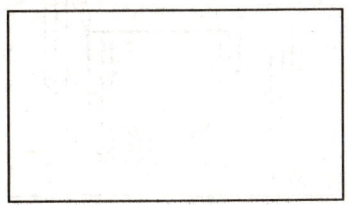

图 2-69 绘制矩形

(3) 选择"选择工具",移动鼠标到矩形的角上,拖动鼠标调整矩形,如图 2-70 所示。

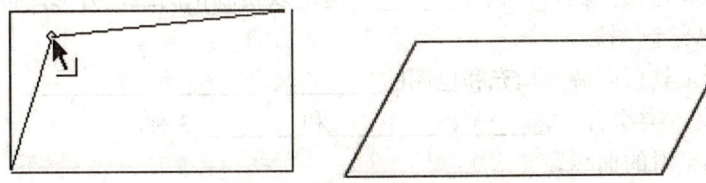

图 2-70 调整矩形

(4) 选择"线条工具",绘制如图 2-71 所示的图形。

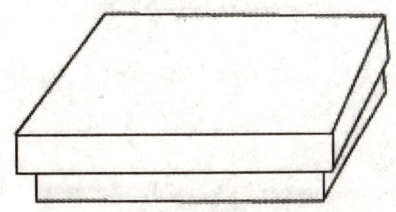

图 2-71 添加线条

(5) 选择"矩形工具",绘制出桌腿,如图 2-72 所示。

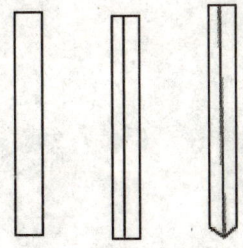

图 2-72 制作桌腿

(6) 移动桌腿到合适位置,删除多余线条,如图 2-73 所示。

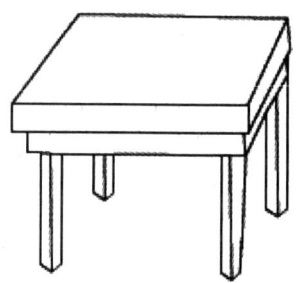

图 2-73 移动桌腿

2.6 思考与练习

1. 使用椭圆和矩形工具时,按住_____键可以绘制正圆或正方形,按住_____键可以以单击点为中心绘制图形。

2. 填充变形工具可以调整填充和位图的_____、_____和_____。

3. Flash 的文本类型有 _____、_____和_____3 种。

4. 如何绘制平滑的曲线?

5. 如何绘制圆角矩形?

6. 简述给文本加超链接的方法。

第 3 章 图形编辑

在 Flash 中，创建图形对象后，常常需要对其进行修改、编辑等操作。利用 Adobe Flash CS3 提供的多种编辑工具可以对已经创建的图形进行移动、复制、删除、变形、层叠、对齐等操作，将图形对象进行优化和修改。

3.1 基础部分——基本工具

在舞台上创建图形后，经常要对图形对象进行移动、复制、删除、变形、层叠、对齐和分组等操作。

3.1.1 选择工具的用法

1. 使用"选择工具"选择对象

"选择工具"可以用于选择对象，具体方法如下。

① 若要选择笔触、填充、组、实例或文本块，则单击对象。
② 若要选择连接线，则双击其中一条线。
③ 若要选择填充的形状及其笔触轮廓，则需要双击填充。
④ 若要选择多个对象，则需要拖动鼠标把对象包含在矩形选取框内。

【操作实例 3-1】 西瓜

（1）新建一个文件。
（2）选择"椭圆工具"，设置"笔触颜色"为绿色，填充颜色为红色，在"属性"面板设置笔触高度为"8"。
（3）拖动鼠标绘制一个圆，如图 3-1（a）所示。
（4）选择"刷子工具"，设置"填充颜色"为黑色，选择合适的刷子大小，在圆上点上黑点作为瓜子，如图 3-1（b）所示。

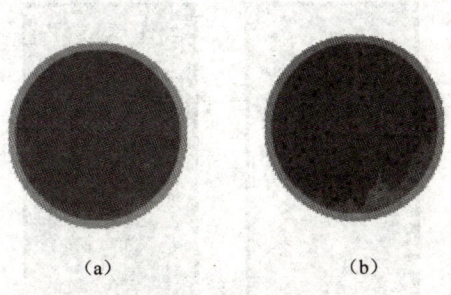

图 3-1 绘制圆

（5）选择"选择工具"，拖动鼠标框选圆的上半部分，然后按 Delete 键删除，如图 3-2

所示。

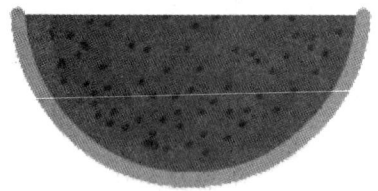

图 3-2 删除上半部分

（6）这时发现瓜皮的两端不平，在绿色轮廓线上单击选择它，打开"属性"面板，单击"端点"右侧 ，在弹出的菜单中选择"无"，如图 3-3 所示。

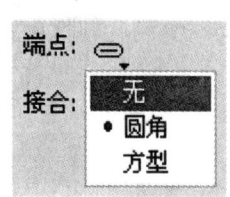 

图 3-3 修改线的端点

2. 使用"选择工具"移动、复制对象

在移动或复制之前，必须先选择对象，然后将鼠标放在对象上，执行下列操作之一。
（1）移动对象，将其拖到新位置。
（2）复制对象，按住 Alt 键拖动。
（3）按住 Shift 键并进行拖动，可以将对象的移动方向限制为 45°的倍数。
（4）按下方向键，可以使所选对象一次移动 1 个像素。
（5）按一下 Shift 键和方向键，可以让所选对象一次移动 10 个像素。

3. 使用"选择工具"改变形状

可以使用选择工具拖动线条上的任意点来改变线条或形状轮廓的形状。指针会发生变化，如图 3-4 所示。

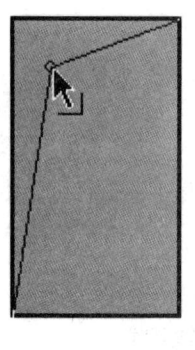 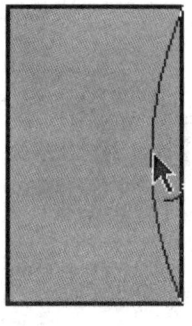

(a)　　　　　　　(b)

图 3-4 改变形状

当转角出现在指针附近时,表示可以更改终点,如图 3-4(a)所示。

当曲线出现在指针附近时,则表示可以调整曲线,如图 3-4(b)所示。拖动时按住 Ctrl 键可以增加新的点。

3.1.2 套索工具

使用"套索工具"可选择图形中的不规则区域或相连的相近颜色的区域。

1. 任意形状选区

选择"套索工具",在要选择的区域开始处单击鼠标并围绕该区域拖动"套索工具",在开始位置附近结束拖动,会形成一个封闭区域,得到选区。

2. 多边形选区

在"工具箱"面板的选项区中选择"多边形模式" 后,单击设定起始点,移动鼠标到第一条线要结束的地方单击,设定结束点。继续设定其他线段的结束点,如果要闭合选择区域,双击即可,则得到一个多边形选区。

3. 魔术棒

在"工具箱"面板的选项区中选择"魔术棒" 后,可以用来选择图形中颜色相似的区域,但是对象必须是分离的状态。单击"魔术棒设置" 后,会弹出"魔术棒设置"对话框,设置魔术棒的参数,如图 3-5 所示。其中"阈值"越小,选择的颜色范围越小。选择"魔术棒"后,单击要选择的对象就可以得到选区。

图 3-5 "魔术棒设置"对话框

【操作实例 3-2】 吃剩的西瓜

(1)打开前面制作好的西瓜文件。

(2)选择"套索工具",确认"多边形模式"和"魔术棒"都未选择,拖动鼠标得到选区,如图 3-6(a)所示。

(3)按 Delete 键删除选择区域内容,如图 3-6(b)所示。

图 3-6 选择不规则选区并删除

3.1.3 任意变形工具

使用"任意变形工具"或选择菜单"修改"→"变形"中的相应选项，可以将图形对象、组、文本块和实例进行变形；根据所选元素的类型，可以旋转、缩放、倾斜、移动及扭曲该元素，如图 3-7 所示。

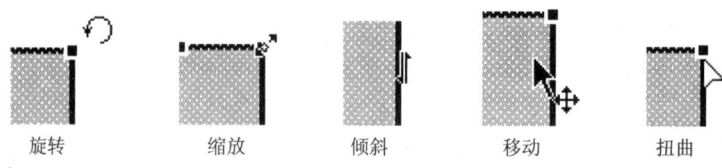

图 3-7　变形操作

可以单独执行某个变形操作，也可以将诸如移动、旋转、缩放、倾斜和扭曲等多个变形操作组合在一起执行。

在舞台上选择要变形的对象，单击"任意变形工具"，在所选内容的周围移动指针，指针会发生变化，指明哪种变形功能可用。

如果要设置变形中心点，可以用鼠标拖动变形点到新位置，如图 3-8 所示。

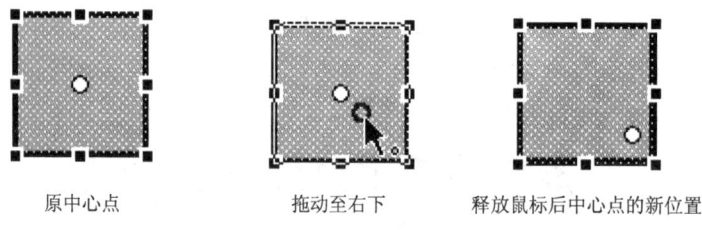

图 3-8　修改中心

在使用变形操作时要注意以下几点。

- 要旋转所选内容，将指针放在角手柄的外侧，然后拖动。所选内容即可围绕变形点旋转。按住 Shift 键并拖动，可以以 45°为增量进行旋转。
- 若要围绕对角旋转，按住 Alt 键并拖动。
- 要缩放所选内容，沿对角方向拖动角手柄，可以沿着两个方向缩放尺寸。按住 Shift 键拖动，可以按比例调整大小。
- 水平或垂直拖动，可以沿各自的方向进行缩放。
- 要倾斜所选内容，将指针放在变形手柄之间的轮廓上，然后拖动。
- 要扭曲形状，按住 Ctrl 键拖动角手柄或边手柄。
- 要扭曲文本，必须先将字符转换为形状对象，即选择菜单"修改"→"分离"。
- 要锥化对象，同时按住 Shift 键和 Ctrl 键并单击和拖动角部的手柄。
- 若要结束变形操作，则单击所选项目以外的地方。

"封套"可以弯曲或扭曲对象。封套是一个边框，其中可以包含一个或多个对象。更改封套的形状会影响该封套内的对象的形状。

选择图形后，选择"任意变形工具"，在工具箱的下部单击"封套"按钮，图形周围会出现 24 个黑色控制点,拖动这些控制点会出现各种造型,被选择的图形也会自动随着这个封套变化,如图 3-9 所示。

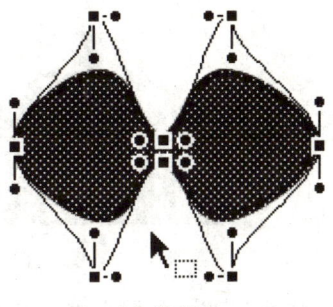

(a) 修改前　　　　　　　　　　　　(b) 修改后

图 3-9 "封套"操作

3.1.4 典型实例——西瓜

(1) 新建文件。

(2) 选择"矩形工具",设置"笔触颜色"为黑色,"填充颜色"为绿色,拖动鼠标绘制一个矩形,如图 3-10 所示。

(3) 选择"刷子工具",设置"填充颜色"为深绿色,"刷子模式"为"内部绘画",选择合适的刷子大小,在矩形上绘制条纹,如图 3-11 所示。

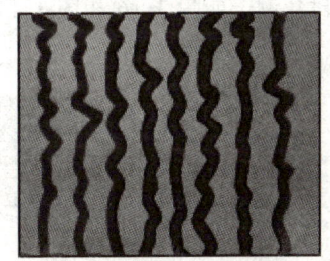

图 3-10 绘制矩形　　　　　　　　图 3-11 绘制条纹

(4) 选择全部图形后,选择"任意变形工具",在选项区选择"封套" ,拖动顶边的端点至靠近顶边中央点位置,如图 3-12 所示。

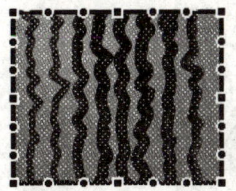
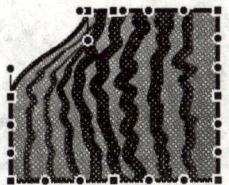
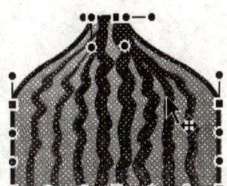

图 3-12 "封套"变形

(5) 鼠标拖动两个控制点 1 和 2 至水平位置,如图 3-13 所示。

（6）用同样的方法调节底边的控制点，也可以调整左右的控制点，调整后的效果如图 3-14 所示。

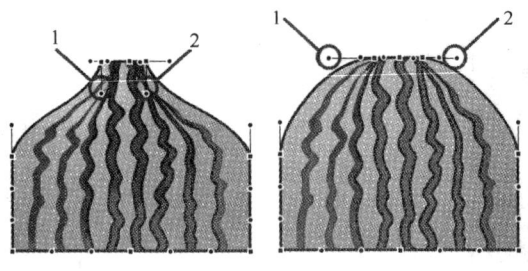

图 3-13 "封套"变形 1

（7）选择"刷子工具"，绘制瓜蔓，也可以绘制叶子，完成的效果如图 3-15 所示。

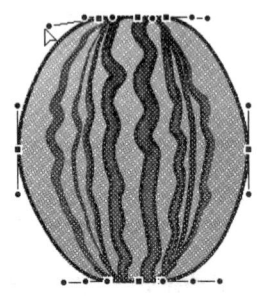 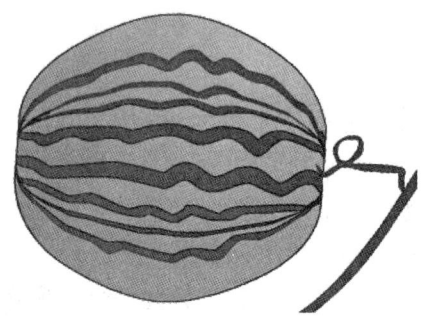

图 3-14 "封套"变形效果　　　　　　　图 3-15 完成效果

其他封套例子如图 3-16 和图 3-17 所示。

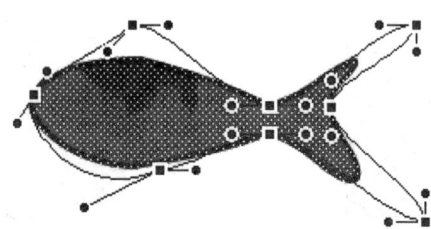

图 3-16 鱼

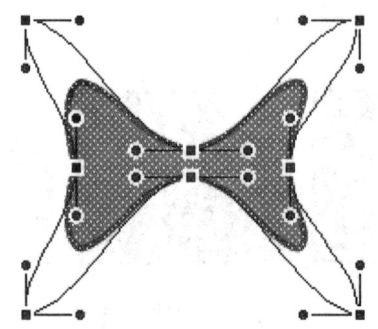

图 3-17 蝴蝶结

3.2 基础部分——其他图形编辑方法

3.2.1 翻转对象

可以沿垂直或水平轴翻转对象，而不改变其在舞台上的相对位置。
操作方法如下。
（1）选择对象。
（2）选择"修改"→"变形"→"垂直翻转"或"水平翻转"，效果如图 3-18 所示。

原图　　　　水平翻转　　　　垂直翻转

图 3-18 翻转对象

3.2.2 图形的伸直、平滑和优化

1．伸直线条

伸直操作命令可伸直已经绘制的线条和曲线，但不影响已经伸直的线段，如图 3-19 所示。使用伸直命令还能让 Flash 确认形状。

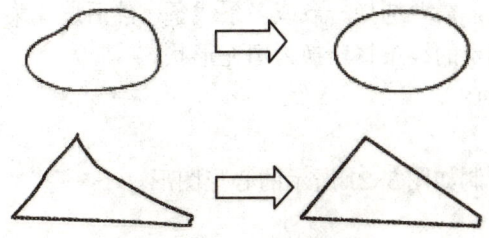

图 3-19 伸直线条

操作方法为：选择"选择工具"，单击"工具"面板"选项"部分中的"伸直"按钮，或选择菜单"修改"→"形状"→"伸直"。

2．平滑线条

平滑操作使曲线变柔和，并减少曲线整体方向上的突起或其他变化，同时还会减少曲线中的线段数。

操作方法为：选择"选择工具"，单击"工具"面板"选项"部分中的"平滑"按钮，或选择菜单"修改"→"形状"→"平滑"。

3．优化曲线

优化功能通过改进曲线和填充轮廓，减少用于定义这些元素的曲线数量来平滑曲线。优化曲线还会减小 Flash 文档（FLA 文件）和导出的 Flash 应用程序（SWF 文件）的大小。可以对相同元素进行多次优化。操作方法如下。

（1）选择要优化的已绘制元素，然后选择菜单"修改"→"形状"→"优化"，打开如图 3-20 所示的"最优化曲线"对话框。

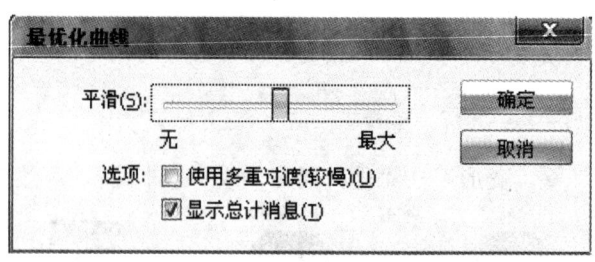

图 3-20 "最优化曲线"对话框

（2）拖动"平滑"滑块可以指定平滑程度，结果取决于所选曲线。一般来说，优化可以减少曲线数量，但会与原始轮廓稍有不同。

（3）设置完成后单击"确定"按钮。

另外，"最优化曲线"对话框中其他两个主要选项的功能如下。

"使用多重过渡（较慢）"选项：重复进行平滑处理直到不能进一步优化为止，这相当于对同一选定元素重复选择"优化"。

"显示总计消息"选项：在平滑操作完成时，指示优化程度。

3.2.3　将线条转换为填充

要将线条转换为填充，需要选择一条或多条线条，然后选择菜单"修改"→"形状"→"将线条转换为填充"，选定的线条将转换为填充形状。

【操作实例 3-3】　爱心

（1）新建文件。

（2）使用钢笔工具绘制如图 3-21 所示的心形图形。

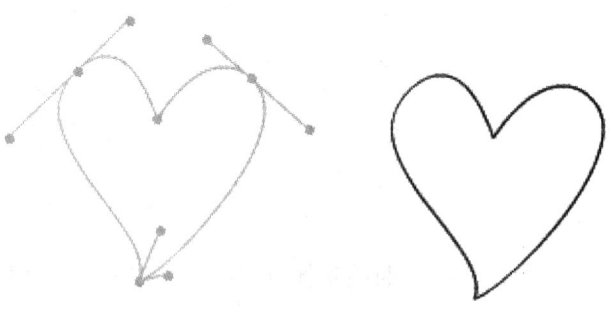

图 3-21　绘制心形

（3）选择"选择工具"，选择图形后，在"属性"面板修改"笔触高度"为 6。选择"墨水瓶工具"，设置"笔触颜色"为红色，在线条上单击鼠标修改线条。

（4）确定图形是选中状态，选择菜单"修改"→"形状"→"将线条转换为填充"，则将线条转换为填充形状。

(5)选择"墨水瓶工具",设置"笔触颜色"为红色,在"属性"面板修改"笔触高度"为 2,单击心形图形,可以为修改后的形状绘制内外红色轮廓线,如图 3-22 所示。

图 3-22 墨水瓶描边效果

3.2.4 扩展填充和柔化填充边缘

1. 扩展填充

选择一个填充形状,然后选择菜单"修改"→"形状"→"扩展填充",弹出"扩展填充"对话框。在"距离"中输入像素值,"方向"可选择"扩展"或"插入"。"扩展"可以放大形状,而"插入"则缩小形状,如图 3-23 所示。

原图　　　　　　方向:扩展　　　　　方向:插入

图 3-23 扩展填充效果

注意:该工具只对填充有效,在对轮廓线条使用该操作之前必须先转化为填充。

2. 柔化填充边缘

选择一个填充形状后,选择菜单"修改"→"形状"→"柔化填充边缘",可以在弹出的"柔化填充边缘"对话框中进行设置,如图 3-24 所示。

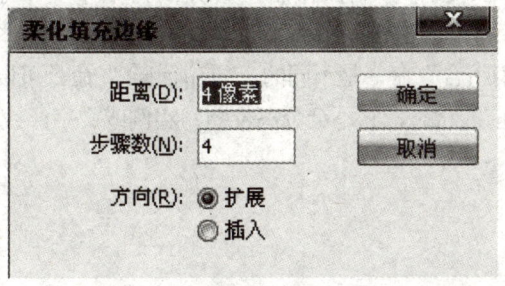

图 3-24 "柔化填充边缘"对话框

"距离"：用于柔边的宽度（用像素表示）。

"步骤数"：控制用于柔边效果的曲线数。使用的步骤数越多，效果就越平滑。增加步骤数还会使文件变大并降低绘画速度。

"扩展"：柔化边缘时放大形状。

"插入"：柔化边缘时缩小形状。

使用柔化填完边缘后的效果如图 3-25 所示。

图 3-25　柔化填充边缘效果

3.2.5　图形的组合与分离

1．组合对象

组合可以将多个元素组合在一起作为一个对象来处理。操作方法如下。

（1）选择要组合的对象，可以选择形状、其他组、元件、文本，等等。

（2）选择菜单"修改"→"组合"，或者按 Ctrl+G 键即可。

2．编辑组或组中的对象

（1）选择要编辑的组，用"选择工具"双击该组。页面上不属于该组的部分都将变暗，表明不属于该组的元素是不可访问的。

（2）编辑该组中的任意元素。

（3）用"选择工具"双击舞台上的空白处。

3．分离组和对象

使用"分离"命令可以将组、实例和位图分离为单独的可编辑元素。

将多个字符组成的文本执行分离操作后，会分离为单个文本字符。对单个文本字符执行分离操作会将字符转换成填充图形。

"分离"命令和"取消组合"命令是不同的。"取消组合"命令可以将组合的对象分开，并将组合的元素返回到组合之前的状态，它不会分离位图、实例或文字，或将文字转换成填充图形。

3.2.6　排列图形

1．层叠对象

在同一图层，Flash 会根据对象的创建顺序层叠对象，将最新创建的对象放在最上面。

线条和形状总是在组和元件的下面。要将它们移动到上面,必须组合它们或者将它们变成元件。

图层也会影响层叠顺序。第 2 层上的任何内容都在第 1 层的任何内容之前,以此类推。要更改图层的顺序,可以在时间轴中将层名拖动到新位置。

修改对象层叠顺序的操作如下,原图如图 3-26 所示。

(1) 选择圆。

(2) 选择菜单"修改"→"排列"→"置于顶层",将圆移动最前面,如图 3-27 所示。

 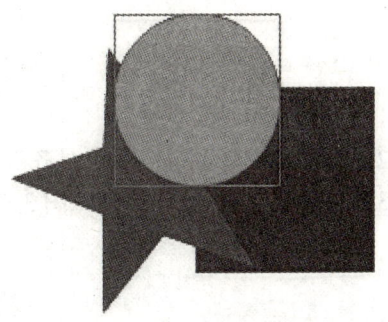

图 3-26 原图　　　　　　　图 3-27 将圆"置于顶层"的效果

(3) 再次选择圆。

(4) 选择菜单"修改"→"排列"→"下移一层",将圆在层叠顺序中向下移动一个位置,如图 3-27 所示。

图 3-28 将圆"下移一层"的效果

如果选择了多个组,这些组会移动到所有未选中的组的前面或后面,而这些组之间的相对顺序保持不变。

2. 对齐图形

"对齐"面板能够沿水平或垂直轴对齐所选对象。可以沿选定对象的右边缘、中心或左上边缘、中心或下边缘水平对齐对象。

"对齐"对象的操作如下,原图如图 3-29 所示。

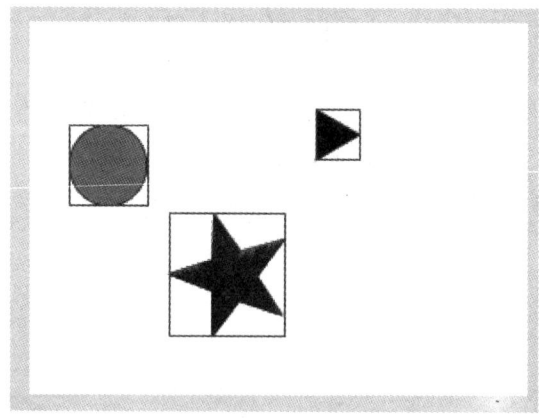

图 3-29 操作前的原图

（1）选择要对齐的对象。
（2）选择菜单"窗口"→"对齐"，或按 Ctrl+K 键。
（3）选择"上对齐"，效果如图 3-30 所示。

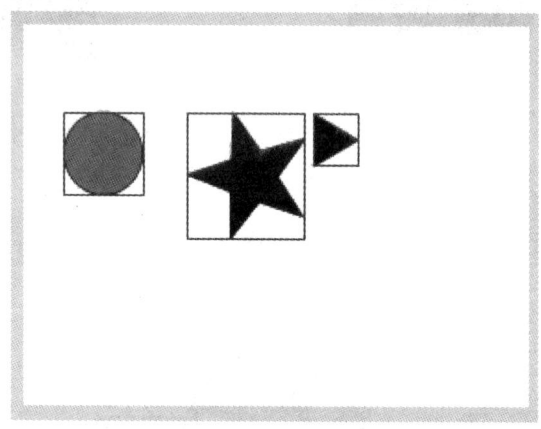

图 3-30 "上对齐"操作的效果

（4）在"对齐"面板中选择"相对于舞台"，再选择"上对齐"，效果如图 3-31 所示。

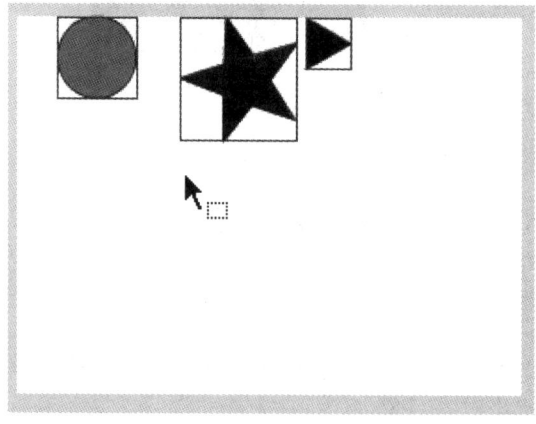

图 3-31 "相对于舞台"的"上对齐"

3.3 实例部分——"春节"灯笼

3.3.1 实例说明与效果预览

该实例主要通过对"任意变形工具"的使用,绘制出如图 3-32 所示的效果。

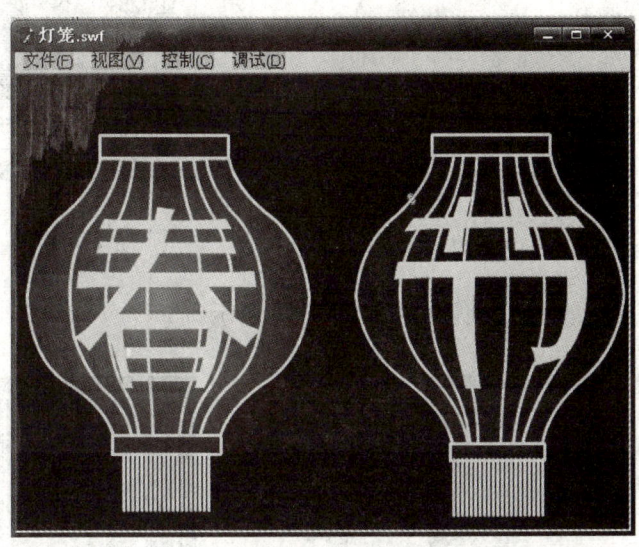

图 3-32 效果预览

3.3.2 实例分析

实例中利用"任意变形工具"的"封套"来实现灯笼的制作。

为了让灯笼上的文字也有球面的效果,对文字在分离后也运用了"封套"变形。

通过修改线条的类型可容易地制作出灯笼穗的效果。

3.3.3 制作要点

(1)"任意变形工具"的灵活运用。
(2)文本应用"封套"变形的方法。
(3)线条类型的灵活运用。

3.3.4 制作步骤

(1)选择菜单"文件"→"新建"命令,建立一个新文件。

(2)选择菜单"修改"→"文档",在弹出"文档属性"对话框中设置背景颜色为黑色,如图 3-33 所示。

(3)选择"矩形工具",打开"颜色"面板,设置"笔触颜色"为黄色,"填充颜色"为放射状渐变,渐变色为浅红→红,如图 3-34 所示。

(4)打开"属性"面板,设置"笔触高度"为 3,"笔触样式"为实线。在舞台拖动鼠标绘制一个矩形,如图 3-35 所示。

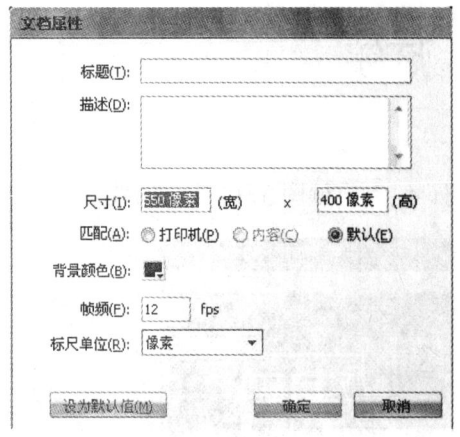

图 3-33 "文档属性"对话框

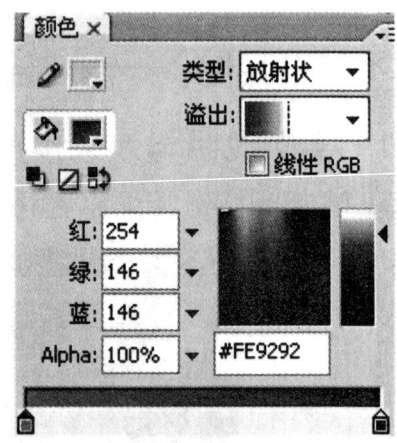

图 3-34 设置渐变色

（5）选择"线条工具"，绘制竖线，如图 3-36 所示。

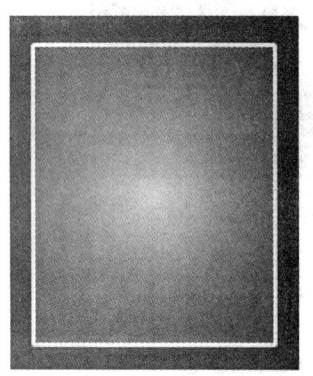

图 3-35 绘制矩形

图 3-36 绘制竖线

（6）选择"文本工具"，打开"属性"面板，设置"字体"为黑体，在舞台输入文本"春"，如图 3-37 所示。

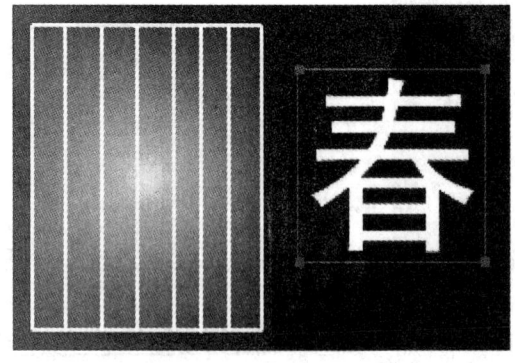

图 3-37 创建文本

（7）选择文本"春"，按下 Ctrl+B 键分离它，如图 3-38 所示。

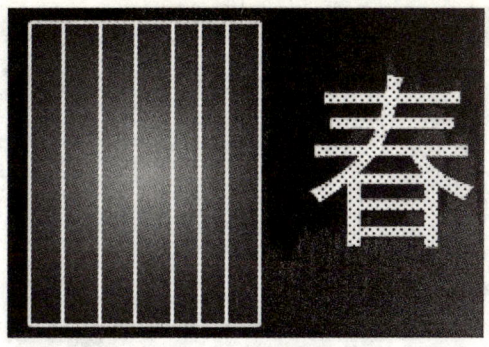

图 3-38 分离文字

（8）用"选择工具"选择文本"春"把它移动到矩形上，如图 3-39 所示。

（9）选择"任意变形工具"，框选整个图形，单击工具箱下部选项区的"封套"，如图 3-40 所示。

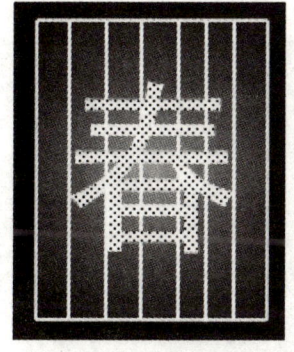

图 3-39 移动后的效果

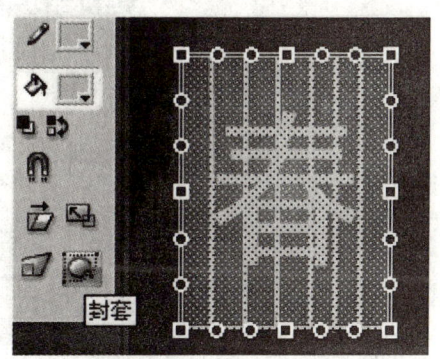

图 3-40 "封套"操作

（10）拖动控制点调整成灯笼的形状，如图 3-41 所示。

（11）选择"矩形工具"，在灯笼上下绘制矩形，如图 3-42 所示。

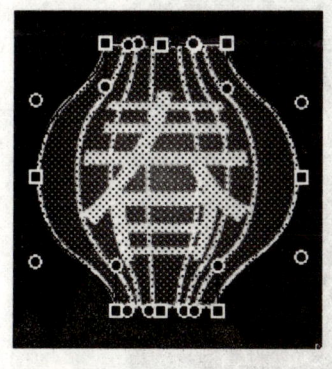

图 3-41 "封套"变形后的效果

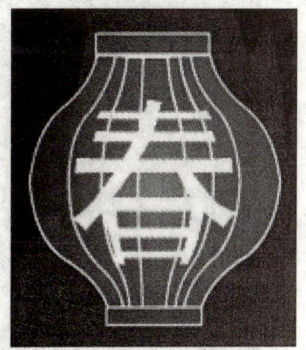

图 3-42 添加矩形

（12）选择"线条工具"，打开"属性"面板，单击"自定义"按钮，弹出"笔触样式"对话框，如图 3-43 所示设置笔触样式。

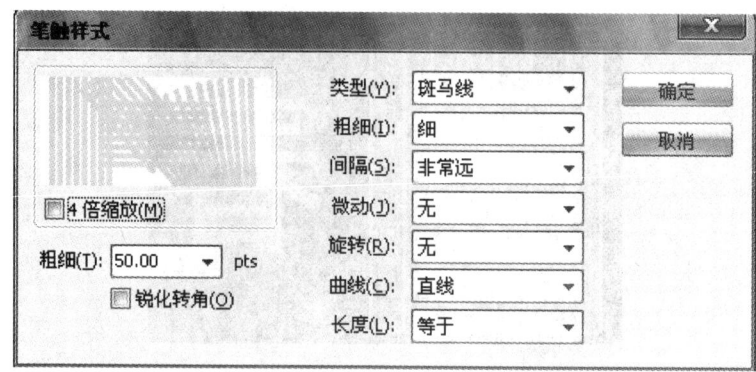

图 3-43 设置笔触样式

(13) 在舞台上拖动鼠标绘制若干合适长度的线,移动到灯笼下合适的位置,如图 3-44 所示。

图 3-44 制作线条

(14) 同样的方法再制作一个灯笼,文本设置为"节"。完成后的效果如图 3-45 所示。

图 3-45 完成效果

3.4 上机实战与提高

下面制作如图 3-46 所示的倒影文字。

图 3-46 效果预览

步骤提示：

（1）新建 Flash 文档，设置背景色为淡蓝色。

（2）选择"文本工具"，设置颜色为黑色，在舞台输入文本"FLASH 动画"，如图 3-47 所示。

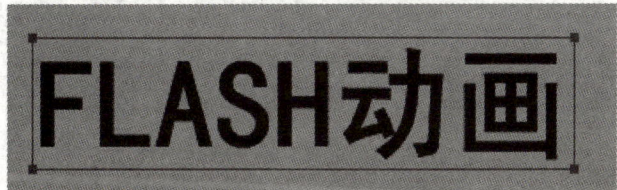

图 3-47 输入文本

（3）选择文本"FLASH 动画"，按下 Ctrl+D 键进行复制，如图 3-48 所示。

图 3-48 复制文字

（4）选择菜单"修改"→"变形"→"垂直翻转"命令，并修改文本颜色为白色，如图 3-49 所示。

图 3-49 垂直翻转文本效果

（5）用"任意变形工具"倾斜文本，如图 3-50 所示。

图 3-50　变形文本

（6）按下 Ctrl+B 键两次分离白色文本。选择"选择工具"，拖动鼠标框选部分文字后按下左方向键 2 次，如图 3-51 所示。

图 3-51　分离文本并选择

（7）同样方法，用左、右方向键移动不同的部分，效果如图 3-52 所示。

图 3-52　多次移动的效果

（8）框选白色倒影，按下 Ctrl+G 键组合图形，得到所需效果。

3.5　思考与练习

1. 使用选择工具复制对象时需要使用的快捷键是_____。
2. 选择工具有_____、_____ 和_____三大功能。
3. 使用选择工具时按住_____键单击，可以逐个添加选择的对象。
4. 如果只是选区对象的局部，可以使用_____工具。
5. 使用任意变形工具，按住_____键，可以等比例缩放图形。

6. 快速删除舞台上的所有对象可以用_____的方法。
7. 执行_____命令，可以轻松实现对象的翻转。
8. 精确地通过参数对图形进行缩放和旋转，可使用_____面板。
9. 简述选择工具的使用。
10. 如何操作才能使图形以某一指定点为圆心旋转？
11. 怎样调整叠放对象的顺序？
12. 使用对齐面板时，怎样使对象对齐舞台的中心？
13. 如何对图形进行缩放、倾斜、翻转设置？

第 4 章　动画制作中的帧与图层

动画是通过连续播放一系列静止画面，给视觉造成连续变化的动画效果，而在 Flash 中，这一系列的单幅画面就叫作帧。

4.1　基础部分——帧的编辑方法

电影由一格格的胶片构成的，而在 Flash 中，可以制作两种类型的动画，即逐帧动画和补间动画。帧在时间轴中出现的顺序决定它们在 Flash 应用程序中显示的顺序。

关键帧中定义了对动画的对象属性所做的更改，或者包含了 ActionScript 代码以控制文档的某些方面。Flash 可以在定义的关键帧之间补间或自动填充帧，从而生成流畅的动画。

可以通过在时间轴中拖动关键帧来轻松更改补间动画的长度，对帧或关键帧的编辑方法如下。

① 插入、选择、删除和移动帧或关键帧。
② 将帧和关键帧拖到同一图层中的不同位置，或是拖到不同的图层中。
③ 复制并粘贴帧和关键帧。
④ 将关键帧转换为帧。
⑤ 从"库"面板中将一个项目拖动到舞台上，从而将该项目添加到当前的关键帧中。

4.1.1　创建帧

Flash 中的帧有三种类型，即帧、关键帧和空白关键帧，它们在动画中所起的作用是不同的。

【操作实例 4-1】　计数

（1）新建文件。

（2）新建的文件中时间轴面板中会有一个图层，图层第一帧的位置有一个空心圆点，它就是空白关键帧，如图 4-1 所示。

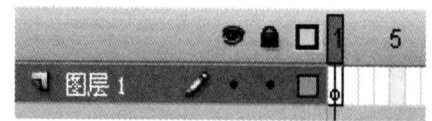

图 4-1　空白关键帧

（3）选择"文本工具"，在舞台上输入文本"1"。这时图层 1 的第 1 帧因为有了内容，就成为了关键帧，其标志也变成了黑色实心圆点，如图 4-2 所示。

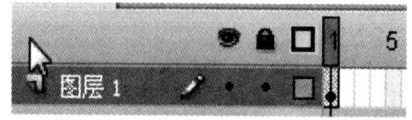

图 4-2　时间轴上的关键帧

(4) 在第 5 帧上单击右键,在弹出的快捷菜单中选择"插入空白关键帧",如图 4-3 所示。

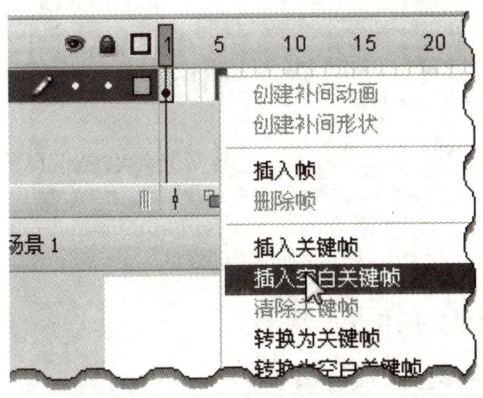

图 4-3　插入空白关键帧

(5) 第 5 帧处出现了一个空心圆点,即创建了一个空白关键帧。第 4 帧出现了一个空心矩形,这是自动创建的帧,如图 4-4 所示。

图 4-4　创建空白关键帧

(6) 确定红色的指针指向第 5 帧,因为第 5 帧是空白关键帧,舞台上是空白的,选择"文本工具"输入文本"2"。

(7) 在第 10 帧上单击右键,弹出的快捷菜单中选择"插入关键帧",如图 4-5 所示。

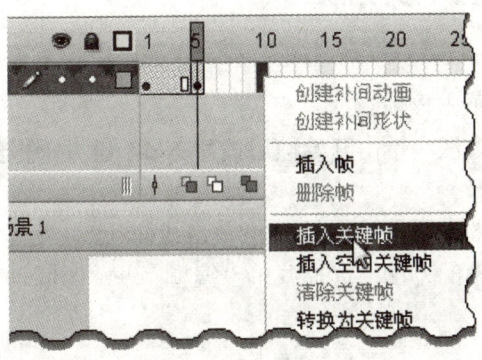

图 4-5　插入关键帧

(8) 第 10 帧处出现了一个黑心圆点,即创建了一个关键帧。因为是关键帧,它的内容和前一个关键帧(第 5 帧)是相同的,把舞台上的文本"2"修改为"3"。

(9) 同样的方法在第 15、20、25、30、35、40 帧都插入关键帧,修改相应文本的内容为 4、5、6、7、8、9。在第 45 帧单击右键,弹出菜单中选择"插入帧",如图 4-6 所示。

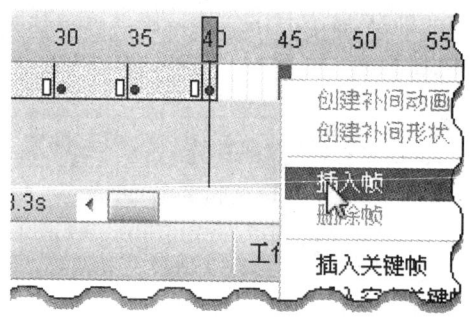

图 4-6 插入帧

（10）最终的时间轴效果如图 4-7 所示。

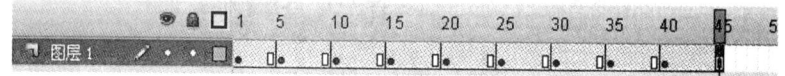

图 4-7 时间轴效果

（11）保存文件，命名为"创建帧.fla"。

（12）选择菜单"控制"→"测试影片"或按下 Ctrl+Enter 键，看一下由 1 到 9 的动画效果吧。

提示：

"插入帧"的热键 F5；

"插入关键帧"的热键 F6；

"插入空白关键帧"的热键 F7。

4.1.2 选择、复制和移动帧

1．选择帧

选择一个帧的方法：单击该帧。

选择多个连续的帧的方法：单击开始帧后按住 Shift 键并单击结束帧即可选择它们之间的帧，或者用鼠标拖动选择。

选择多个不连续的帧的方法：按住 Ctrl 键单击或拖动。

选择时间轴中的所有帧的方法：选择菜单"编辑"→"时间轴"→"选择所有帧"。

2．复制帧

通过拖动来复制帧或帧序列的方法：选择需要复制的帧，按住 Alt 键将这些帧拖到新位置。

通过菜单命令复制和粘贴帧或帧序列的操作如下。

（1）选择帧或序列。

（2）选择菜单"编辑"→"时间轴"→"复制帧"，或在选择帧上单击鼠标右键，在弹出的快捷菜单中选择"复制帧"。

（3）选择新的帧位置，然后选择菜单"编辑"→"时间轴"→"粘贴帧"，或在新的位置单击鼠标右键,在弹出的快捷菜单中选择"粘贴帧"。

3. 移动帧

要移动帧或帧序列,可选择帧,用鼠标拖动到所需的位置,如图4-8所示。

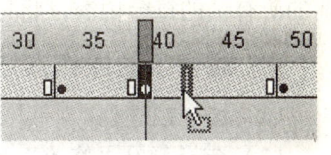

图4-8 移动帧

4.1.3 删除帧、清除帧和翻转帧

1. 删除帧

(1) 选择帧或序列。

(2) 选择菜单"编辑"→"时间轴"→"删除帧",或者右键单击选择的帧,从弹出的快捷菜单中选择"删除帧"。

删除帧后,前面的帧保持不变,后面的帧会自动向前移动。

2. 清除帧

(1) 鼠标单击选择第15帧,如图4-9所示。

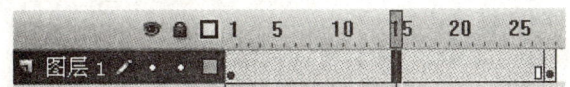

图4-9 清除帧之前的时间轴效果

(2) 选择菜单"编辑"→"时间轴"→"清除帧",或者右键单击第15帧,在弹出的快捷菜单中选择"清除帧",清除帧后第15帧变成了空白关键帧,时间轴效果如图4-10所示。

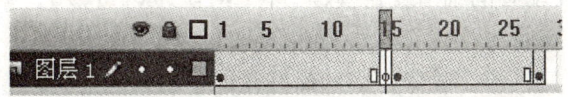

图4-10 清除帧之后的时间轴

清除帧操作相当于把当前选择帧转换为空白帧,删除帧是删除掉当前选择的帧,会使动画的帧数减少。清除帧不会改变当前动画的帧数。

3. 清除关键帧

(1) 鼠标单击选择第15帧,如图4-11所示。

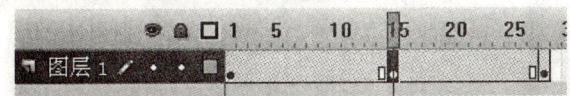

图4-11 清除关键帧之前的时间轴效果

(2) 选择菜单"编辑"→"时间轴"→"清除关键帧",或者右键单击第15帧,在弹出的快捷菜单中选择"清除关键帧",清除关键帧后的时间轴效果如图4-12所示。

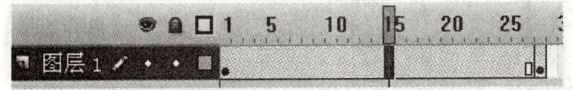

图4-12 清除关键帧后的时间轴

清除关键帧操作能将选择的关键帧转换为帧。所清除的关键帧以及到下一个关键帧之

前的所有帧的舞台内容，将被所清除的关键帧之前的帧的舞台内容替换。

4．翻转帧的操作方法

（1）选择帧序列。

（2）选择菜单"修改"→"时间轴"→"翻转帧"。或鼠标右键选择的帧序列，从弹出的快捷菜单中选择"翻转帧"。

注意：位于翻转序列的开头和结尾的帧必须是关键帧。

【操作实例 4-2】 倒数动画

（1）打开前面做好的文件"创建帧.fla"。

（2）选择菜单"编辑"→"时间轴"→"选择所有帧"，选中所有的帧。

（3）在选中的帧上单击鼠标右键，然后从弹出的菜单中选择"复制帧"。

（4）在第 46 帧上单击鼠标右键，弹出的快捷菜单中选择"粘贴帧"。

（5）单击第 46 帧后按住 Shift 键，单击第 90 帧选中第 46～90 帧。

（6）在选中的帧上单击鼠标右键，弹出的快捷菜单中选择"翻转帧"。

（7）保存文件为"翻转帧.fla"。

（8）选择菜单"控制"→"测试影片"或按下 Ctrl+Enter 键。

4.1.4　设置帧频

帧频是动画播放的速度，以每秒播放的帧数为度量。帧频太慢会使动画看起来是一顿一顿的，帧频太快会使动画的细节变得模糊。在 Web 上，每秒 12 帧的帧频通常会得到最佳的效果。

Flash 文档只能指定同一个帧频，因此最好在创建动画之前就设置好帧频。

【操作实例 4-3】 加快计数

（1）打开前面做好的文件"翻转.fla"。

（2）选择菜单"修改"→"文档"，在弹出的"文档属性"面板中修改帧频为"24"，如图 4-13 所示。

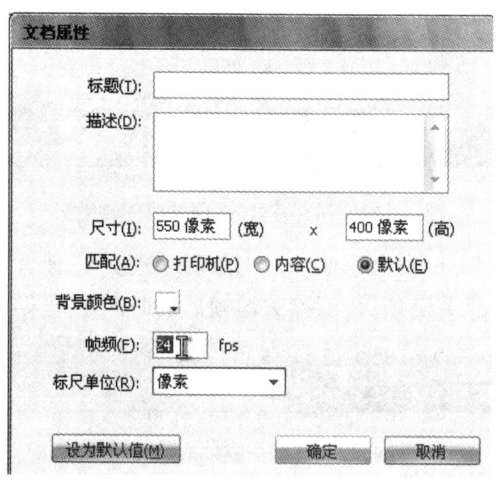

图 4-13 "文档属性"对话框中修改帧频

（3）选择菜单"控制"→"测试影片"或按下 Ctrl+Enter 键。可以看到因为帧频参数设置改变了，同一个动画文件播放速度就快了一倍。

4.2 基础部分——图层的基本操作

图层是 Flash 中一个非常重要的概念，灵活使用图层对创建复杂的 Flash 动画有很大的帮助。

4.2.1 图层的作用

图层可以有力地帮助组织文档中的图形。可以在某个图层上绘制和编辑对象，而不会影响其他图层上的对象。图层就像透明的玻璃纸，在没有内容的区域中，可以透过该图层看到下面的图层。

要绘制、涂色或者进行修改，需要先在时间轴中选择该图层以激活它。在时间轴中，图层或文件夹名称旁边的铅笔图标表示该图层或文件夹处于活动状态。一次只能有一个图层处于活动状态，如图 4-14 所示，图层 1 是当前活动图层。

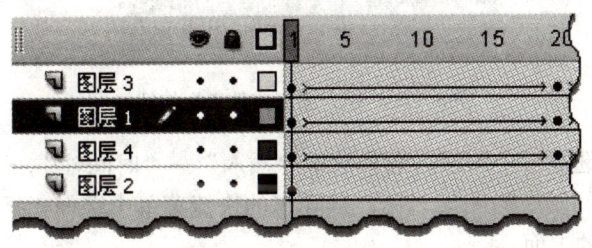

图 4-14 活动图层

创建一个新的 Flash 文档时，其中仅包含一个图层。要在文档中组织插图、动画和其他元素，可以添加更多的图层。还可以隐藏、锁定或重新排列图层。可以创建的图层数只受计算机内存的限制，增加图层不会增加发布的 SWF 文件的文件大小，只有在图层中增加对象才会增加文件的大小。

4.2.2 创建图层

1．新建图层

执行下面任何一个操作即可新建图层。

（1）单击时间轴底部的"插入图层"按钮，如图 4-15 所示。在当前活动层的上面会新建一个图层，新添加的图层自动成为活动图层。

（2）在时间轴中选择一个图层，选择菜单"插入"→"时间轴"→"图层"。

（3）鼠标右键单击时间轴中的图层名称，从弹出的快捷菜单中选择"插入图层"，如图 4-16 所示。

2．新建图层文件夹

执行下面任何一个操作即可新建图层文件夹。

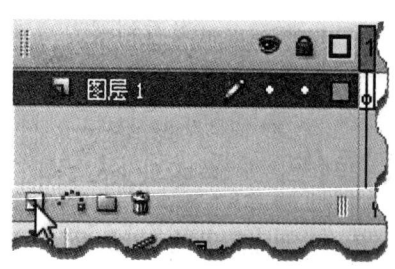
图 4-15 新建图层按钮

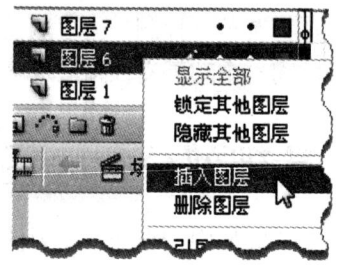
图 4-16 插入图层菜单

（1）单击时间轴底部的"插入图层文件夹"按钮，如图 4-17 所示，会在当前活动层的上面新建一个图层文件夹。

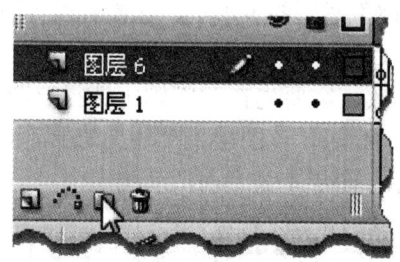
图 4-17 "插入图层文件夹"按钮

（2）在时间轴中选择一个图层，选择菜单"插入"→"时间轴"→"图层文件夹"
（3）右键单击时间轴中的图层名称，从弹出的快捷菜单中选择"插入文件夹"，新文件夹将出现在所选图层的上面。

利用图层文件夹可以方便地管理图层，把相关的图层拖动到图层文件夹内，不用的时候可以折叠图层文件夹以便于编辑修改其他图层。

4.2.3 选取、删除和重命名图层

1. 选择图层或文件夹

执行下面任何一个操作即可选择图层或文件夹。
（1）单击时间轴中图层或文件夹的名称。
（2）在时间轴中单击要选择的图层的任意一个帧。
（3）在舞台中选择要选择的图层中的一个对象。
（4）按住 Shift 键的同时在时间轴中单击图层的名称，可以选择连续的几个图层或文件夹。
（5）按住 Ctrl 键的同时单击时间轴中它们的名称，可选择几个不连续的图层或文件夹。

2. 删除图层

要删除图层，可单击时间轴中图层或文件夹的名称，选中图层或图层文件夹，然后执行下列任何一个操作。

(1) 单击时间轴中的"删除图层"按钮,如图 4-18 所示。
(2) 将图层或图层文件夹拖到"删除图层"按钮上即可删除。
(3) 右键单击图层或图层文件夹的名称,然后从弹出的快捷菜单中选择"删除图层"。

注意: 删除图层文件夹之后,所有包含的图层及其内容都会删除。

3. 重命名图层

为了方便管理,可以根据内容给图层命名。用鼠标在图层名称上双击,输入新的图层名称,操作方法如图 4-19 所示。

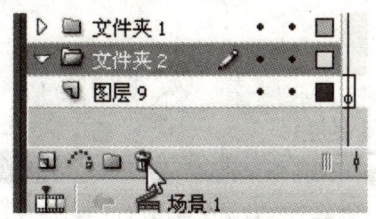

图 4-18 "删除图层"按钮

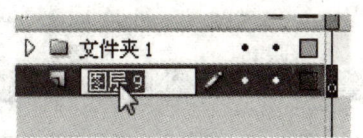

图 4-19 重命名图层

4.2.4 复制和移动图层

1. 复制图层

复制新图层实际用到的是复制帧和粘贴帧的方法,操作如下。
(1) 单击时间轴中的图层名称以选择该图层的全部帧。
(2) 选择菜单"编辑"→"时间轴"→"复制帧",或在帧上单击鼠标右键,在弹出的快捷菜单中选择"复制帧"。
(3) 单击"插入图层"按钮,创建新图层。
(4) 单击该新图层,然后选择菜单"编辑"→"时间轴"→"粘贴帧"。

2. 复制图层文件夹的内容

操作方法如下。
(1) 折叠文件夹(单击时间轴中文件夹名称左侧的三角形),如果该图层文件夹已经折叠,可以跳过此步。
(2) 单击文件夹的名称以选择整个文件夹。
(3) 选择菜单"编辑"→"时间轴"→"复制帧"。
(4) 选择菜单"插入"→"时间轴"→"图层文件夹"创建新文件夹。
(5) 鼠标单击新文件夹,选择菜单"编辑"→"时间轴"→"粘贴帧"。

3. 移动图层

用鼠标拖动需要移动的图层到新位置释放鼠标。

4.2.5 显示、隐藏与锁定图层

1. 显示或隐藏

在时间轴中单击图层或文件夹名称右侧的"眼睛"列,该位置会出现一个红色的叉,如图 4-20 所示，该图层或文件夹则被隐藏。再次单击它即可显示图层或文件夹，如图 4-21 所示。

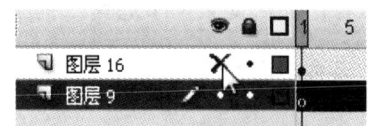

图 4-20　隐藏图层

图 4-21　显示图层

单击眼睛图标可以隐藏时间轴中的所有图层和文件夹，如图 4-22 所示。要显示所有图层和文件夹，可以再次单击它，如图 4-23 所示。

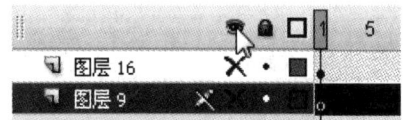

图 4-22　隐藏所有图层和文件夹

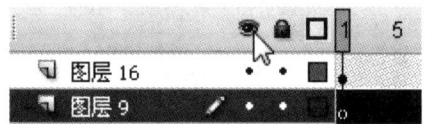

图 4-23　显示所有图层和文件夹

在"眼睛"列中拖动鼠标可以显示或隐藏多个图层或文件夹。

按住 Alt 键单击图层或文件夹名称右侧的"眼睛"列，可以隐藏除当前图层或文件夹以外的所有图层和文件夹。再次按住 Alt 键单击可以显示所有图层和文件夹。

2．锁定或解锁

单击图层或文件夹名称右侧的"锁定"列可以锁定图层或文件夹，如图 4-24 所示。再次单击"锁定"列可以解锁被锁定的图层或文件夹，如图 4-25 所示。

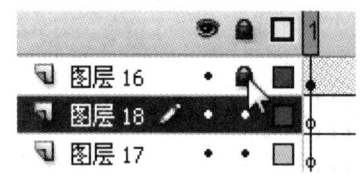

图 4-24　锁定图层

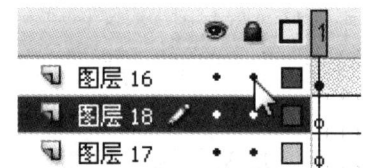

图 4-25　解锁图层

单击挂锁图标可以锁定所有图层和文件夹，如图 4-26 所示。再次单击可解锁所有图层和文件夹，如图 4-27 所示。

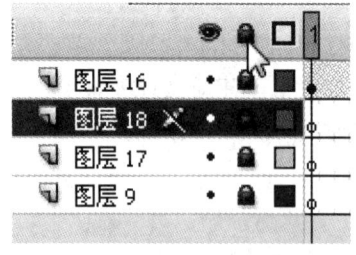

图 4-26　锁定所有图层和文件夹

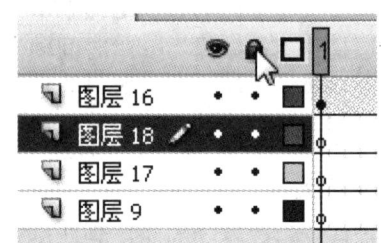

图 4-27　解锁所有图层和文件夹

在"锁定"列中拖动可以锁定或解锁多个图层或文件夹。

按住 Alt 键单击图层或文件夹名称右侧的"锁定"列可以锁定除当前图层或文件夹以外的所有其他图层或文件夹。再次按住 Alt 键单击"锁定"列可以解锁所有图层或文件夹。

3. 以轮廓查看图层上的内容

单击图层名称右侧的"轮廓"列可以将图层上所有对象显示为轮廓，再次单击它则关闭轮廓显示。如图 4-28 所示为正常显示的效果，如图 4-29 所示为该层轮廓显示的效果。

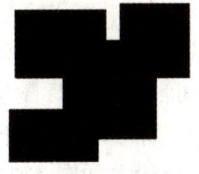

图 4-28 正常显示

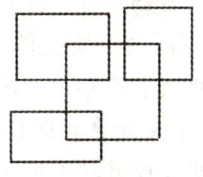

图 4-29 轮廓显示

单击轮廓图标将所有图层上的对象显示为轮廓，再次单击它可关闭所有图层上的轮廓显示，即恢复正常显示。

按住 Alt 键，单击图层名称右侧的"轮廓"列，可以将除当前图层以外的所有图层上的对象显示为轮廓。再次按住 Alt 键，单击关闭所有图层的轮廓显示。

4. 更改图层的轮廓颜色

双击时间轴中图层的图标（即该图层名称左侧的图标），如图 4-30 所示。

在"图层属性"对话框中，单击"轮廓颜色"框，选择一种颜色，再单击"确定"按钮，如图 4-31 所示。

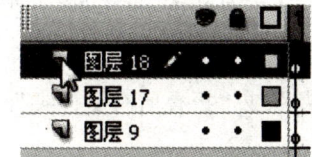

图 4-30 双击图层图标

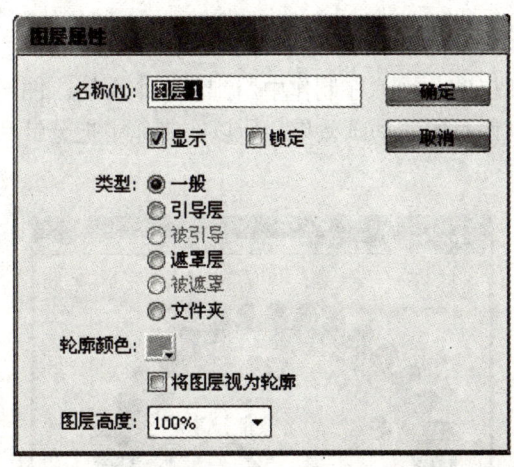

图 4-31 修改轮廓颜色

4.2.6 管理多图层

可以在时间轴中重新安排图层和文件夹，从而组织文档。

通过图层文件夹可以将图层放在一个树形结构中，可以方便地组织和管理图层。在时间轴中展开或折叠图层文件夹，不会影响在舞台中看到的内容。对声音文件、ActionScript、帧标签和帧注释分别使用不同的图层或文件夹，有助于快速找到这些项目进行编辑。

图层文件夹中可以包含图层，也可以包含其他文件夹，组织图层的方式很像组织计算机中的文件的方式。

时间轴中的图层控制将影响文件夹中的所有图层，锁定一个图层文件夹将锁定该文件夹中的所有图层。

管理图层的具体操作方法如下。

（1）要将图层或图层文件夹移动到其他图层文件中，则将该图层或图层文件夹名称拖到目标图层文件夹名称中，该图层或图层文件夹将出现在时间轴中的目标图层文件夹中。

（2）要展开或折叠文件夹，可单击文件夹名称左侧的三角形，在展开和折叠之间切换，图层文件夹 1 展开状态如图 4-32 所示，图层文件夹 1 折叠状态如图 4-33 所示。

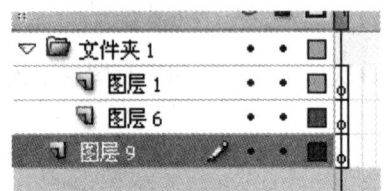

图 4-32　展开状态的图层文件夹 1

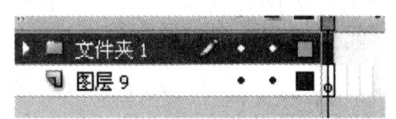

图 4-33　折叠状态的图层文件夹 1

（3）要展开或折叠所有文件夹，可用右键单击图层名称，然后选择"展开所有文件夹"或"折叠所有文件夹"。

4.3　实例部分——卡通钟表

4.3.1　实例说明与效果预览

本实例中为了突出图层的作用，在制作中用到了 5 个图层。图层的另一个重要作用是可以对不同图层中的对象制作不同的动画效果，所以在制作中把分针和时针放在了不同的图层上，效果如图 4-34 所示。

图 4-34　效果预览

4.3.2 实例分析

本实例的目的是为了练习图层的操作,所以在操作上用到了图层的新建、命名等操作。在具体的图形制作上,花边和数字刻度用到了"复制并应用变形"操作。

4.3.3 制作要点

(1) 图层的新建与命名。
(2) 复制并应用变形。
(3) 参考线。
(4) 线条的类型。

4.3.4 制作步骤

(1) 选择菜单"文件"→"新建",建立一个新文件。
(2) 选择菜单"修改"→"文档",在弹出的"文档属性"对话框中设置影片尺寸为600×600 像素,如图 4-35 所示。

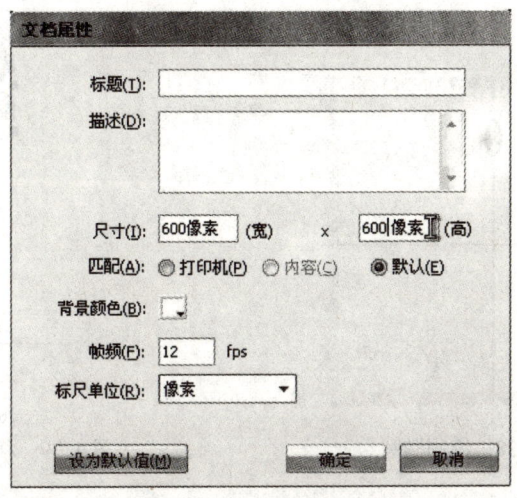

图 4-35 设置文档属性

(3) 鼠标双击图层 1 的名称,修改图层名称为"表盘",如图 4-36 所示。

图 4-36 修改图层名称

(4) 显示标尺。选择菜单"视图"→"标尺",在标尺上按下鼠标拖动出参考线,参考线在舞台中心交叉,如图 4-37 所示。
(5) 选择"椭圆工具",设置"笔触颜色"为无,"填充颜色"为红色。绘制一个小的椭圆,移动到如图 4-38 所示的位置。

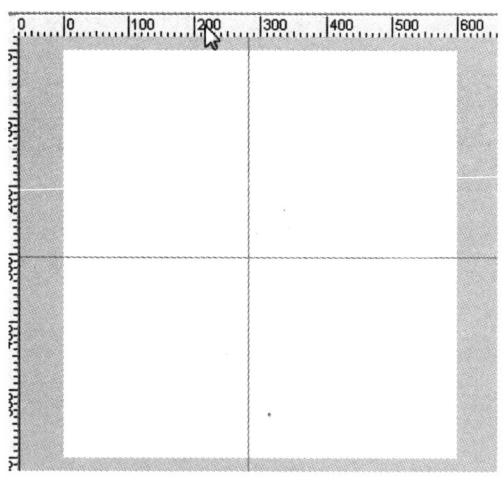

图 4-37 参考线

（6）选择"任意变形工具"，单击椭圆，移动中心点到水平和垂直参考线的交叉点，如图 4-39 所示。

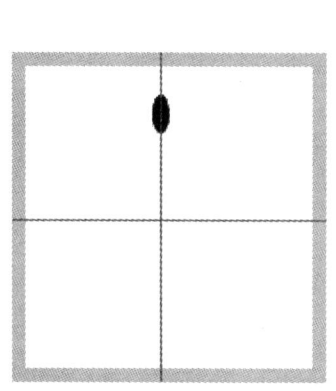

图 4-38 绘制椭圆

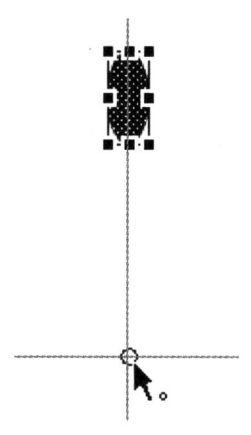

图 4-39 移动椭圆中心

（7）按下 Ctrl+T 键，在右侧弹出的"变形"面板中，在"旋转"项输入 10.0 度后，单击"复制并应用变形"按钮若干次，直至复制一圈图形，如图 4-40 所示。

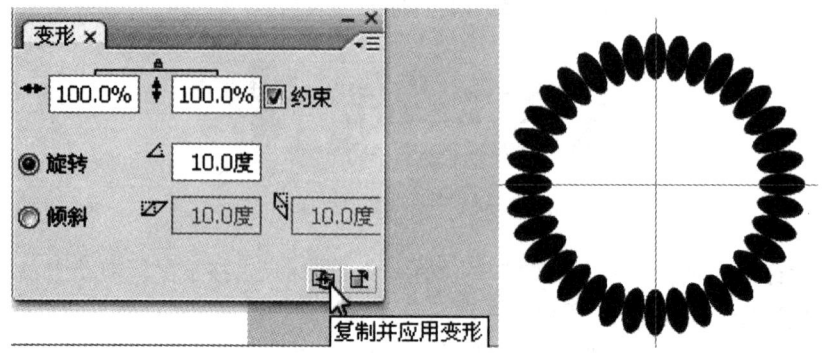

图 4-40 复制并应用变形

(8)选择"椭圆工具",设置"笔触颜色"为黑色,"填充颜色"为白色。鼠标移动到水平和垂直参考线的交叉点按下 Alt 键和 Shift 键拖动鼠标绘制正圆,如图 4-41 所示。

(9)单击时间轴底部的"插入图层" 按钮,在图层"表盘"的上面新建一个图层,修改名称为"刻度",如图 4-42 所示。

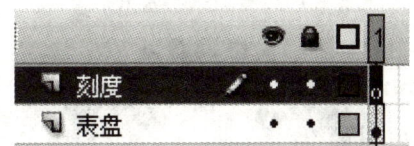

图 4-41 绘制白色正圆　　　　　　　　图 4-42 新建图层"刻度"

(10)选择"椭圆工具",打开"属性"面板,设置"笔触颜色"为黑色,"填充颜色"为无,"笔触高度"为 8,"笔触样式"为"斑马线",鼠标移动到水平和垂直参考线的交叉点,按下 Alt 键和 Shift 键拖动鼠标绘制正圆,如图 4-43 所示。

(11)在图层"刻度"的上面新建一个图层,修改名称为"时间",如图 4-44 所示。

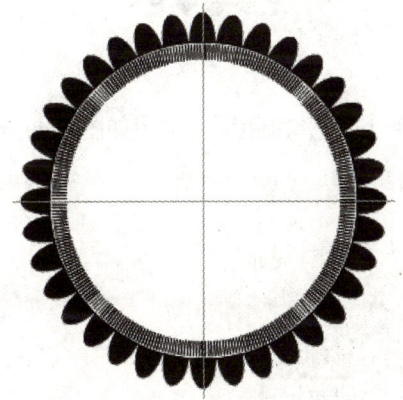

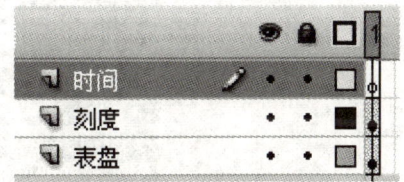

图 4-43 利用"笔触样式"制作刻度　　　　图 4-44 新建图层"时间"

(12)选择"文本工具",在舞台输入文本"12",在"属性"面板设置字体为"Arial",大小为"20",移动到如图 4-45 所示的位置。

(13)选择"任意变形工具",鼠标单击文本"12"选中它,移动文本的中心点到水平和垂直参考线的交叉点,如图 4-46 所示。

(14)按下 Ctrl+T 键,在右侧弹出的"变形"面板中,在"旋转"项输入 30.0 度后,单击"复制并应用变形"按钮 11 次,如图 4-47 所示。

(15)选择"文本工具",在文本上双击各文本,修改文本内容,如图 4-48 所示,用"选择工具"适当调整位置。

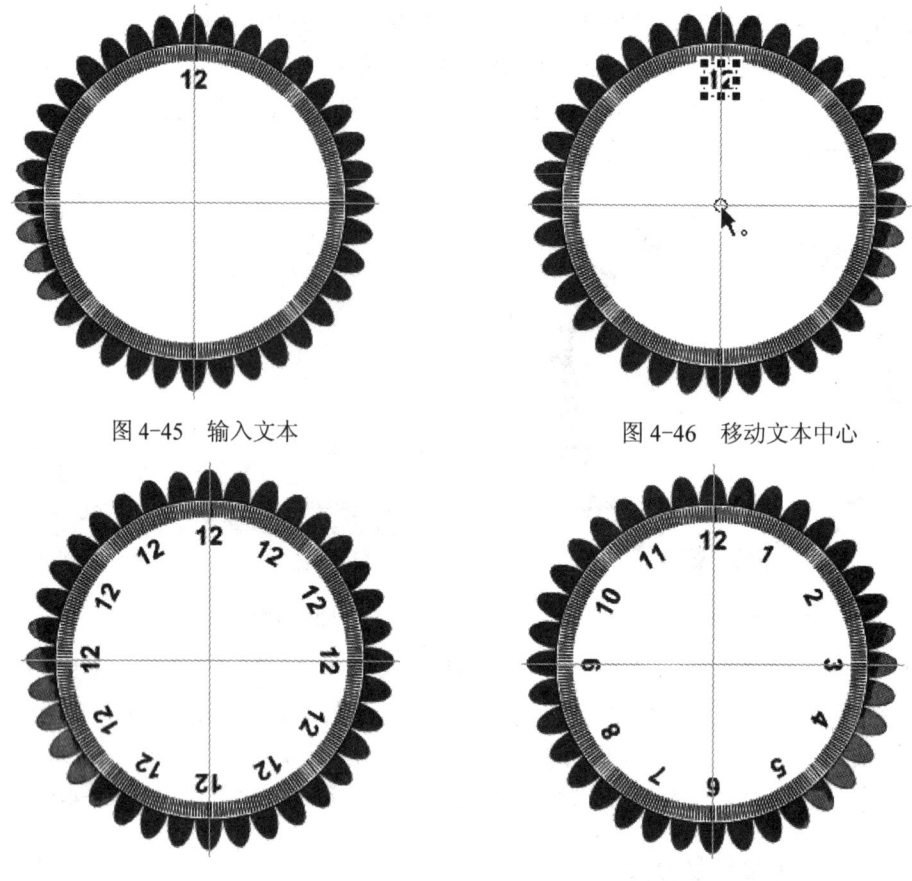

图 4-45　输入文本　　　　　　　　　图 4-46　移动文本中心

图 4-47　复制文本　　　　　　　　　图 4-48　修改文本内容

（16）创建新图层"时针"和"分针"，选择"线条工具"绘制指针，效果如图 4-49 所示。

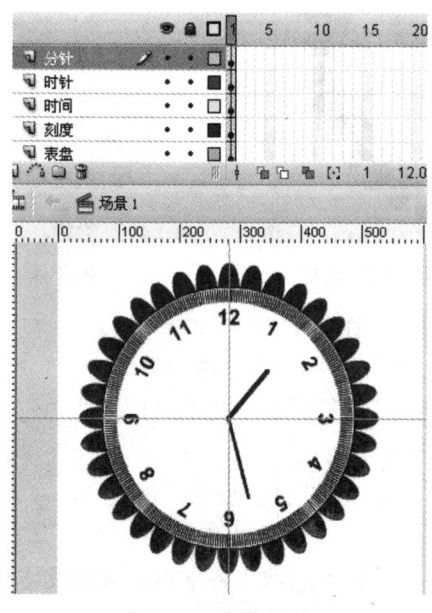

图 4-49　制作指针

4.4 上机实战与提高

本节制作一个"如意金箍棒",效果如图 4-50 所示。

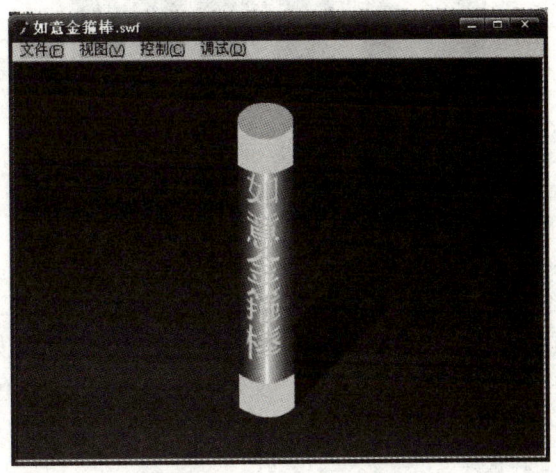

图 4-50 完成效果

步骤提示:
(1)新建 Flash 文档,修改图层 1 的名称为"背景"。
(2)选择"矩形工具",绘制一个比舞台稍大的矩形。
(3)在"颜色"面板中设置"填充颜色"为线性渐变,颜色为黑→蓝,用"油漆桶工具"在矩形上从上向下拖动鼠标填充得到渐变背景。
(4)创建一个新图层,修改名称为"矩形"。
(5)选择"矩形工具",在"颜色"面板中设置"填充颜色"为线性渐变,颜色为红→白→红,拖动鼠标绘制一个矩形,效果如图 4-51 所示。

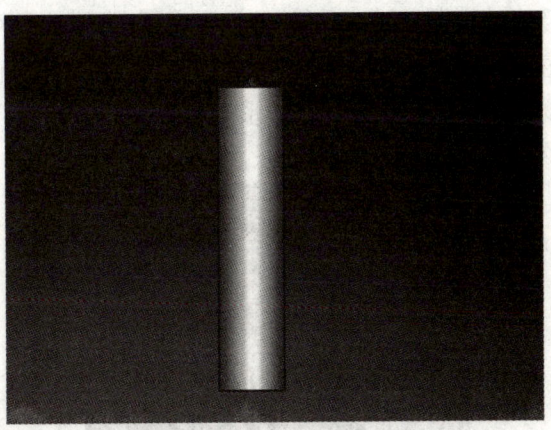

图 4-51 绘制渐变矩形

(6)用"线条工具"绘制两个直线段,如图 4-52 所示,并用"选择工具"调整为弧线,填充为黄色。

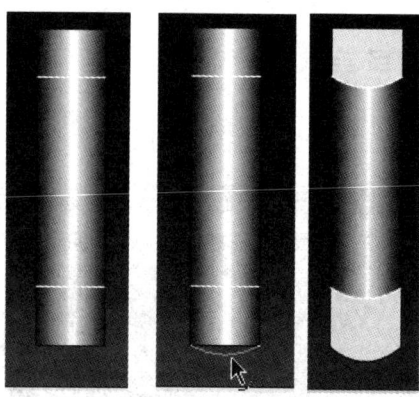

图 4-52　绘制线条并调整

（7）创建一个新图层，修改图层名称为"顶部"，选择"椭圆工具"，设置"填充颜色"为稍微深一点的黄色，绘制一个椭圆，移动到合适的位置，效果如图 4-53 所示。

（8）创建一个新图层，修改图层名称为"文本"，字体颜色为黄色，输入文本"如意金箍棒"，分别按下 Ctrl+B 键两次以分离文字，用"任意变形工具"的"封套"修改文本，如图 4-54 所示。

　　　　　　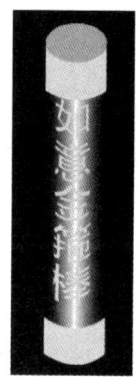

　　图 4-53　添加顶部　　　　　　　　图 4-54　添加文本并变形

（9）创建一个新图层，修改图层名称为"投影"。设置"填充颜色"为线性渐变，颜色为黑→黑（Alpha=0%），拖动鼠标绘制一个矩形，用"油漆桶工具"修改填充方向，并用"任意变形工具"旋转为如图 4-55 所示的效果。

图 4-55　添加渐变色的阴影

（10）移动"投影"层到"矩形"层与"背景"层之间，效果如图4-56所示。

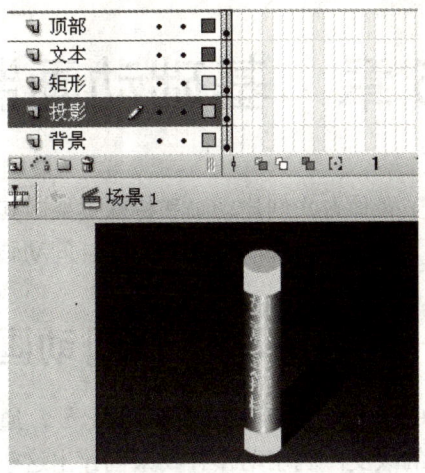

图 4-56　时间轴及舞台效果

4.5　思考与练习

1．选取相邻图层的操作方法是_____，选取不相邻图层的操作方法是_____。

2．Flash 中主要有逐帧动画、_____和_____三种基本动画类型。

3．Flash 动画中的帧类型有：空白关键帧、_____和_____。

4．按住_____键，可以选择不连续的帧。

5．复制帧的操作方法是：选择需要复制的帧，按住_____键，把选择的帧拖到目标位置即可。

6．简述图层的作用。

7．简述 Flash 关键帧和空白关键帧的区别。

第 5 章　基础动画制作

Adobe Flash CS3 提供了多种方式创建动画和特殊效果，其中补间动画是非常重要的动画制作手段之一，补间动画又分为动作补间动画和形状补间动画。

5.1　基础部分——制作动作补间动画

动作补间动画是 Flash 中非常重要的动画制作手段之一，通过设置元件的大小、位置、颜色、透明度、旋转等参数的改变，利用动作补间来创建出这些参数变化的动画效果。

5.1.1　动作补间动画的特点

在 Flash 的时间轴面板上，在一个关键帧放置一个元件，然后在另一个关键帧改变这个元件的位置、大小、透明度等属性，Flash 会在两个关键帧之间创建出这些属性改变的动画，这被称为动作变形动画。动作补间动画的对象必须是"元件"或"成组对象"。

在第 1 帧中，矩形在舞台的左上角，在第 5 帧修改它的位置、大小和旋转属性，在第 2~4 帧创建动作补间后，时间轴如图 5-1 所示。

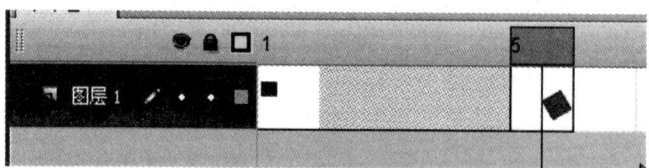

图 5-1　时间轴效果

创建动作补间后，第 2、3、4 帧的效果如图 5-2 所示。

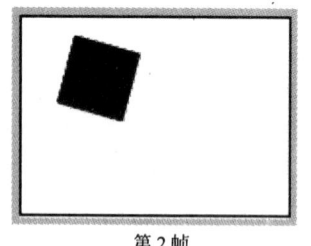 

第 2 帧　　　　　　　　　　第 3 帧　　　　　　　　　　第 4 帧

图 5-2　创建动作补间后中间帧的效果

5.1.2　创建动作补间动画的方法

在"时间轴"面板上动画开始的位置创建一个关键帧，在该关键帧上创建图形对象并转换为元件，在动画结束位置创建一个关键帧并设置该元件的属性（位置、缩放、旋转、颜色等）。单击这两个关键帧之间的帧，在"属性"面板的"补间"列表中选择"动作"，或单击右键，在弹出的快捷菜单中选择"创建补间动画"，就建立了"动作补间动画"。

动作补间动画建立后，时间轴面板的背景色变为淡紫色，在起始帧和结束帧之间有一个长长的箭头，如图5-3所示。

图5-3 创建补间后的时间轴

【操作实例5-1】 弹跳的篮球

（1）新建文件，设置文档背景颜色为蓝色。

（2）用前面学习的方法在舞台中绘制一个篮球，放置在舞台左上角。选择篮球，按下F8键，弹出"转换为元件"对话框，如图5-4所示，在"类型"中选择"图形"，单击"确定"按钮。

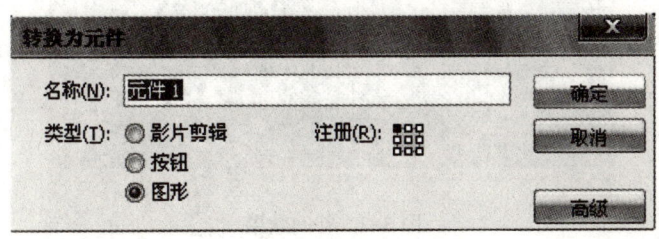

图5-4 转换元件

（3）单击选中第15帧，按下F6键插入关键帧。将篮球元件移到舞台底部中间的位置。

（4）单击选中第30帧，按下F6键插入关键帧。将篮球元件移到舞台右上角的位置。

（5）设置好的各关键帧的画面如图5-5所示。

图5-5 篮球的位置

（6）单击1～15帧间的任意一帧，在"属性"面板上单击"补间"旁边的"小三角"，在弹出的菜单中选择"动作"，或在1～15帧间的任意一帧上单击鼠标右键，在弹出的快捷菜单中选择"创建补间动画"。以同样的操作创建15～30帧间的动作补间动画，如图5-6所示。

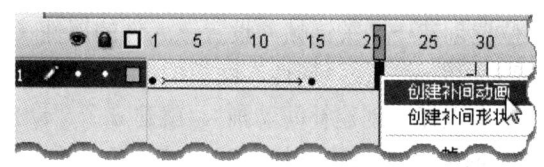

图 5-6 创建动作补间动画

（7）创建好的动画效果如图 5-7 所示，其中模糊的篮球位置就是动作补间的结果，清晰的篮球是三个关键帧。

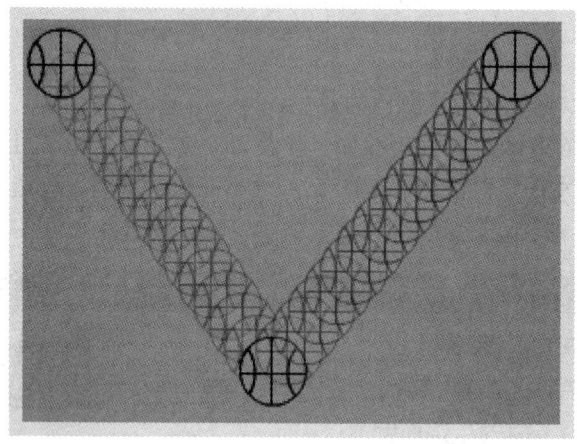

图 5-7 补间效果

（8）单击时间轴上的"动作补间动画"部分，在"属性"面板可以对补间动画进行相应的设置。动作补间动画"属性"面板如图 5-8 所示，相关设置如下。

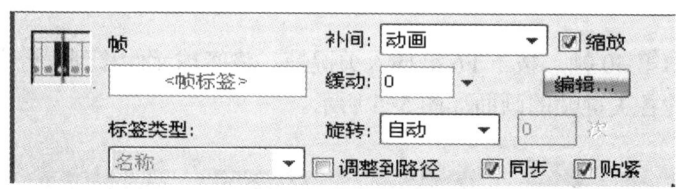

图 5-8 动作补间动画的"属性"面板

"缓动"：单击下拉按钮或直接输入具体的数值，补间动作动画效果会以下面的设置作出相应的变化。

- 在 1～-100 的负值之间，动画运动的速度从慢到快，即加速。
- 在 1～100 的正值之间，动画运动的速度从快到慢，即减速。
- 默认情况下是 0，即动画运动的速度是匀速的。

"旋转"：控制补间动画的旋转，参数有以下 4 种。

- "无"（默认设置）：禁止元件旋转。
- "自动"：可以使元件在需要最小动作的方向上旋转对象一次。
- "顺时针"（CW）：运动时顺时针旋转。
- "逆时针"（CCW）：运动时逆时针旋转。

第 5 章　基础动画制作

【操作实例 5-2】 节约用水

（1）新建文档。

（2）修改背景色为淡蓝色。

（3）选择"椭圆工具"，设置"笔触颜色"为无，"填充颜色"为白色。在舞台拖动鼠标绘制一个小圆。选择"选择工具"，修改它为水滴形状，如图 5-9 所示。

图 5-9　制作水滴

（4）选择水滴，按下 F8 键，弹出"转换为元件"对话框，如图 5-10 所示，在"类型"中选择"图形"，单击"确定"按钮。

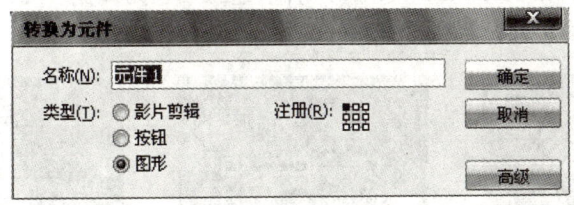

图 5-10　转换元件

（5）用"选择工具"把水滴移动到舞台顶部，在第 10 帧按下 F6 键，插入关键帧，将第 10 帧的水滴移动到舞台中央，确定水滴是选中状态，按下 Ctrl+T 键，右侧会弹出"变形"面板，如图 5-11 所示，在"宽度"和"高度"栏输入 120.0%，把水滴放大。

图 5-11　变形面板

（6）在第 1～10 帧之间的任意一帧上单击右键，在弹出的快捷菜单中选择"创建补间动画"。按下 Ctrl+Enter 键，测试影片，可以看到水滴从屏幕上方落到屏幕中央。

（7）修改图层名称为"水滴"。

（8）单击时间轴面板的"新建图层"按钮，新建一个图层，修改图层名称为"水波"。鼠标单击选择第 10 帧后，按下 F7 键插入空白关键帧，如图 5-12 所示。

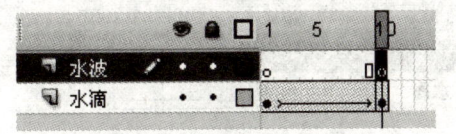

图 5-12　插入空白关键帧

（9）选择"椭圆工具"，设置"笔触颜色"为白色，"填充颜色"为无。在舞台拖动鼠标绘制一个小圆圈。选择圆圈，按下 Ctrl+T 键，在弹出的"变形"面板中，在"宽度"和"高度"中输入 120.0%，单击"复制并应用变形"按钮 5 次，得到 6 个同心圆，如图 5-13 所示。

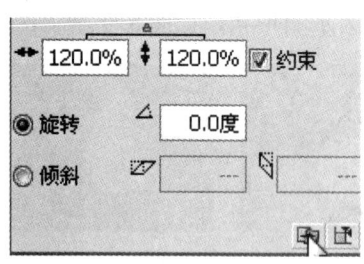
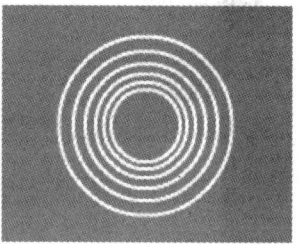

图 5-13　制作水波

（10）选择这 6 个同心圆，按下 F8 键，把它们转换为"图形"元件，选择"任意变形工具"，圆上会出现控制点，如图 5-14（a）所示。压缩它为如图 5-14（b）所示的效果。移动到舞台中央，和水滴相邻，如图 5-14（c）所示。

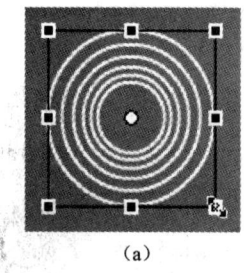
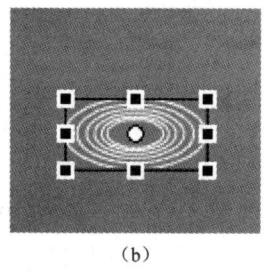
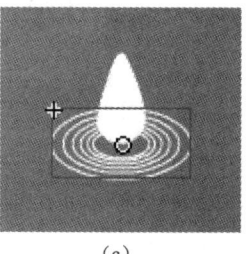

（a）　　　　　　　　　（b）　　　　　　　　　（c）

图 5-14　调整大小与位置

（11）在"水波"图层第 20 帧按下 F6 键，插入关键帧。在舞台上用"任意变形工具"放大水波，打开"属性"面板，单击"颜色"在列表中选择"Alpha"（不透明度），选择"Alpha"后右侧出现参数框，单击下拉按钮将数值修改为 0，即修改水波为透明，如图 5-15 所示。

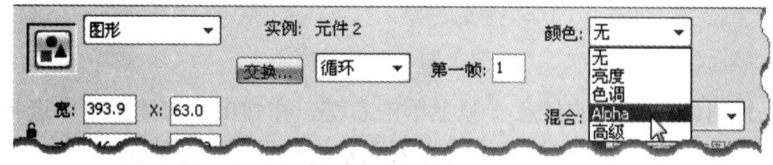

图 5-15　设置 Alpha 属性

（12）"水波"图层的第 10~20 帧间创建动作补间后，时间轴如图 5-16 所示。

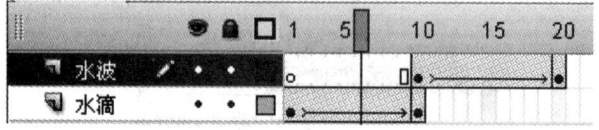

图 5-16　创建补间动画

(13) 选择"水波"图层,单击时间轴面板"新建图层"按钮,在"水波"图层新建一个图层,修改图层名称为"文字",如图 5-17 所示。鼠标单击选择第 20 帧后按下 F7 键插入空白关键帧。

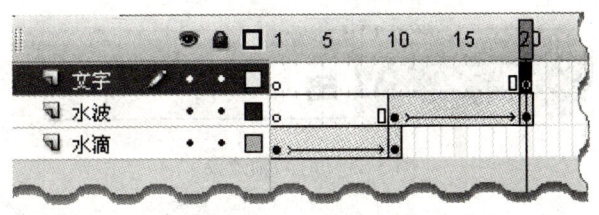

图 5-17　新建图层"文字"

(14) 选择"文本工具",在舞台上输入"请节约用水"。选择文本,按下 F8 键,将文本转换为"图形"元件。

(15) 在"文字"层第 30 帧按下 F6 键插入关键帧。选择"任意变形工具"放大文本。在第 20~30 帧创建动画补间。实现文本从小到大的放大动画,如图 5-18 所示。

图 5-18　文本动画效果

(16) 为了让文字在舞台能持续显示,选择"文字"层第 50 帧,按下 F5 键插入帧。最终时间轴效果如图 5-19 所示。

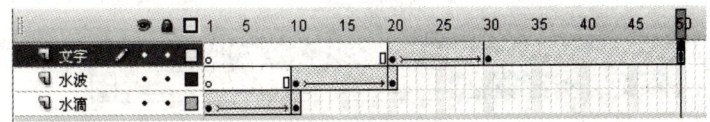

图 5-19　时间轴效果

(17) 按下 Ctrl+Enter 键测试动画。

5.2　基础部分——形状补间动画

形状补间动画也是 Flash 中重要的动画制作手段之一,但灵活性和使用范围不如动作补间动画和逐帧动画。

5.2.1　形状补间动画的特点

形状补间动画是通过在时间轴的某个帧中绘制图形对象,在另一个帧中修改该对象或重新绘制新的图形对象,由 Flash 创建出两个对象之间逐渐变化过渡的动画效果。创建形状补间动画的对象不能是元件，如果使用图形元件、按钮、文字，则必先分离再变形。

在第 1 帧舞台有一个矩形对象，第 5 帧是一个椭圆形对象，时间轴如图 5-20 所示。第 2～4 帧创建形状补间后，第 2、3、4 帧的效果如图 5-21 所示。

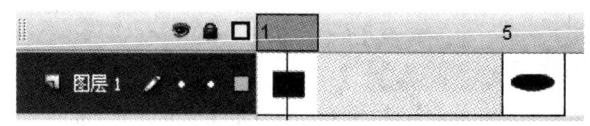

图 5-20 时间轴效果

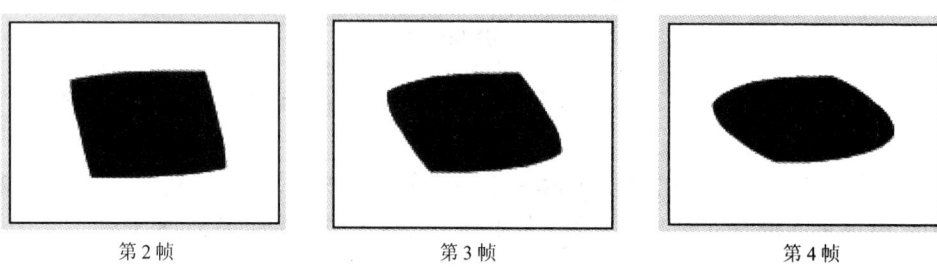

第 2 帧　　　　　　　　　第 3 帧　　　　　　　　　第 4 帧

图 5-21 创建形状补间后中间帧的效果

5.2.2 创建形状补间动画的方法

在时间轴面板上动画开始的位置创建一个关键帧，在该关键帧处绘制图形对象，结束位置创建一个关键帧并修改该元件的形状或创建空白关键帧重新绘制新的图形对象。单击这两个关键帧之间的帧，在"属性"面板的"补间"列表中选择"形状"，或单击右键，在弹出的快捷菜单中选择"新建补间形状"，就建立了"形状补间动画"。

形状补间动画建好后，时间轴的背景色变为淡绿色，在起始帧和结束帧之间有一个长长的箭头，如图 5-22 所示。

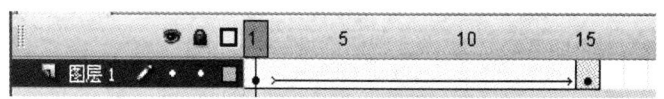

图 5-22 形状补间动画的"时间轴"面板

【操作实例 5-3】 小熊变小猪

（1）新建文档。

（2）选择"椭圆工具"，设置"笔触颜色"为无，"填充颜色"为黑色，在舞台绘制如图 5-23 所示的小熊图形。

图 5-23 绘制小熊

（3）鼠标单击第 15 帧，按下 F6 键插入关键帧。在第 15 帧用"选择工具"调整小熊图形，如图 5-24 所示。

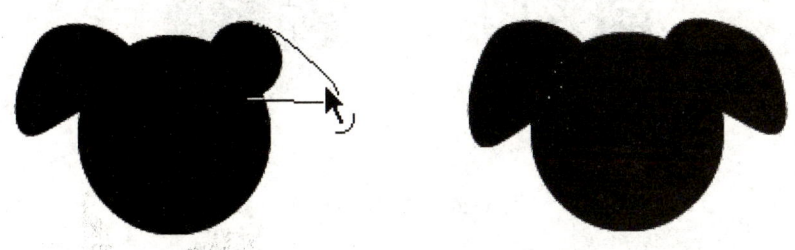

图 5-24　调整图形

（4）单击第 1～15 帧间的任意一帧，打开"属性"面板，在"补间"的列表中选择"形状"，或单击右键，在弹出的菜单中选择"创建补间形状"。

（5）按 Ctrl+Enter 键测试动画，看到小熊逐渐变换成小猪的动画效果。

形状补间动画的"属性"面板如图 5-25 所示。

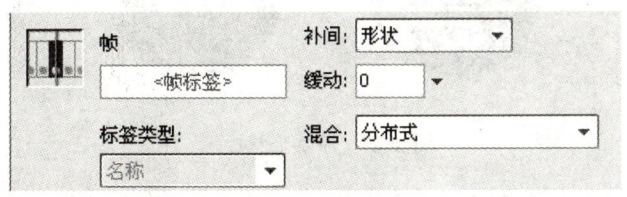

图 5-25　形状补间动画"属性"面板

"缓动"：功能与动作补间相同。

"混合"：有以下两个选项供选择。

- "角形"：创建的动画中间形状会保留有明显的角和直线，适合于具有锐化转角和直线的混合形状。
- "分布式"：创建的动画中间形状比较平滑和不规则。

5.2.3　关于形状提示应用

使用形状提示可以控制形状变化。形状提示会标识起始形状和结束形状中的相对应的点，起到控制形状变换的作用。

形状提示包含字母（从 a 到 z），用于识别起始形状和结束形状中相对应的点。最多可以使用 26 个形状提示。

起始的关键帧中的形状提示是黄色的，结束的关键帧中的形状提示是绿色的，当不在一条曲线上时为红色。

使用形状提示的方法如下。

（1）新建文档。

（2）在第 1 个关键帧绘制一个黑色的圆，在第 15 帧插入空白关键帧，绘制小熊，效果如图 5-26 所示。然后在第 1～5 帧之间创建形状补间动画。

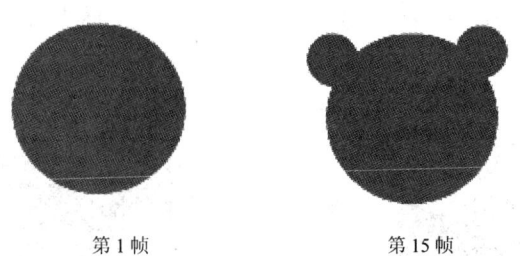

图 5-26 关键帧的画面

（3）选择第 1 个关键帧。选择菜单"修改"→"形状"→"添加形状提示"。起始形状提示会在该形状的某处显示为一个带有字母 a 的红色圆圈。将它移动到左耳朵位置，如图 5-27 所示。

图 5-27 添加形状提示

（4）选择第 15 帧。结束形状提示会在该形状的某处显示为一个带有字母 a 的圆圈。把它移到左耳朵上。这时它变成绿色，效果如图 5-28 所示。

图 5-28 移动形状提示

（5）重复以上步骤，添加其他的形状提示，将出现新的提示 b 和 c，最终效果如图 5-29 所示。

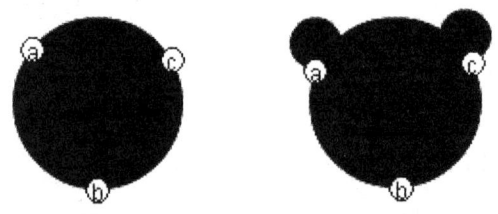

图 5-29 添加多个形状提示并调整

（6）可以移动提示看看效果的变化。

第5章 基础动画制作

◊ 查看所有形状提示方法：选择菜单"视图"→"显示形状提示"。仅当包含形状提示的图层和关键帧处于活动状态下时，"显示形状提示"才可用。
◊ 删除形状提示的方法：将其拖离舞台。
◊ 删除所有形状提示的方法：选择菜单"修改"→"形状"→"删除所有提示"。

5.2.4 典型实例——变换的字符

（1）新建文档。

（2）在舞台上利用"文本工具"输入"生日快乐"。"属性"面板的设置如下：文本格式为静态文本、字体为黑体、字号为 96、颜色为红色，确定文本是选择状态下，按下 **Ctrl+B** 键两次分离文本，第一次分离效果如图 5-30 所示，分为 4 个字，第二次分离效果如图 5-31 所示。

图 5-30　第一次分离

生日快乐

图 5-31　第二次分离

（3）在第 30 帧插入空白关键帧，输入"Happy Birthday"。颜色改为蓝色，字号改为 50。

（4）同样分别按下 **Ctrl+B** 键两次，将文本"Happy Birthday"分离为填充图形。

（5）在第 1~30 帧之间任意帧单击鼠标右键，在弹出的快捷菜单中选择"创建补间形状"。

（6）按 **Ctrl+Enter** 键测试动画，观看效果。

（7）添加形状提示。在第 1 帧处，执行菜单"修改"→"形状"→"添加形状提示"命令四次。

（8）调整第 1 帧和第 30 帧处的形状提示，如图 5-32 所示。

生日快乐

Happy Birthday

图 5-32　添加形状提示的第 1 帧和第 30 帧

（9）测试动画，对比一下添加形状提示前后的区别。

5.3 实例部分

5.3.1 实例说明与效果预览

利用动作补间动画制作出如图 5-33 所示的台球动画效果。

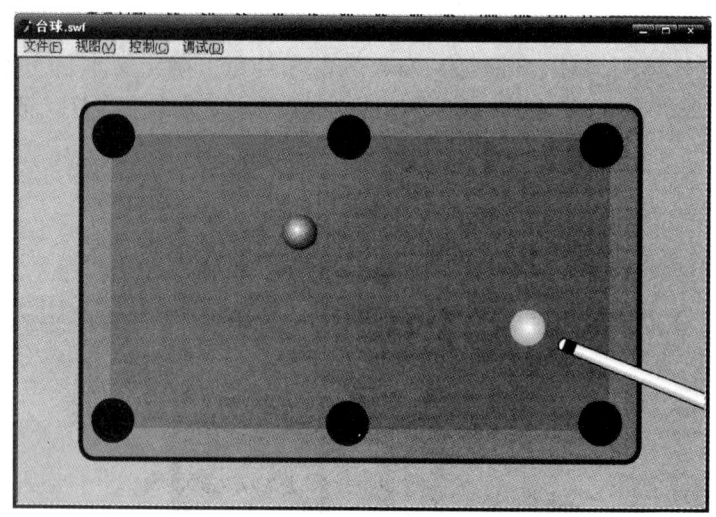

图 5-33 效果预览

5.3.2 实例分析

实例中先利用各个工具制作出台球桌、球和球杆等图形。因为要做不同的动画效果，所以台球桌、红球、白球和球杆各在不同的图层。制作好需要的图形后就可以利用"补间动画"制作动画效果了。制作中要注意各对象动画效果在时间上的衔接。

5.3.3 制作要点

（1）绘制图形。
（2）动作补间动画的制作。
（3）时间轴面板上不同图层动画时间的安排。

5.3.4 制作步骤

（1）新建文档，选择菜单"修改"→"文档"，在弹出的"文档属性"对话框中修改文档尺寸为 800×500 像素，背景颜色为淡蓝色，如图 5-34 所示。

第 5 章 基础动画制作 93

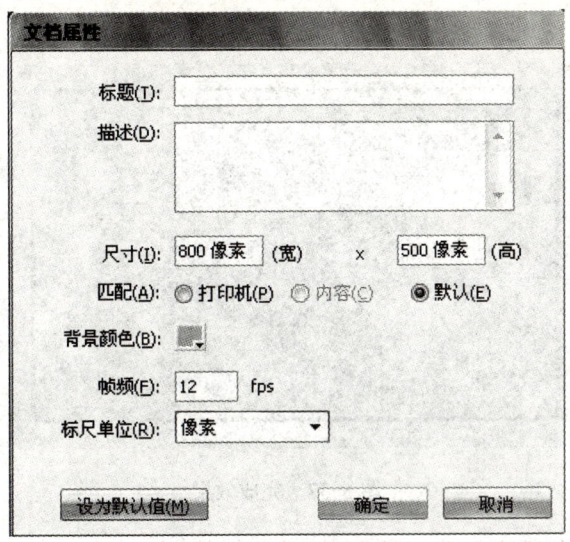

图 5-34 设置文档属性

（2）选择"矩形工具"，设置"笔触颜色"为黑色，"填充颜色"为浅褐色，按住 Alt 键在舞台中单击鼠标左键，弹出如图 5-35 所示的"矩形设置"面板。设置矩形参数，单击"确定"按钮，在舞台创建一个矩形。

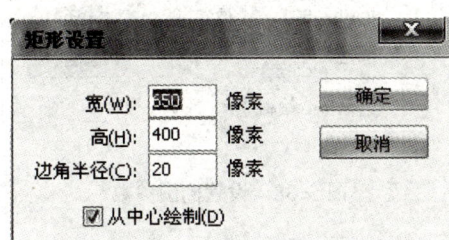

图 5-35 设置矩形参数

（3）修改图层 1 的名称为"边框"。
（4）新建图层，修改名称为"桌面"，设置"笔触颜色"为无，"填充颜色"为绿色，按住 Alt 键在舞台中单击鼠标左键，在弹出的"矩形设置"面板中设置矩形参数，如图 5-36 所示，单击"确定"按钮后在舞台创建一个绿色矩形。

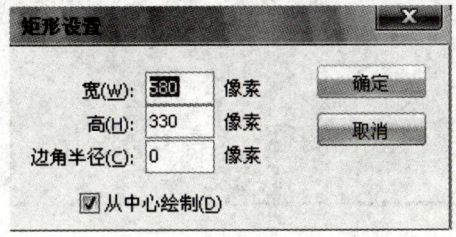

图 5-36 创建矩形参数

（5）按住 Shift 键单击图层"边框"和"桌面"，选择这两层。按下 Ctrl+K 键，在右侧弹出的"对齐"面板中选中"相对于舞台"选项，并单击"水平中齐"和"垂直中齐"，让这两个矩形相对于舞台中心中央对齐，效果如图 5-37 所示。

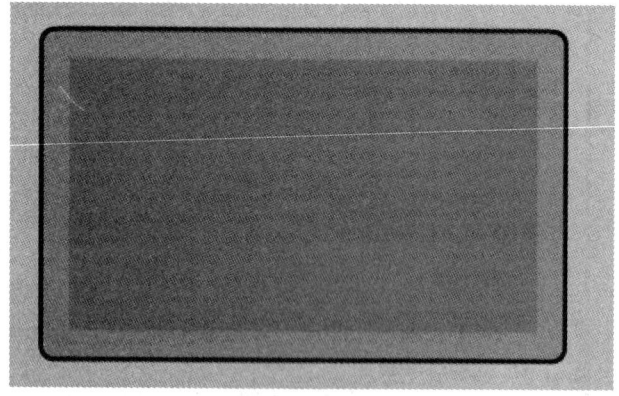

图 5-37　完成效果

（6）新建图层，修改名称为"球洞"。选择"椭圆工具"，设置 "笔触颜色"为无，"填充颜色"为黑色，按住 Alt 键在舞台中单击鼠标左键，在弹出的"椭圆设置"面板中设置椭圆参数，如图 5-38 所示，单击"确定"按钮后在舞台创建一个黑色圆。

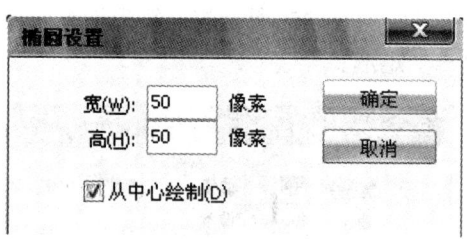

图 5-38　设置椭圆参数

（7）用"选择工具"将黑色圆移到如图位置，按住 Alt 键拖动黑色圈再复制五个，如图 5-39 所示。

图 5-39　制作效果

（8）在时间轴的锁定列拖动鼠标锁定这三层，防止后面有误操作对做好的内容产生修改，如图 5-40 所示。

第 5 章　基础动画制作

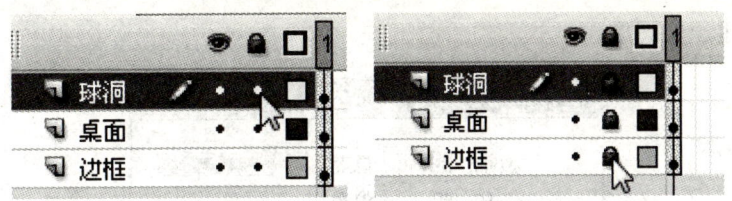

图 5-40　锁定图层

（9）新建一个图层，修改名称为"台球杆"，选择"矩形工具"，在"颜色面板"设置"笔触颜色"为黑色，"填充颜色"的类型为"线性"，渐变颜色为黄→白→黄，如图 5-41 所示。

（10）按住 Alt 键在舞台中单击，在弹出的"矩形设置"面板中设置矩形参数，如图 5-42 所示，单击"确定"按钮后在舞台中创建一个矩形。用"选择工具"拖动修改矩形。

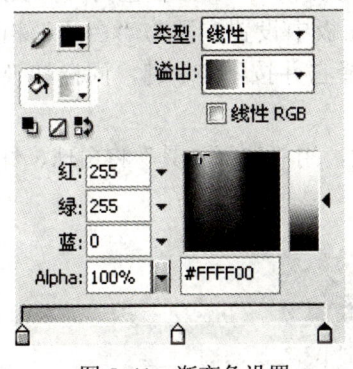
图 5-41　渐变色设置

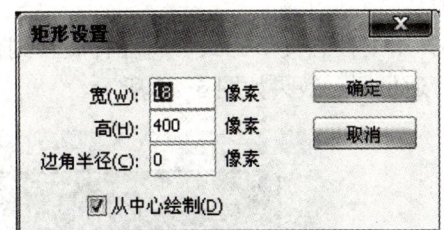
图 5-42　创建矩形

（11）用"选择工具"框选矩形的两端，修改"填充颜色"为黑色，再修改头部为白色，效果如图 5-43 所示。选中球杆，按下 F8 键，把它转换为"图形"元件。

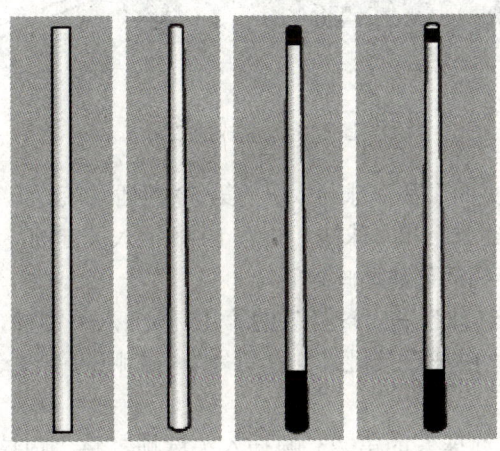

图 5-43　制作球杆

（12）新建图层，修改名称为"白球"，选择"椭圆工具"，在"颜色面板"中设置"笔触颜色"为无，设置"填充颜色"的类型为"放射状"，渐变颜色为白→灰。按住 Alt 键在舞台中单击，弹出"椭圆设置"面板，设置椭圆参数，如图 5-44 所示。单击"确定"按钮后在舞台中创建一个圆形。

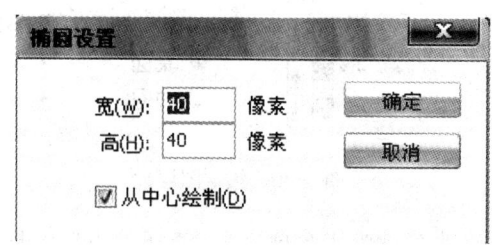

图 5-44　制作台球

(13) 选择这个圆形，按下 F8 键，转换为"图形"元件。

(14) 新建图层，修改名称为"红球"，选择"椭圆工具"，在"颜色面板"中设置"笔触颜色"为无，设置"填充颜色"的类型为"放射状"，渐变颜色为白→红。按住 Alt 键在舞台中单击鼠标，在弹出的"椭圆设置"面板中设置参数与"白球"相同，单击"确定"按钮后在舞台中创建一个红色圆形。选择它并按下 F8 键，同样转换为"图形"元件。

(15) 用"任意变形工具"将球杆旋转到合适角度，用"选择工具"将白球、红球和球杆移到合适位置，效果如图 5-45 所示。

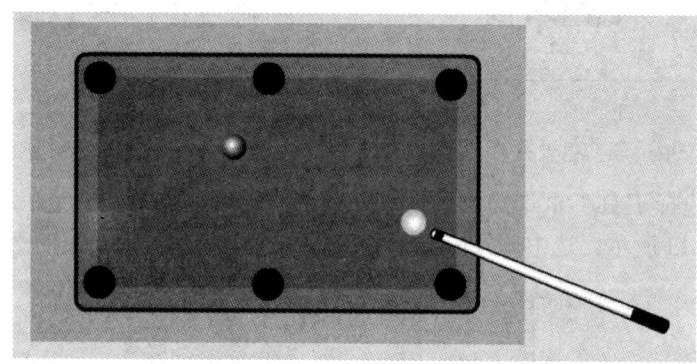

图 5-45　完成的效果

(16) 在"边框"、"桌面"和"球洞"层的第 50 帧插入帧。

(17) 在"白球"、"红球"和"球杆"的第 10 帧插入关键帧，在"球杆"层第 10 帧往后移动球杆并在第 1~10 帧间创建动画补间。

(18) 在"白球"、"红球"和"球杆"的第 15 帧插入关键帧，在"球杆"层第 15 帧往前移动球杆至杆头与"白球"接触，并在第 10~15 帧间创建动画补间，在第 50 帧插入帧。

(19) 在"白球"、"红球"的第 25 帧插入关键帧，将"白球"移动到与"红球"接触，并在第 15~25 帧间创建动画补间，在第 50 帧插入帧。

(20) 在"红球"的第 35 帧插入关键帧，把它移动到左上角的球洞中，并在第 25~35 帧间创建动画补间。

(21) 在"红球"的第 40 帧插入关键帧，用"任意变形工具"缩小红球，并在第 35~

40 帧间创建动画补间。

（22）在"红球"的第 50 帧插入帧。

（23）按下 Ctrl+Enter 键测试动画，看到白球撞击红球后红球进洞。也可以用同样方法多创建几个球试试看。

5.4 上机实战与提高

本实例利用补间动画制作一个"贺卡打开"的动画效果，如图 5-46 所示。

图 5-46 贺卡动画预览

步骤提示：

（1）新建文档，修改图层 1 的名称为"封面"。

（2）选择"矩形工具"，设置"笔触颜色"为黑色，"填充颜色"为淡紫色，在"属性"面板中单击"自定义笔触样式"按钮，在弹出的"笔触样式"对话框中进行设置，如图 5-47 所示。

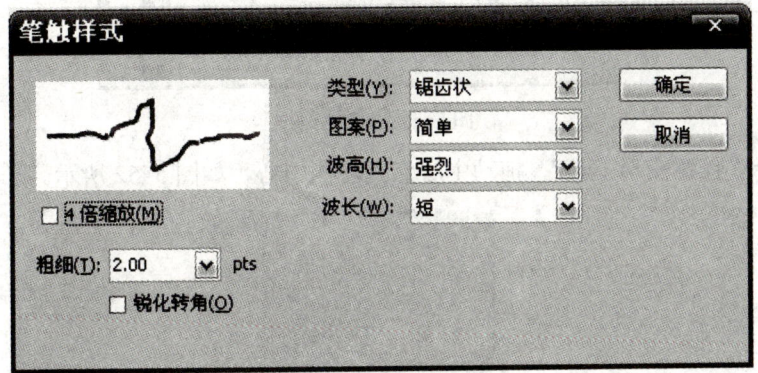

图 5-47 笔触样式设置

（3）在舞台中拖动鼠标绘制矩形，如图 5-48 所示。

（4）用"选择工具"单击左侧线条，在"属性"面板中修改"笔触样式"为"实线"，如图 5-49 所示。

图 5-48 绘制矩形　　　　　　　　　　图 5-49 修改线条样式

(5) 用"文本工具"、"多角星形工具"制作出如图 5-50 所示的图形。

图 5-50 添加文本和星星

(6) 选择全部图形，按下 F8 键把它转换为图形元件，如图 5-51 所示。

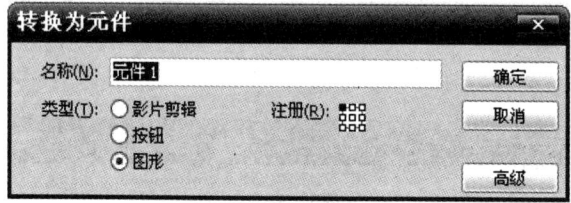

图 5-51 转换元件

(7) 选择"任意变形工具"，拖动中心点到左侧中心，如图 5-52 所示。

图 5-52 修改中心

（8）选择时间轴上的第 15 帧，按下 F6 键插入关键帧，用"任意变形工具"在右侧中间的控制点上单击并向左侧压缩后，再把鼠标放在右侧对图形进行倾斜操作，最终效果如图 5-53 所示。

（9）选择第 16 帧，按下 F6 插入关键帧，选中图形，选择菜单"修改"→"变形"→"水平翻转"，效果如图 5-54 所示。

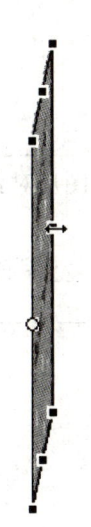

图 5-53　修改后的效果　　　　　　　　图 5-54　翻转后的效果

（10）在第 30 帧按下 F6 键插入关键帧，用"任意变形工具"对图形进行倾斜与放大操作，最终效果如图 5-55 所示。

图 5-55　变形后的效果

（11）为第 1～15 帧与第 16～30 帧间创建动作补间动画。

（12）在时间轴面板的"封面"层的第 1 帧按下鼠标右键，在弹出的快捷菜单中选择"复制帧"。

（13）新建一个图层，修改名称为"封底"。在第 1 帧按下鼠标右键，在弹出的快捷菜单中选择"粘贴帧"。移动"封底"层到"封面"层的下面，时间轴如图 5-56 所示。

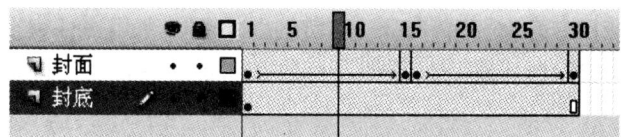

图 5-56　时间轴面板

5.5　思考与练习

1．动作补间动画是根据同一对象在两个关键帧中大小、位置、_____、倾斜、_____等属性的差别计算生成的一种动画类型，通常用于表现图形对象的移动、放大、缩小以及旋转等变化。

2．在形状补间动画中，为了使形变符合预想，可以使用_____控制形变。

3．在 Flash 中，创建形状补间动画有一个前提条件，就是_____。

4．简述形状补间动画的特点。

5．如何创建动作补间动画？

6．动作补间动画和形状补间动画的主要区别是什么？

第 6 章 高级动画制作

在学习了 Flash 中基础动画的制作方法后,将各种基础动画组合起来,就可以实现更加出色的动画效果。如果再综合运用 Flash 的高级动画制作方法,将会使动画变得更加精彩。

6.1 基础部分——遮罩动画

在 Flash 中,遮罩是指一个范围,它可以是一个图形,也可以是文本,任何一个不规则形状都可以用来作遮罩。在动画最终的演示中,遮罩层是看不到的,它只是指定了一个区域,被遮罩的图层只能在该区域中显示。

6.1.1 创建遮罩层动画的方法

创建遮罩,需要将图层指定为遮罩层,然后在该图层上绘制或放置填充形状。可以将任何填充形状用作遮罩,包括组、文本和元件。通过遮罩层可查看该填充形状下的链接层区域的内容。

创建遮罩层的操作方法如下。

(1) 新建文挡,设置文档背景为蓝色。

(2) 选择"文本工具",更改图层名称为"文本",在舞台上输入文本"2008 中国 北京",在"属性"面板中设置"字体"为黑体,大小为 70,颜色为红色。

(3) 在其上创建一个新图层,图层更名为"圆"。遮罩层总是遮住其下方紧贴着它的图层。因此一定要在正确的位置创建遮罩层。

(4) 选择"椭圆工具",设置填充颜色为黑色。在图层"圆"上绘制一个合适的圆,效果如图 6-1 所示。

图 6-1 舞台效果

(5) 右键单击图层"圆"的名称,在弹出的快捷菜单中选择"遮罩层",如图 6-2 (a) 所示。图层名称前会出现一个遮罩层图标,表示该层为遮罩层。紧贴它下面的图层将链接到遮罩层,其内容会透过遮罩上的填充区域显示出来。被遮罩的图层的名称将以缩进形式显示,其图标更改为一个被遮罩的图层的图标,如图 6-2 (b) 所示。

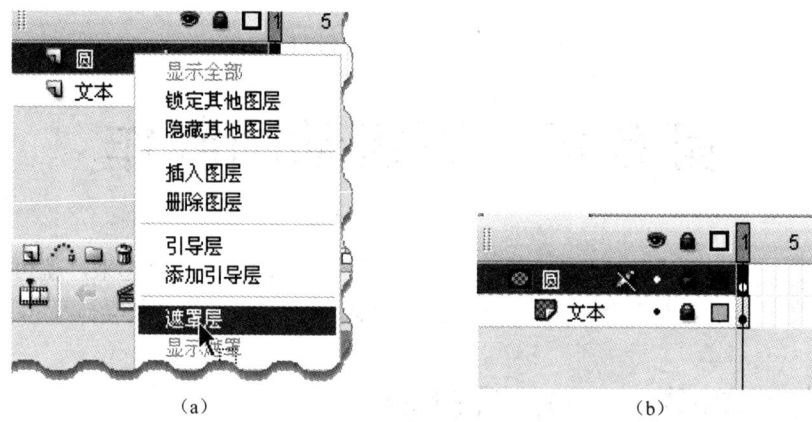

图 6-2 设置遮罩层

（6）遮罩后的效果如图 6-3 所示。

图 6-3 遮罩后的效果

6.1.2 应用遮罩的技巧

一个遮罩层可以遮罩多个图层，创建好遮罩层后，设置其他图层为被遮罩层的方法如下。

（1）将图层直接拖到遮罩层下面。

（2）在遮罩层下面创建一个新图层。

（3）选择该图层，选择菜单"修改"→"时间轴"→"图层属性"，弹出"图层属性"对话框，在"类型"中选择"被遮罩"。

断开遮罩层的链接的方法如下。

（1）将要断开链接的图层拖动到遮罩层的上面。

（2）选择要断开链接的图层，选择菜单"修改"→"时间轴"→"图层属性"，弹出"图层属性"对话框，在"类型"中选择"正常"。

能够透过遮罩层的对象看到"被遮罩层"中的对象，其中包括该对象的渐变色和透明度等。

但是遮罩层中的对象因为它起到的只是定义区域的作用，那么许多属性如渐变色、透明度、颜色和线条样式等都是被忽略的，所以用不同的层做遮罩层效果会有区别。

第一种：渐变色填充的圆作"遮罩层"。渐变色填充的圆在上，红色文本在下，如图 6-4 所示。设置圆为遮罩层后的效果如图 6-5 所示。

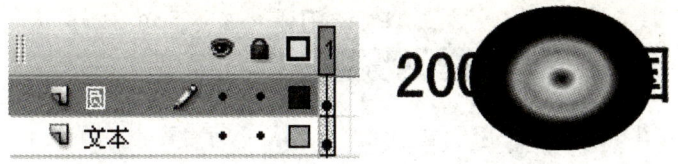

图 6-4 遮罩前的效果

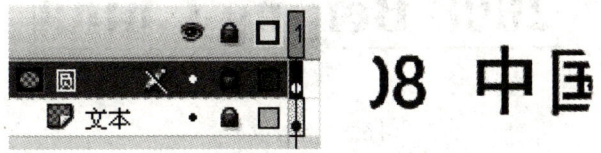

图 6-5 遮罩后的效果

第二种：文本层做"遮罩层"。红色文本在上，渐变色填充的圆在下，如图 6-6 所示。设置文本为遮罩层后的效果如图 6-7 所示，看到显示出渐变效果。

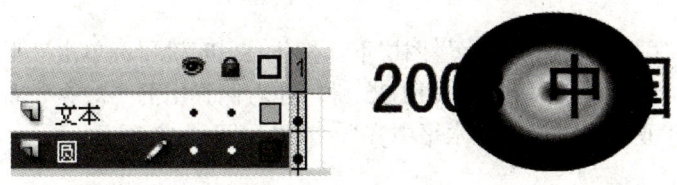

图 6-6 遮罩前的效果

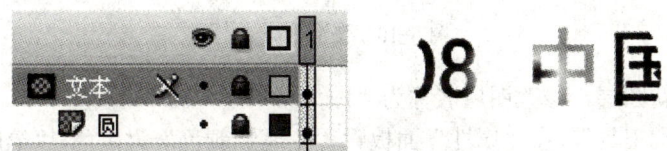

图 6-7 遮罩后的效果

提示：一个遮罩层不能遮罩另一个遮罩层

6.1.3 典型实例——放大镜

（1）新建文档，在"属性"面板上设置文件大小为 800×400 像素。

（2）选择"文本工具"，在舞台输入文本"2008 Beijing China"，字体选择"_serif"，"大小"为 70，"颜色"为黑色，修改图层名称为"大字"，如图 6-8 所示。

（3）创建一个新图层，修改图层名称为"小字"。用"选择工具"选择"大字"图层的文本后按下 Ctrl+C 键复制它，选择"小字"图层，按下 Ctrl+V 键把文字粘贴到"小字"图层，修改文本大小为 70，字母间距为 9，如图 6-9 所示。

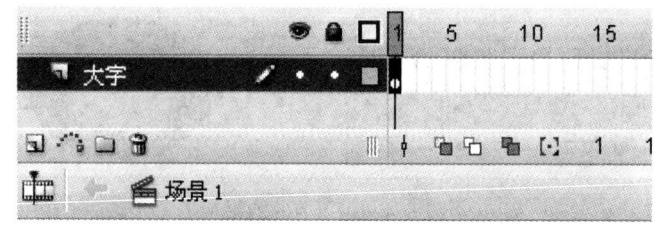

图 6-8 创建文本

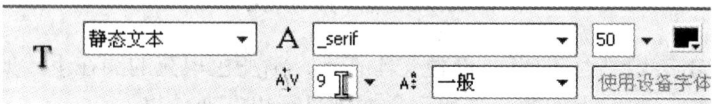

图 6-9 设置文本属性

（4）拖动"小字"图层到"大字"图层下，按住 Shift 键鼠标单击"小字"和"大字"图层的名称，全部选择它们后，按下 Ctrl+K 键，在右侧弹出的"对齐"面板上，选中"相对于舞台"，单击"垂直中齐"和"水平中齐"，效果如图 6-10 所示。

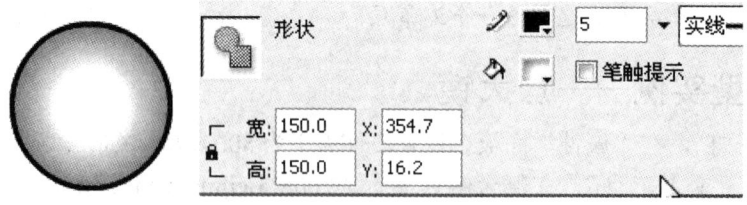

图 6-10 舞台效果

（5）创建一个新图层，修改图层名称为"放大镜"。

（6）选择"椭圆工具"，在"属性"面板设置"笔触颜色"为黑色，"笔触高度"为 5，在"颜色"面板设置"填充颜色"类型为"放射状"，渐变色为白→蓝，在舞台拖动鼠标绘制一个圆作为放大镜镜片，大小为 150×150，效果和属性设置如图 6-11 所示。

图 6-11 制作放大镜镜片

（7）选择"矩形工具"，设置"笔触颜色"为无，"填充颜色"为黑色，确定当前层为"放大镜"图层，在舞台拖动鼠标绘制一个矩形，利用"选择工具"调整该矩形作为放大镜的手柄，效果如图 6-12 所示。

图 6-12 制作放大镜手柄

(8) 选择"任意变形工具"旋转手柄至合适角度并移动到圆上,完成放大镜制作。选择整个放大镜,按下 F8 键,把它转换为"图形"元件,效果如图 6-13 所示。

图 6-13 完成的放大镜

(9) 选择小字"图层和"大字"图层的第 30 帧,按下 F5 键插入帧。

(10) 选择"放大镜"图层,移动放大镜至文本左端,如图 6-14 所示。在第 15 帧和第 30 帧按下 F6 键插入关键帧。

图 6-14 第 1 帧的画面

(11) 选择"放大镜"图层的第 15 帧,在舞台上移动放大镜到文本右侧,如图 6-15 所示。

图 6-15 第 15 帧的画面

（12）为"放大镜"图层创建动作补间动画。这时拖动时间轴的指针可以看到放大镜在文本上左右移动。

（13）创建一个新图层，修改图层名称为"放大区"。

（14）用鼠标单击"放大镜"图层的名称选择该图层的所有帧，选择菜单"编辑"→"时间轴"→"复制帧"，或在"放大镜"层的帧上单击右键，在弹出的快捷菜单中选择"复制帧"，如图 6-16 所示。

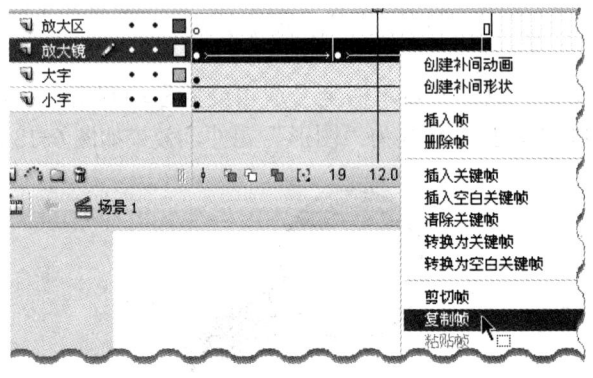

图 6-16　复制帧

（15）用鼠标单击"放大区"图层的名称选择该图层的所有帧，然后选择菜单"编辑"→"时间轴"→"粘贴帧"，或在"放大区"图层的帧上单击右键，在弹出的快捷菜单中选择"粘贴帧"，如图 6-17 所示。

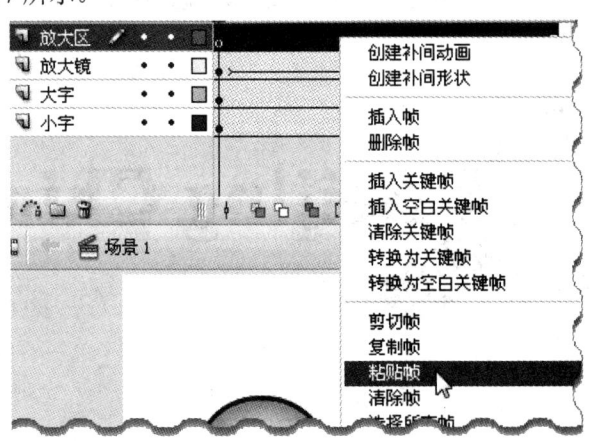

图 6-17　粘贴帧

（16）在时间轴面板调整图层顺序从上到下依次为：放大区、大字、放大镜、小字，如图 6-18 所示。

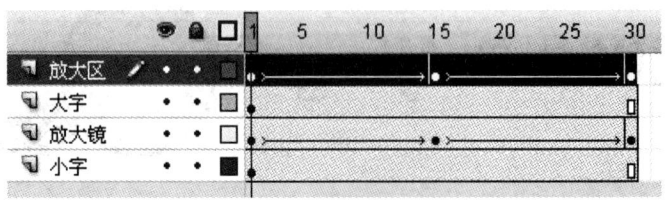

图 6-18　时间轴安排

（17）在"放大区"层的名称上单击鼠标右键，在弹出的快捷菜单中选择"遮罩层"，如图 6-19 所示。

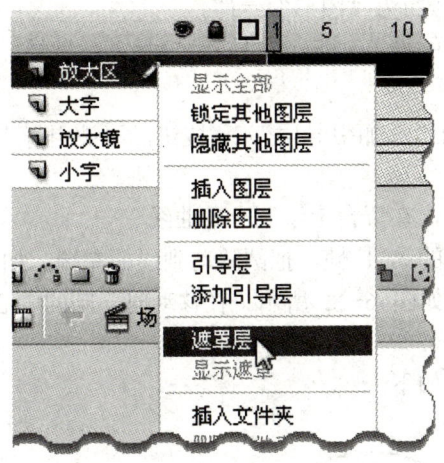

图 6-19　设置遮罩层

（18）按下 Ctrl+Enter 键测试动画，效果如图 6-20 所示。

图 6-20　完成效果

6.2　基础部分——引导路径动画

如果想让运动的对象沿着指定的轨迹运动，特别当运动轨迹是弧线或不规则时，在 Flash 中可以利用引导路径动画来实现。

将一个或多个层链接到一个运动引导层，使一个或多个对象沿同一条路径运动的动画形式被称为"引导路径动画"。这种动画可以使一个或多个元件完成曲线运动。

6.2.1　创建引导路径动画的方法

制作"引导路径动画"至少需要两个图层组成。上面一层是"引导层"，内容是运动的轨迹，它的图层图标为 ，下面一层是"被引导层"，在该层创建动作补间动画，其图标 同普通图层一样。播放动画时，引导层上的内容不会显示。

在普通图层上单击时间轴面板的"添加引导层"按钮 ，当前层的上面就会添加一个引导层 ，同时该普通层缩进为"被引导层"。

(1) 新建一个文档。

(2) 修改图层 1 的名称为"被引导"。选择"椭圆工具",在舞台绘制一个圆。选择这个圆,按下 F8 键,把它转换为"图形"元件。

(3) 选择"被引导"层的第 30 帧,按下 F6 键插入关键帧。为第 1~30 帧之间创建动作补间动画。

(4) 单击时间轴面板的"添加引导层" 按钮,"被引导"层的上面就会添加一个引导层 。

(5) 选择"铅笔工具",在舞台上绘制一条曲线。

(6) 选择"被引导"层的第 1 帧,把圆移动到线的左端,如图 6-21 所示。选择第 30 帧,把圆移动到线的右端,如图 6-22 所示。在移动时,圆的中心会有一个小圆圈,这个圆圈一定要在引导线上。

引导路径动画制作方法如下。

图 6-21　第 1 帧圆的位置

图 6-22　第 30 帧圆的位置

(7) 按下 Ctrl+Enter 键测试动画,效果如图 6-23 所示。其中灰色图形是为了显示运动轨迹,动画实际播放中不显示。

图 6-23　动画效果

6.2.2　应用引导路径的技巧

(1) 引导路径不能是封闭的线条,但允许重叠,在重叠处的线段不能太乱,要保持清晰圆滑,能辨认出线段走向,否则会使引导失败。

(2) 引导层中的内容在播放时是看不见的,如果想显示引导线,需要复制引导线到一个普通图层中。

（3）在做引导路径动画时，为了防止移动被引导物体时对引导线造成误操作，可以锁定引导层。

（4）单击工具栏上的"贴紧至对象"，可以使被引导对象更容易附着在引导线上。

（5）如果想让对象作圆周运动，可以在"引导层"制作圆形线条，再用橡皮擦出一个小缺口，把被引导对象的起始、终点分别对准缺口两各端点即可。

【操作实例 6-1】 月球与地球

（1）新建一个文档，设置文档背景色为黑色。

（2）修改图层 1 的名称为"地球"，选择"椭圆工具"，在"颜色"面板设置"填充颜色"类型为"放射状"，渐变色为淡蓝→蓝，在舞台中央绘制一个圆作为地球。

（3）选择"刷子工具"，设置"填充颜色"为绿色，选择合适的刷子大小，刷子模式选择"内部绘画"，在圆中绘制绿色图形，效果如图 6-24 所示。

（4）创建一个新图层，修改名称为"月球"，设置"填充颜色"为白色，选择"椭圆工具"，绘制圆作为月球。

（5）选择"月球"图层的圆，按下 F8 键把它转换为图形元件。选择第 40 帧按下 F6 插入关键帧。在第 1~40 帧间单击鼠标右键，在弹出的快捷菜单中选择"创建补间动画"。

图 6-24 绘制地球

（6）在"地球"图层的第 40 帧按下 F5 键插入帧。

（7）单击时间轴面板的"添加引导层"按钮，"月球"图层的上面就会添加一个引导层。

（8）选择"椭圆工具"，设置"笔触颜色"红色，"填充颜色"为无，在舞台上绘制一个椭圆。用"任意变形工具"旋转椭圆，效果如图 6-25 所示。

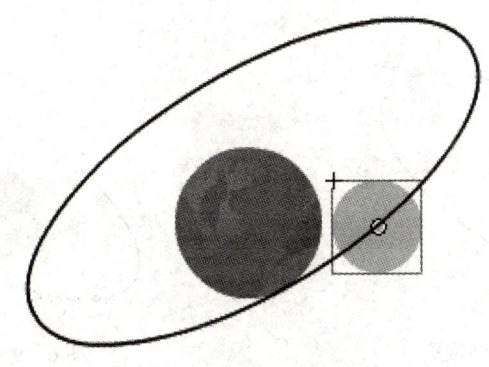

图 6-25 制作引导路径

（9）用鼠标单击"引导层"图层的名称选择该图层的所有帧，然后选择菜单"编辑"→"时间轴"→"复制帧"，或在"引导层"层的帧上单击鼠标右键，在弹出的快捷菜单中选择"复制帧"。

（10）创建一个新图层，修改名称为"轨道"，用鼠标单击图层的名称选择该图层的所有帧，然后选择菜单"编辑"→"时间轴"→"粘贴帧"，或在图层的帧上单击右键，在弹出的快捷菜单中选择"粘贴帧"。

（11）这时"轨道"图层也变成了引导层，在图层名称上单击鼠标右键，在弹出的快捷菜单单击"引导层"取消该项，如图6-26所示。

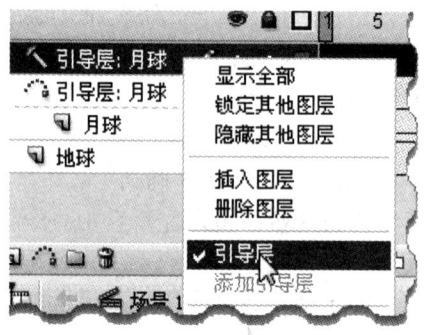

图6-26 设置引导层

（12）把"轨道"图层隐藏。因为引导层的内容不显示，所以这里复制一层的目的是在动画演示时显示月球的轨道。时间轴面板如图6-27所示。

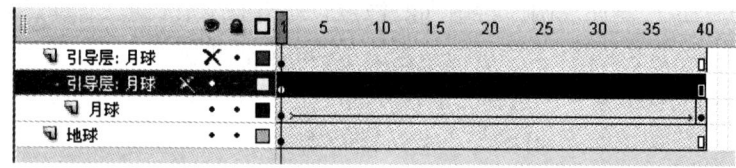

图6-27 时间轴面板

（13）选择"橡皮擦工具"，然后选择"引导层"，在椭圆轨迹上擦除一个小缺口。

（14）移动"月球"图层第1帧中的圆到如图6-28所示位置，移动第40帧的圆到如图6-29所示的位置。

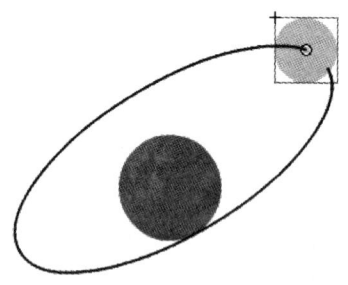

图6-28 第1帧位置

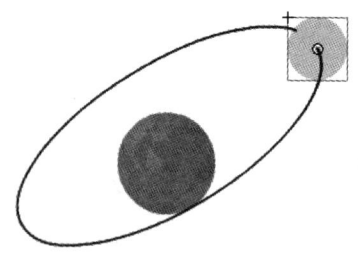

图6-29 第40帧位置

（15）按下Ctrl+Enter键测试动画。

6.2.3 典型实例——落叶

（1）新建文档，选择菜单"修改"→"文档"，在弹出的"文档属性"对话框中修改文档尺寸为600×600像素，背景色为淡蓝色，如图6-30所示。

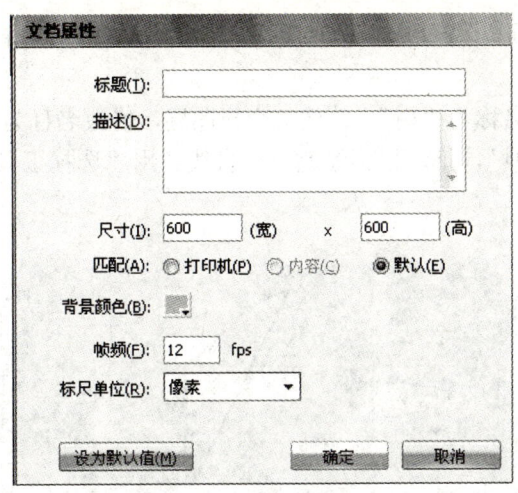

图 6-30 设置文档属性

（2）选择"刷子工具"，设置"填充颜色"为深褐色，在舞台拖动鼠标绘制树干，在绘制的过程中最好根据绘制不同的部分修改"刷子大小"。绘制好后选择它并按下 Ctrl+G 键，把它组合，效果如图 6-31 所示。

（3）选择"椭圆工具"，设置"填充颜色"为浅绿色，在舞台拖动鼠标绘制如图 6-32 所示的图形，修改"填充颜色"为深绿色，继续绘制树冠，同样把树冠组合。

图 6-31 绘制树干

图 6-32 绘制树冠

（4）把树冠移动到树干上后发现看不到树干。选择树冠，选择菜单"修改"→"排列"→"下移一层"，操作前后的效果如图 6-33 所示。

(a)

(b)

图 6-33 树的效果

（5）选择树干和树冠，按下 Ctrl+G 键，把它们打成组。选择"任意变形工具"缩小树，并移动到舞台右侧。

（6）修改图层 1 的名称为"树"，创建一个新图层，修改名称为"落叶"。

（7）选择"线条工具"，拖动鼠标绘制一个直线。用"选择工具"调整为弧线，步骤如图 6-34 所示。

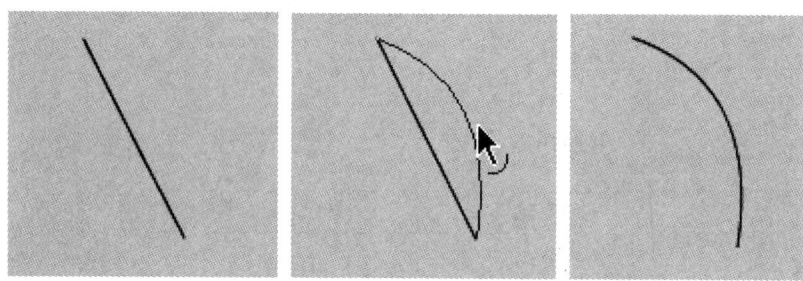

图 6-34　调整线条效果

（8）选择"线条工具"，打开工具箱下部选项区的"贴紧至对象" ，绘制另一根直线并调整至如图 6-35 所示效果。

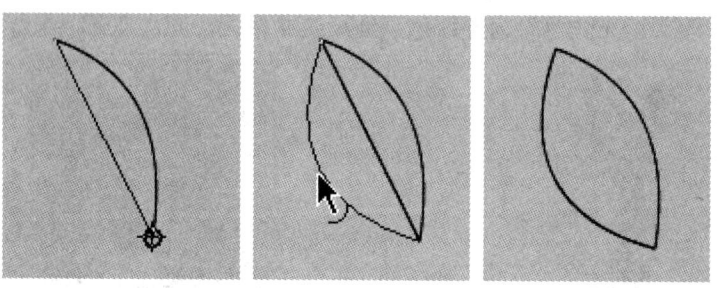

图 6-35　制作树叶过程

（9）用同样的方法绘制中间的线，选择"油漆桶工具"，填充两种不同深度的绿色，操作过程如图 6-36 所示。

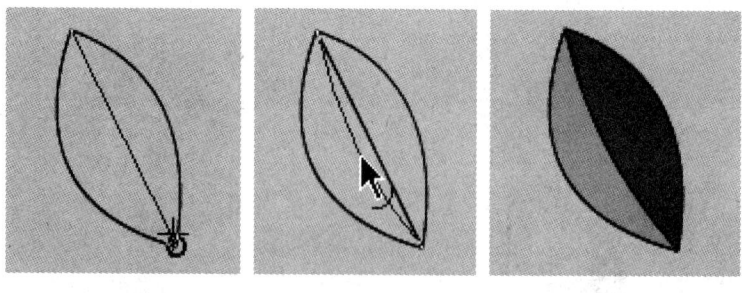

图 6-36　填充后的效果

（10）用"线条工具"绘制出其他细节，如图 6-37 所示。

图 6-37 完成的效果

（11）选择树叶，按下 F8 键，弹出"转换为元件"对话框，设置"名称"为树叶，"类型"为"图形"，如图 6-38 所示，单击"确定"按钮。

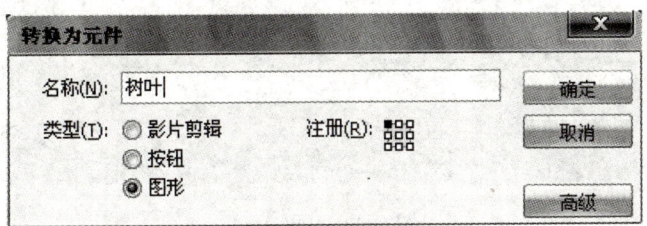

图 6-38 转换元件

（12）选择图层"树"的第 40 帧，按下 F5 键插入帧；选择图层"落叶"的第 40 帧，按下 F6 键插入关键帧。时间轴如图 6-39 所示。

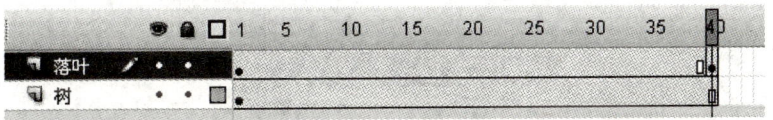

图 6-39 插入帧

（13）鼠标右击"落叶"图层第 1~40 帧间的任意帧，在弹出的快捷菜单中选择"创建补间动画"，如图 6-40 所示。

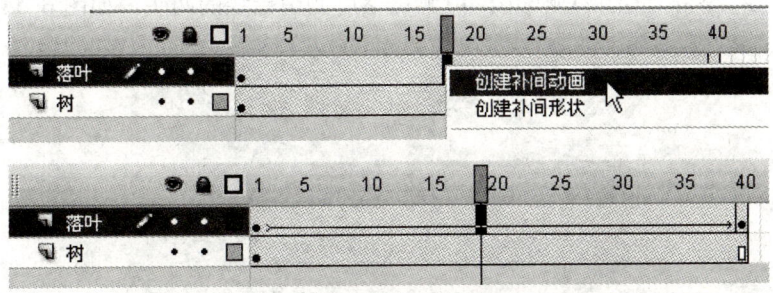

图 6-40 创建补间动画

（14）单击选择"落叶"图层，单击时间轴面板的"添加引导层"按钮，"落叶"层的上面就会添加一个引导层，如图 6-41 所示。

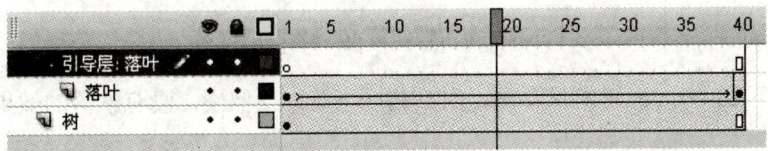

图 6-41 创建引导层动画

(15) 选择"线条工具",在"引导层"绘制落叶的"之"字形下落轨迹,制作过程如图 6-42 所示。

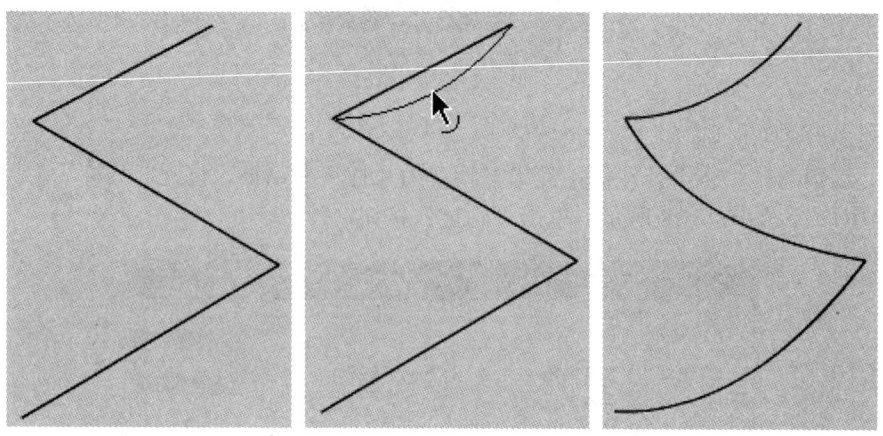

图 6-42 制作轨迹

(16) 引导线制作好后,为了防止后面移动落叶时有可能修改引导线,锁定该图层,如图 6-43 所示。

图 6-43 锁定引导层

(17) 移动"落叶"层第 1 帧和第 40 帧的落叶到引导线的两头,如图 6-44 所示。

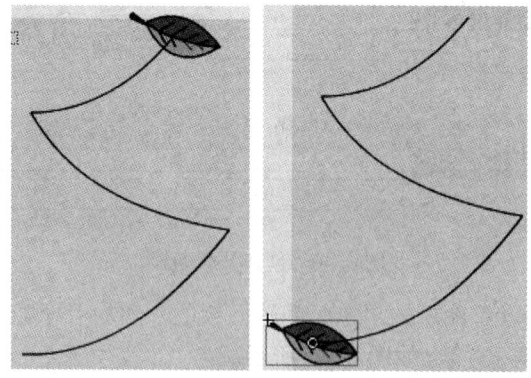

图 6-44 第 1 帧和第 40 帧落叶的位置

(18) 按下 Ctrl+Enter 键测试动画,看到树叶下落中很僵硬,没有飘落的效果,如图 6-45 所示。

第 6 章 高级动画制作

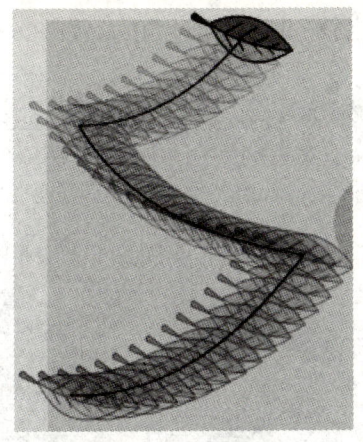

图 6-45 动画效果

（19）选择落叶层，在时间轴将播放指针拖动到树叶要改变方向的位置，如图 6-46 所示。按下 F6 键在该位置增加一个关键帧。选择"任意变形工具"旋转落叶角度，如图 6-47 所示。

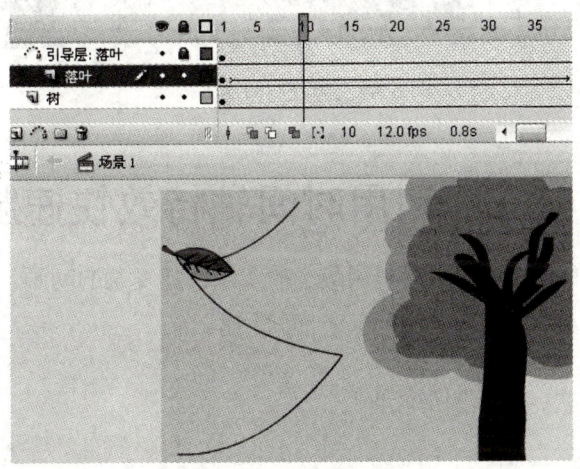

图 6-46 关键位置旋转前

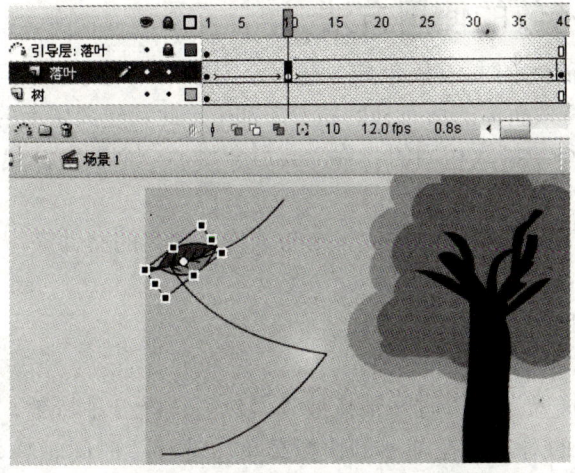

图 6-47 插入关键帧旋转后的效果

（20）用同样的方法增加关键帧并调整落叶角度，如图 6-48 所示。

图 6-48　调整后的动画效果

6.3　基础部分——利用时间轴特效快速制作动画

使用 Flash 预建的时间轴特效可以用最少的步骤创建复杂的动画。可以对以下对象应用时间轴特效。

- 文本；
- 图形，包括形状、组及图形元件；
- 位图图像；
- 按钮元件。

6.3.1　时间轴特效的使用方法

向对象添加时间轴特效时，Flash 将创建一个图层并将该对象移至此新图层。对象放置于特效图形内，而且特效所需的所有补间和变形都位于此新建图层上的图形中。

此新图层自动获得与特效相同的名称，其后会附加一个数字，代表在文档内的所有特效中应用此特效的顺序。

添加时间轴特效时，将向库中添加一个与该特效同名的文件夹，它包含了在创建该特效时所使用的元素。

添加时间轴特效的方法如下。

（1）选择要添加时间轴特效的对象。

（2）选择菜单"插入"→"时间轴特效"，然后选择一种特效，如图 6-49 所示。或右键单击要添加特效的对象，在弹出的快捷菜单中选择"时间轴特效"，然后选择一种特效。

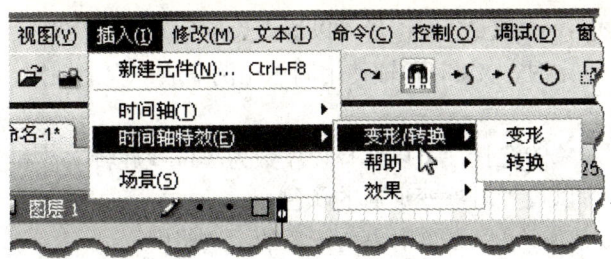

图 6-49　时间轴特效

（3）查看基于默认设置的特效预览。修改默认设置，然后单击"更新预览"按钮查看使用新设置的特效。

（4）效果符合要求时，单击"确定"按钮。

6.3.2　变形特效

变形特效可以调整选定对象的位置、缩放比例、旋转、Alpha 和色调，可应用单一特效或特效组合，从而产生淡入/淡出、放大/缩小及左旋/右旋特效，操作方法如下。

（1）新建文档。

（2）选择"文本工具"，在舞台输入文本"FLASH"，设置文本颜色为黑色，字体为"_serif"，字体大小为 100。

（3）选择文本"FLASH"，选择菜单"插入"→"时间轴特效"→"变形/转换"→"变形"，弹出如图 6-50 所示的"变形"对话框。

图 6-50　"变形"对话框

"变形"对话框中各选项的作用如下。

- "效果持续时间"（以帧为单位）：设置特效持续的帧数。
- "移动位置"：按 X, Y 偏移量（以像素为单位）移动到位置。

- "更改位置方式"：按 X, Y 偏移量（以像素为单位）改变位置。
- "缩放比例"：锁定时，X 和 Y 轴使用同一比例缩放；取消锁定，可单独应用 x 或 y 轴的缩放比例。
- "旋转"：设置对象的选择，可以选择以度数为单位或旋转次数和方向。
- "更改颜色"：可以设置对象变形后的颜色。
- "最终的 Alpha 值"：可以设置对象变形后的不透明度。
- "移动减慢"：可以设置开始时缓慢，然后逐渐加快或相反。

（4）设置 X 的位置为"100"像素，"缩放比例"为 30%，旋转为 1 次，颜色更改为红色。

（5）单击"更新预览"按钮，预览动画，如果不满意可以继续修改相应的参数，满意后单击"确定"按钮，完成动画。

6.3.3　转换特效

转换特效可以使用淡变、涂抹或两种特效的组合向内擦除或向外擦除选定对象，操作方法如下。

（1）新建文档。

（2）选择菜单"文件"→"导入"→"导入到舞台"，弹出如图 6-51 所示的"导入"对话框，选择一个图像文件，单击"打开"按钮导入该文件。

图 6-51　导入图像

（3）在舞台上选择图像，选择菜单"插入"→"时间轴特效"→"变形/转换"→"转换"，弹出"转换"对话框，如图 6-52 所示。

"转换"对话框中各选项的作用如下。

- "效果持续时间"（以帧为单位）：设置特效持续的帧数。
- "方向"：选择转换的方向，可以在"入"（向内）和"出"（向外）之间切换，并选择向上、向下、向左或向右。
- "淡化"：选中此复选框和"入"单选按钮，获得淡入效果；选中此复选框和"出"单选按钮，获得淡出效果。

图 6-52 "转换"对话框

- "涂抹":选中此复选框和"入"单选按钮,获得对象逐渐显示的效果;选中此复选框和"出"单选按钮,获得对象逐渐消失的效果。
- 移动减慢:可以设置开始时缓慢,然后逐渐加快或相反。

(4)选中"淡化"和"涂抹"选项。

(5)单击"更新预览"按钮,预览动画,如果不满意可以继续修改相应的参数,满意后单击"确定"按钮,完成动画。

6.3.4 分离特效

分离特效可以产生对象发生爆炸的错觉,如裂开、自旋和向外弯曲,操作方法如下。

(1)新建文档。

(2)选择菜单"文件"→"导入"→"导入到舞台",在弹出的"导入"对话框中选择一个图像文件导入。

(3)选择图像后,选择菜单"插入"→"时间轴特效"→"效果"→"分离",弹出"分离"对话框,如图 6-53 所示。

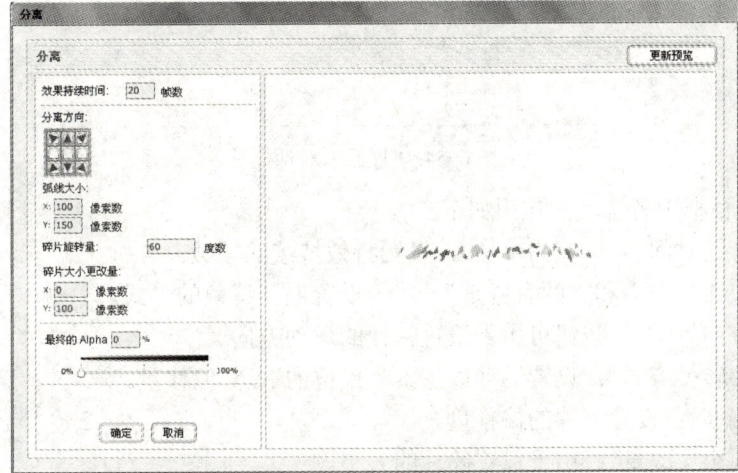

图 6-53 "分离"对话框

"分离"对话框中各选项的作用如下。
- "效果持续时间"(以帧为单位):设置特效持续的帧数。
- "分离方向":方向按钮可用于设置爆炸碎片的运动方向。
- "弧线大小":设置以像素为单位的 x,y 偏移量。
- "碎片旋转量":设置以度数为单位的碎片旋转角度。
- "碎片大小更改量":用于设置碎片的大小。
- "最终的 Alpha":设置特效最后的不透明度。

(4)修改相应的参数,满意后单击"确定"按钮,完成动画。

6.3.5 展开特效

在一段时间内放大或者缩小对象。展开特效对组合在一起的多个对象使用效果最好,对包含文本或字母的对象使用效果也很好,操作方法如下。

(1)新建文档。

(2)选择"文本工具",在舞台输入文本"展开特效",设置文本颜色为"黑色",字体为"黑体",字体大小为 56。

(3)选择文本后,选择菜单"插入"→"时间轴特效"→"效果"→"展开",弹出如图 6-54 所示的"展开"对话框。

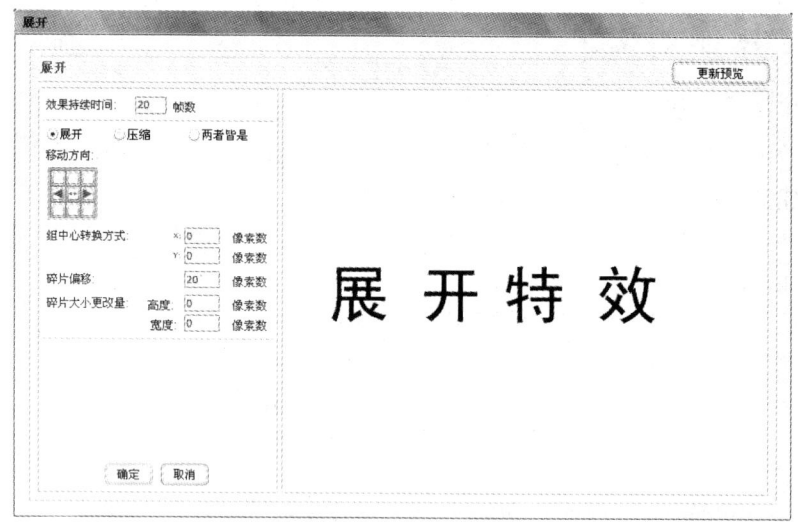

图 6-54 "展开"对话框

"展开"对话框中各选项的作用如下。
- "效果持续时间"(以帧为单位):设置特效持续的帧数。
- "展开"、"压缩"和"两者皆是":用于设置展开特效的形式。
- "移动方向":方向按钮可用于设置特效的运动方向。
- "组中心转换方式":设置运动以像素为单位的 X,Y 偏移量。
- "碎片偏移":设置碎片的偏移量。
- "碎片大小更改量":用于设置碎片的大小。

(4)修改相应的参数,满意后单击"确定"按钮,完成动画。

6.3.6 投影特效

投影特效可以在选定元素下方创建阴影,操作方法如下。

(1) 新建文档。

(2) 选择"文本工具",在舞台输入文本"投影特效",设置文本颜色为"黑色",字体为"黑体",字体大小为56。

(3) 选择文本,选择菜单"插入"→"时间轴特效"→"效果"→"投影",弹出如图 6-55 所示的"投影"对话框。

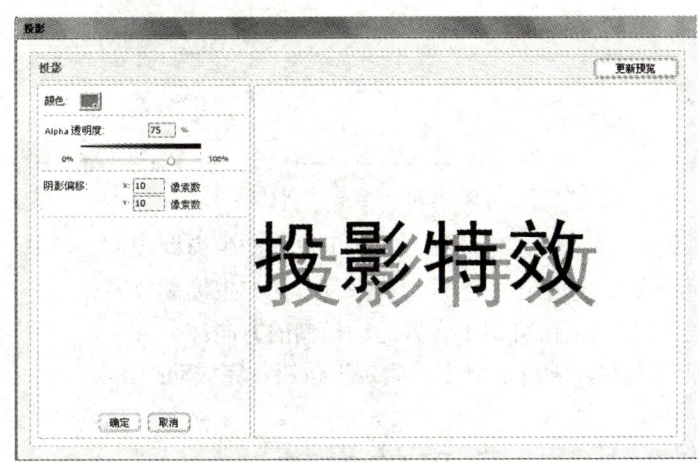

图 6-55 "投影"对话框

"投影"对话框中各选项的作用如下。

- "颜色":用于设置阴影的颜色。
- "Alpha 透明度":设置阴影的透明度。
- "阴影偏移":以像素为单位设置阴影在 X,Y 轴的偏移量。

(4) 修改相应的参数,满意后单击"确定"按钮。

6.3.7 模糊特效

模糊特效可以通过更改对象在一段时间内的 Alpha 值、位置或比例创建运动模糊特效,操作方法如下。

(1) 新建文档。

(2) 选择"文本工具",在舞台输入文本"模糊特效",设置文本颜色为黑色,字体为"黑体",字体大小为56。

(3) 选择文本"模糊特效",选择菜单"插入"→"时间轴特效"→"效果"→"模糊",弹出如图 6-56 所示的"模糊"对话框。

"模糊"对话框中各选项的作用如下。

- "效果持续时间"(以帧为单位):设置特效持续的帧数。
- "分辨率":设置模糊阴影的清晰度。数值越大,效果越好,处理速度也越慢。
- "缩放比例":设置阴影与原对象的大小比例关系。

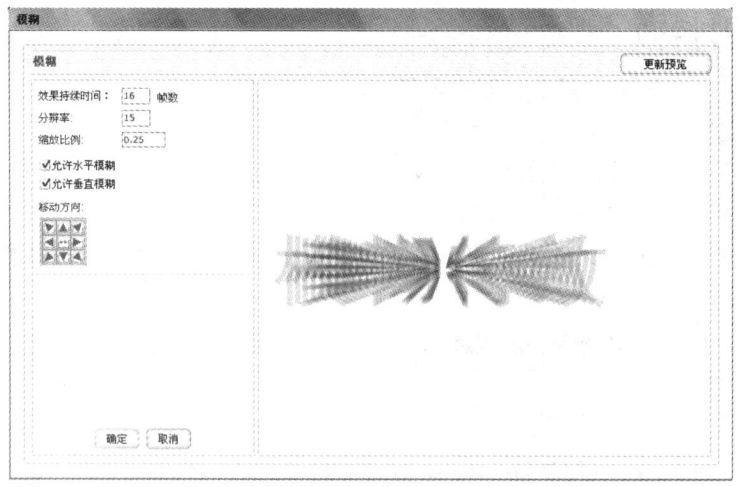

图 6-56 "模糊"对话框

- "允许水平模糊":选中该复选框,在水平方向产生模糊效果。
- "允许垂直模糊":选中该复选框,在垂直方向产生模糊效果。
- "移动方向":方向按钮可用于设置运动模糊的方向。

(4)修改相应的参数,满意后单击"确定"按钮,完成动画。

6.4 实例部分——飞来的卷轴

6.4.1 实例说明与效果预览

本实例制作一个从舞台外飞入舞台的卷轴,飞到舞台中心后卷轴打开,效果如图 6-57 所示。

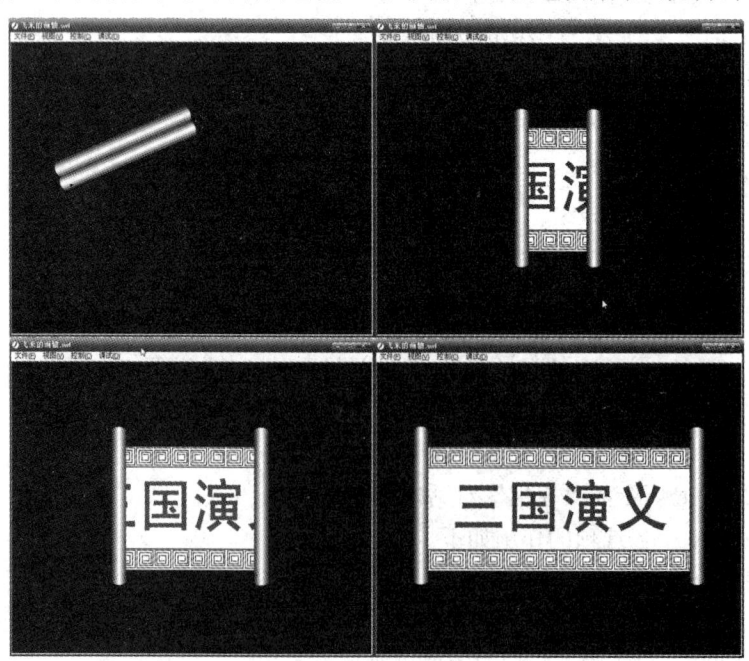

图 6-57 效果预览

6.4.2 实例分析

本实例利用制作遮罩动画的方法制作出画轴打开的效果。动画开始时的卷轴飞入是利用前面学习的创建动作补间动画的方法来实现的,在制作中要注意飞来的卷轴和卷轴打开在时间和位置上应配合好。

6.4.3 制作要点

(1)灵活运用各个工具制作图形。
(2)遮罩动画的制作。
(3)时间轴的操作。
(4)动画片段时间和位置的配合。

6.4.4 制作步骤

(1)新建一个文件。
(2)选择菜单"修改"→"文档",在弹出的"文档属性"对话框中修改文档尺寸为800×600像素,背景颜色为黑色,如图6-58所示。

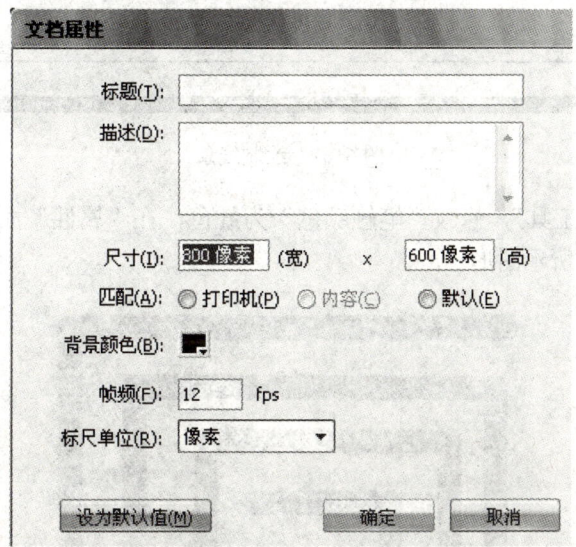

图6-58 文档属性设置

(3)双击图层1的名称,修改该图层名称为"画布",如图6-59所示。

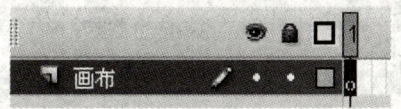

图6-59 修改图层名称

(4)选择"矩形工具",设置"笔触颜色"为无,"填充颜色"为黄色,在舞台拖动鼠标绘制一个矩形,如图6-60所示。

图 6-60 绘制矩形

（5）选择"线条工具"，按住 Shift 键拖动鼠标在上面和下面绘制两条直线，如图 6-61 所示。

图 6-61 绘制线条

（6）选择"线条工具"，修改"笔触颜色"为红色，在"属性"面板设置"笔触高度"为 5，绘制如图 6-62 所示图形。

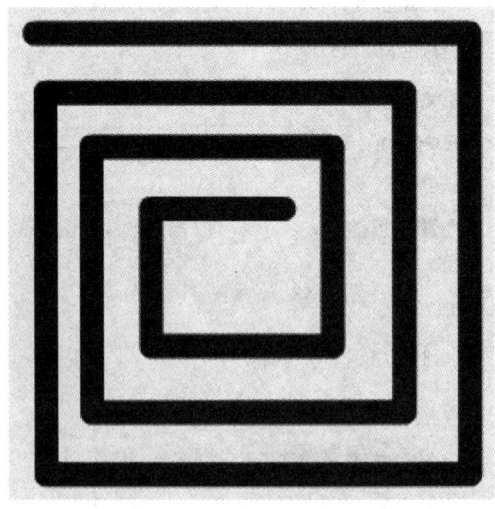

图 6-62 绘制边缘花纹

（7）选择"选择工具"，在线上单击，选中全部线条。按下 Ctrl+G 键组合图形。按 Alt 键拖动该图形，复制一个，如图 6-63 所示。

（8）选择复制出的第二个图形，执行菜单"修改"→"变形"→"水平翻转"命令，翻转该图形，如图 6-64 所示。

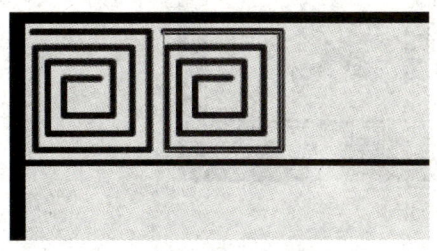 

图 6-63　复制效果　　　　　　　　　　图 6-64　翻转图形

（9）按住 Shift 键并单击这两个图形选择它们，再按下 Alt 键拖动它们，复制上、下两排，如图 6-65 所示。

图 6-65　复制后的效果

（10）选择"文本工具"，输入文本"三国演义"。在"属性"面板设置"字体"为黑体，大小为 120，如图 6-66 所示。

图 6-66　输入文本

（11）创建一个新图层，修改名称为"遮罩层"，如图 6-67 所示。

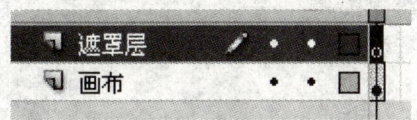

图 6-67　新建图层并更名

（12）选择"矩形工具"，设置"笔触颜色"为无，"填充颜色"为蓝色，确认当前选项区中"对象绘制"按钮 未被选择，在画面中心绘制一个矩形，如图 6-68 所示。

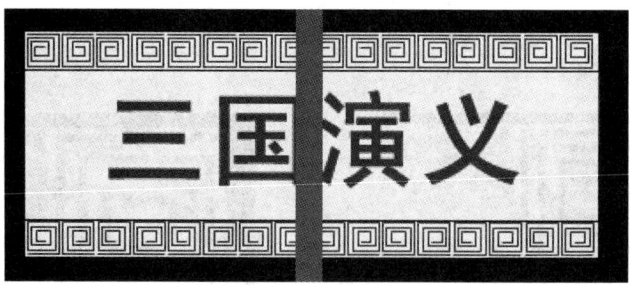

图 6-68　制作一个矩形

（13）选择"画布"层的第 40 帧，按下 F5 键插入帧。选择"遮罩层"图层的第 40 帧，按下 F6 键插入关键帧，如图 6-69 所示。

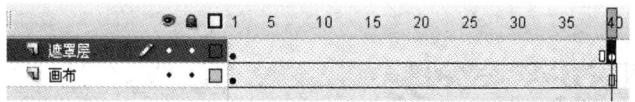

图 6-69　插入关键帧

（14）选择"遮罩层"图层的第 40 帧，选择"任意变形工具"并单击舞台中的矩形。如图 6-70 所示，拖动控制点横向放大到与"画布"层中的图形对齐，最终效果是蓝色矩形把"画布"层中的图形全部盖住，如图 6-71 所示。

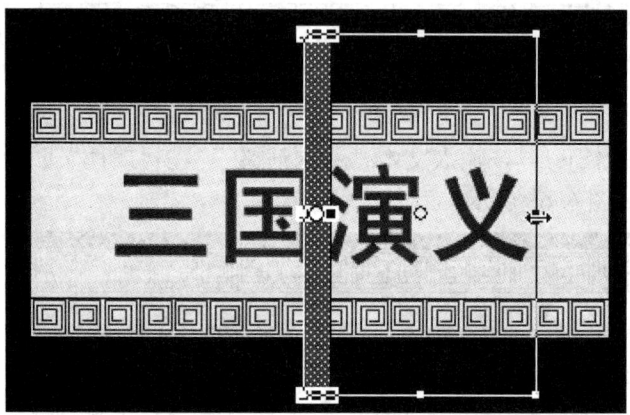

图 6-70　"任意变形工具"放大矩形

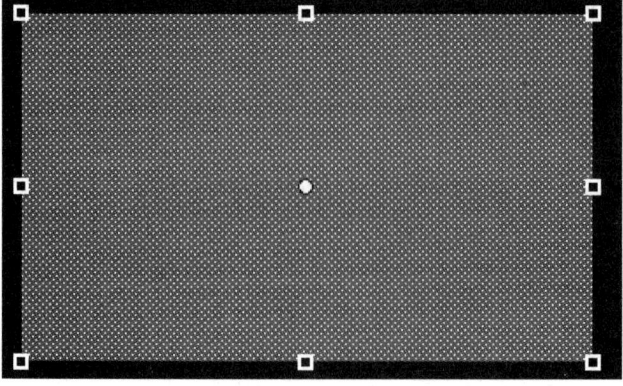

图 6-71　放大后的效果

（15）鼠标右键单击"遮罩区"层中第 1～40 帧间的任意一帧，在弹出的菜单中选择"创建补间形状"，如图 6-72 所示。

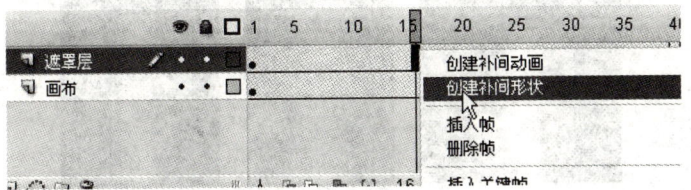

图 6-72　创建补间形状

（16）创建一个新图层，修改图层名称为"画轴左"，如图 6-73 所示。

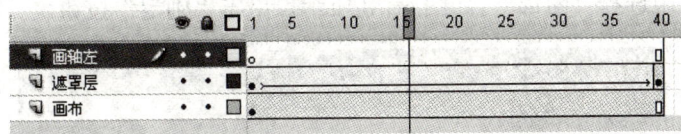

图 6-73　新建图层

（17）选择"矩形工具"，打开"颜色"面板，设置"填充颜色"为"线性"渐变，参数设置如图 6-74 所示。

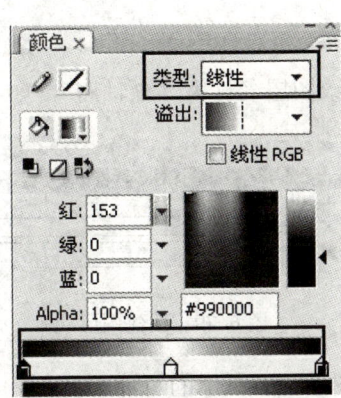

图 6-74　设置渐变色

（18）在舞台拖动鼠标绘制一个矩形作为画轴，如图 6-75 所示。
（19）隐藏"遮罩层"和"画布"图层，如图 6-76 所示。

 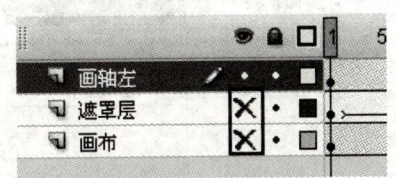

图 6-75　绘制画轴　　　　　　图 6-76　隐藏图层

（20）用"选择工具"调整矩形的两端，步骤如图6-77所示。

图6-77 调整画轴

（21）选择该矩形，按下F8键，弹出"转换为元件"对话框，在"名称"中输入"画轴"，在"类型"中选择"图形"，如图6-78所示，单击"确定"按钮。

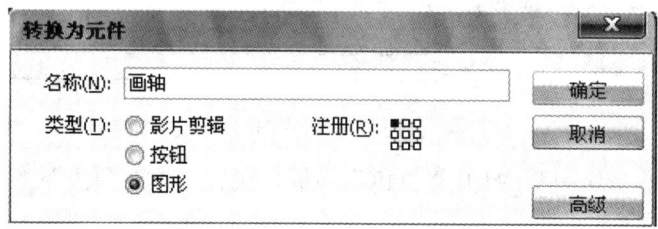

图6-78 转换元件

（22）创建一个新图层，修改图层名称为"画轴右"，如图6-79所示。

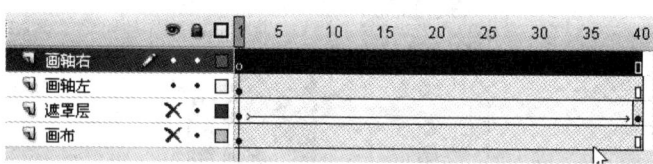

图6-79 新建图层

（23）按下F11键打开如图6-80所示的"库"面板，拖动其中的"画轴"元件到舞台中。

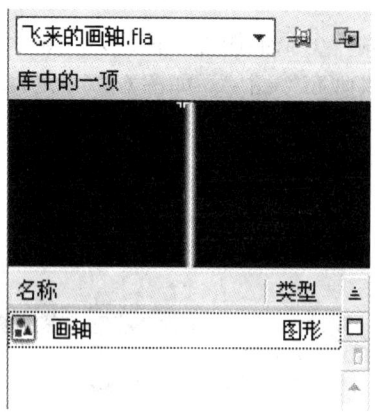

图6-80 "库"面板

（24）拖动时间轴指针到第 1 帧，取消"遮罩层"和"画布"图层的隐藏。移动"画轴左"和"画轴右"到"矩形"的左、右边缘，如图 6-81 所示。

图 6-81　第 1 帧的画面

（25）选择"画轴左"和"画轴右"图层的第 40 帧，按 F6 键插入关键帧。移动"画轴左"和"画轴右"到"矩形"的左、右边缘，如图 6-82 所示。

图 6-82　第 40 帧的画面

（26）鼠标右击"画轴左"图层第 1～40 帧间的任意帧，在弹出的快捷菜单中选择"创建补间动画"。对"画轴右"图层进行同样的操作，如图 6-83 所示。

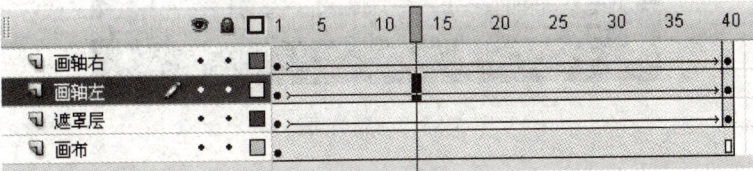

图 6-83　创建补间动画

（27）在图层"遮罩层"的名称上单击鼠标右键，在弹出的快捷菜单中选择"遮罩层"，如图 6-84 所示。时间轴如图 6-85 所示。

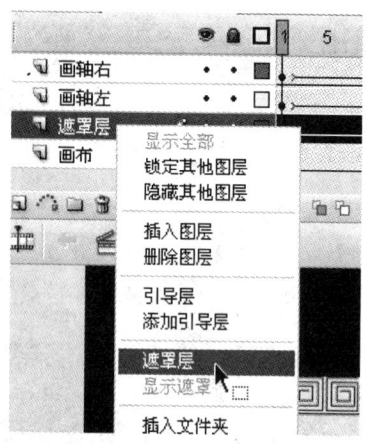

图 6-84　设置"遮罩层"

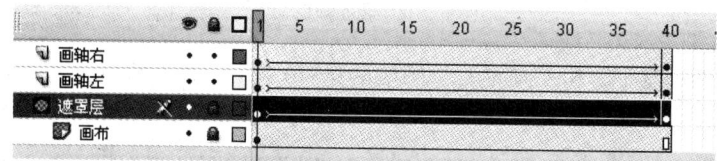

图 6-85　时间轴效果

（28）按下 Ctrl+Enter 键测试动画，效果如图 6-86 所示。

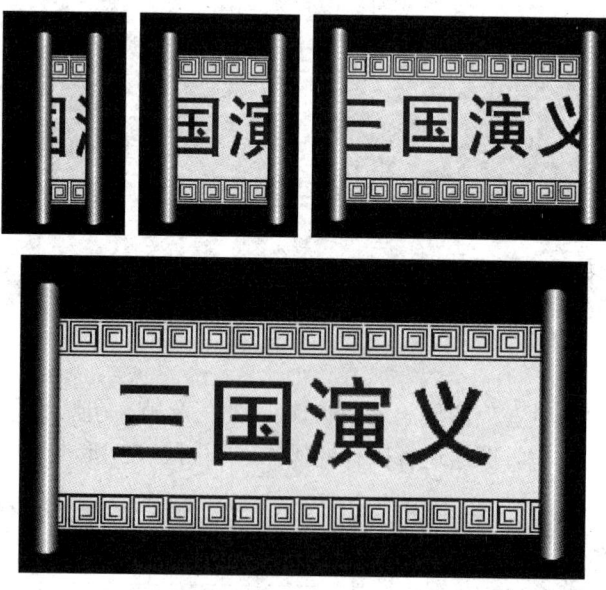

图 6-86　动画效果演示

下面在画轴打开动画的基础上继续添加画轴飞来的效果。

（29）拖动时间轴指针到第 1 帧，选择"选择工具"，按住 Shift 键的同时单击舞台中的两个画轴选择它们。按下 Ctrl+C 键复制它们，如图 6-87 所示。

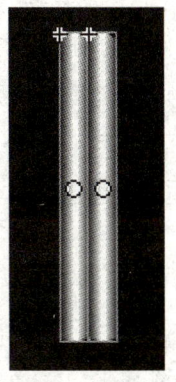

图 6-87　复制两个画轴

（30）按住 Shift 键的同时单击时间轴面板中的 4 个图层的名字，全部选择它们，如图 6-88 所示。在时间轴右侧的帧的区域单击鼠标左键，并拖动鼠标把这些帧后移 30 帧。

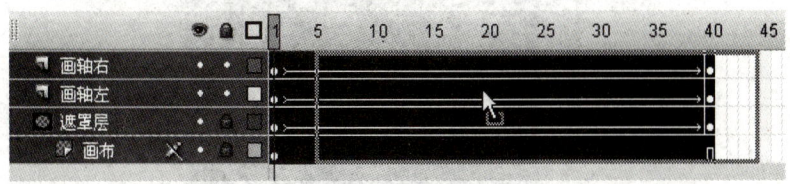

图 6-88　移动帧

（31）选择图层"画轴右"，单击时间轴面板上的"插入图层"按钮，在其上新建一层，并修改图层名称为"飞来的轴"，如图 6-89 所示。

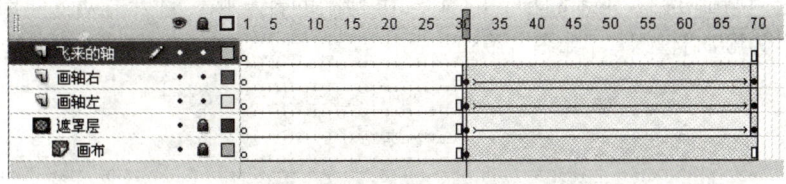

图 6-89　新建图层

（32）鼠标单击图层"飞来的轴"的第 1 帧，按下 Ctrl+Shift+V 键把刚复制的两个画轴粘贴到原处。

（33）选择粘贴来的这两个轴，按下 F8 键，弹出"转换为元件"对话框，在"名称"中输入"两个画轴"，在"类型"中选择"图形"，如图 6-90 所示，单击"确定"按钮。

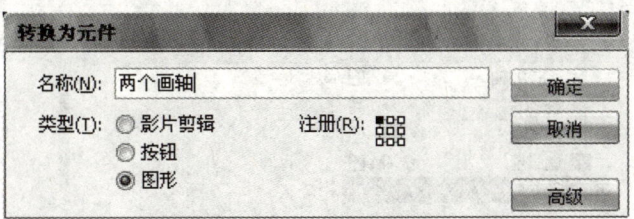

图 6-90　把两个画轴转换元件

（34）鼠标单击图层"飞来的轴"中的第 30 帧后，按下 F6 键插入关键帧。拖动鼠标选择第 31 后面的帧，在帧上单击右键，在弹出的快捷菜单中选择"删除帧"，操作后的时间轴如图 6-91 所示。

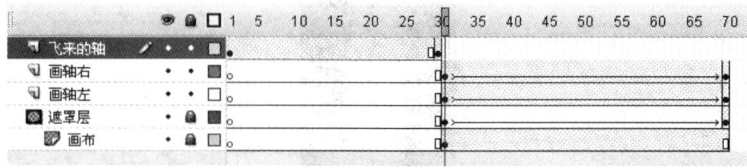

图 6-91　时间轴效果

（35）鼠标单击图层"飞来的轴"的第 1 帧，选择"选择工具"在舞台上把"两个画轴"移动到舞台左上角之外，如图 6-92 所示。在第 1～30 帧间单击鼠标右键，在弹出的快捷菜单中选择"创建补间动画"。

图 6-92　第 1 帧的画面（黑色的是舞台）

（36）鼠标单击图层"飞来的轴"的 1～30 帧间的任意帧，打开"属性"面板，修改其中的"旋转"为顺时针 1 次，如图 6-93 所示。

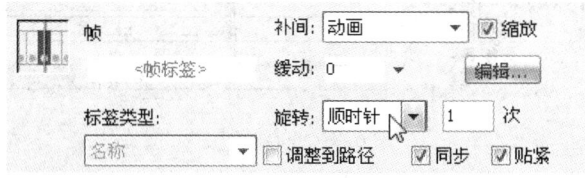

图 6-93　设置"旋转"

（37）为了让打开的画轴最终能在舞台停留一段时间，鼠标在图层"画轴左"、"画轴右"、"遮罩层"和"画布"的第 100 帧拖动鼠标选择它们，如图 6-94 所示，按下 F5 键插入帧，如图 6-95 所示。

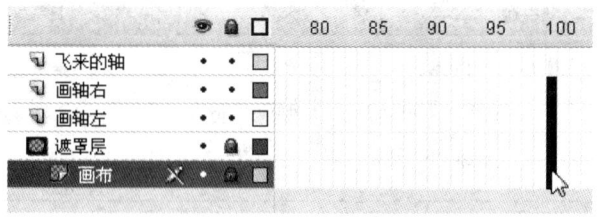

图 6-94　选择多个帧

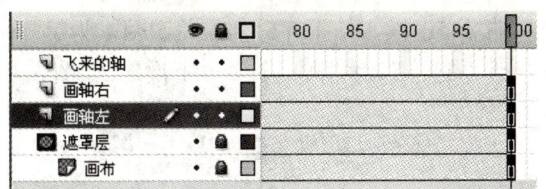

图 6-95 插入帧

（38）按下 Ctrl+Enter 键测试动画，看看飞来画轴的效果吧！

6.5 上机实战与提高

6.5.1 鲜花文字

本实例利用遮罩制作一个鲜花文字的动画，效果如图 6-96 所示。

图 6-96 效果预览

步骤提示：

（1）新建文档。

（2）修改图层 1 的名称为"花"，选择菜单"文件"→"导入"→"导入到舞台"，从弹出的"导入"对话框中导入图像文件，如图 6-97 所示。

图 6-97 导入图像

（3）选择图层"花"的第 50 帧，按下 F6 插入关键帧，为第 1~50 帧间创建动作补间动画，在"属性"面板修改"旋转"为"顺时针"、"1 次"，如图 6-98 所示。

图 6-98 设置"旋转"

（4）创建一个新图层，修改名称为"字"，在该层输入文本"玫瑰"，如图 6-99 所示。

图 6-99 输入文本

（5）设置图层"字"为遮罩层，如图 6-100 所示。按下 Ctrl+Enter 键测试动画。

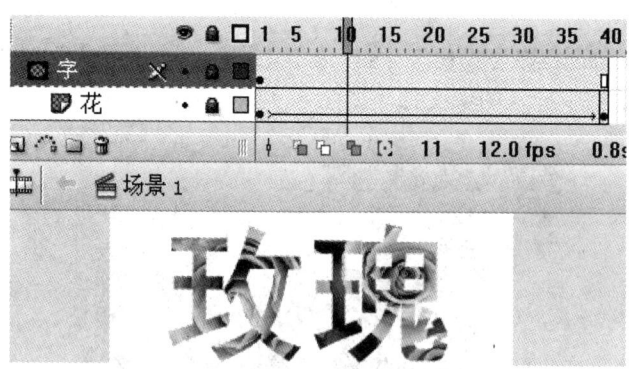

图 6-100 设置遮罩层

6.5.2 倒影动画

利用"形状补间"和"遮罩动画"，把静态图片中的水制作出动态水波荡漾的效果，如图 6-101 所示。

第 6 章 高级动画制作　　　　　　　　　　　　　　　　135

图 6-101　效果预览

步骤提示：

（1）新建文档。

（2）修改图层 1 名称为"小图"，导入一幅风景图片（一定要有水），用"任意变形工具"修改图像大小基本与舞台相同，如图 6-102 所示。

图 6-102　导入图像

（3）选择第 30 帧，按下 F5 键插入帧。

（4）创建一个新图层，修改图层名称为"变形"，在第 1 帧用"刷子工具"随意画一些波浪图形，如图 6-103 所示。

（5）在图层"变形"的第 30 帧插入空白关键帧，继续用"刷子工具"随意画一些波浪图形，与第 1 帧中的图形差别越大越好。

（6）为"变形"图层的第 1～30 帧之间创建补间形状。

图 6-103 绘制波浪图形

(7) 在"小图"图层的上面创建一个新图层,修改名称为"大图",复制"小图"图层的图像到"大图"图层中,并用"任意变形工具"把该图放大一些。

(8) 修改图层"变形"为遮罩层。

(9) 按下 Ctrl+Enter 键测试动画。

6.6 思考与练习

1. Flash 中有_____和_____两种特殊图层。
2. Flash 中引导层中的内容只作为_____,在动画显示效果中不显示。
3. Flash 中遮罩层动画允许有_____个遮罩层和_____个被遮罩层。
4. 遮罩层上的遮罩物可以是_____、_____、_____和文本等。_____不能做遮罩物。
5. 遮罩效果只与遮罩物的_____有关,与它的_____、_____、_____等属性无关。
6. 在 Flash 中将当前图层转换为遮罩层后,该图层的图标变为_____图标,其下方图层的图标变为____形状,两者之间相互链接,且遮罩层与被遮罩层都被锁定。
7. 简述引导层的创建方法,以及如何取消引导层。

第 7 章　元件、实例和库的使用

元件是指在 Flash 中创建的图形、按钮或影片剪辑，并可以包含从其他应用程序中导入的插图。元件的优点是只需要创建一次，就可以在整个文档或其他文档中重复使用该元件。

实例是指位于舞台上或嵌套在另一个元件内的元件副本。实例可以与它的元件在颜色、大小和功能上有差别。编辑元件会更新它的所有实例，但对元件的一个实例应用效果则只更新该实例。

在文档中使用元件可以显著减小文件的大小。保存一个元件的几个实例比保存该元件内容的多个副本占用的存储空间小。使用元件还可以加快 SWF 文件的回放速度，因为元件只需下载到 Flash Player 中一次。

创建的任何元件都会被自动放到当前文档的库中，在"库"面板可以完成使用和管理元件的工作。

每个元件都有一个唯一的时间轴、舞台及图层。可以将帧、关键帧和图层添加至元件时间轴，就像可以将它们添加到主时间轴一样。

创建元件时需要选择元件类型，Flash 中的元件包括 3 种，即图形、按钮和影片剪辑。

7.1 基础部分——图形元件的使用

图形元件可用于静态图像，并可用来创建连接到主时间轴的可重用动画片段。

7.1.1 图形元件的创建

图形元件与主时间轴同步运行。前面用到的创建动作补间的很多例子就是利用静态图形元件的功能，下面通过具体实例来学习运用图形元件制作动画片段的方法。

【操作实例 7-1】　图形元件与主时间轴同步的效果

（1）新建文档。

（2）选择菜单"插入"→"新建元件"，或按 Ctrl+F8 键，打开如图 7-1 所示的"创建新元件"对话框，在"名称"中输入"变换"作为这个元件的名称，在"类型"中选择"图形"，单击"确定"按钮。这时元件的名称会出现在舞台的左上角，表示当前是元件编辑状态，并有一个十字表示该元件的注册点，如图 7-2 所示。

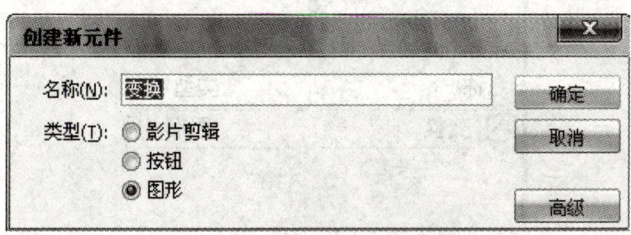

图 7-1　新建元件"变换"

图 7-2 元件编辑状态

（3）在元件中，利用前面学习过制作动画的方法，用形状补间制作一个 15 帧的动画。在第 1 帧用"文本工具"输入"1"，选择它按 Ctrl+B 键分离，在第 15 帧插入空白关键帧，用"文本工具"输入"2"，同样选择"2"并按 Ctrl+B 键分离。在第 1 帧至第 15 帧间单击鼠标右键，在弹出的快捷菜单中选择"创建补间形状"，如图 7-3 所示。

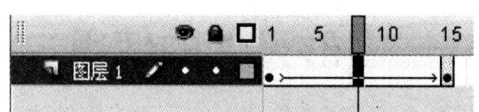

图 7-3 创建补间形状

（4）此时元件创建好了，单击舞台左上方的"场景名称"按钮 回到场景。

（5）选择菜单"窗口"→"库"，或按下 Ctrl+L 键，打开"库"面板，这时会看到库中有了刚制作的元件"变换"，如图 7-4 所示。

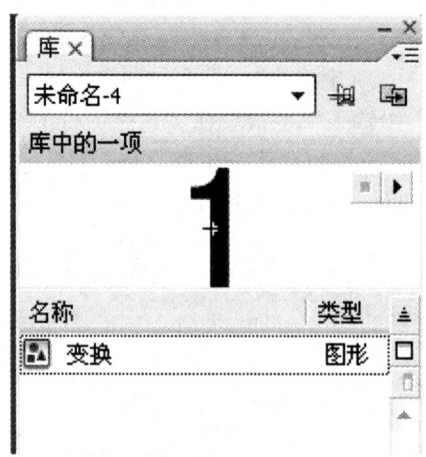

图 7-4 "库"面板

（6）把元件"变换"拖动到舞台上，这时就为该元件创建了一个实例。

（7）按下 Ctrl+Enter 键测试动画，看到动画只显示图形元件的第 1 帧，即动画的画面只显示"1"。

（8）在场景中选择第 5 帧按下 F5 键插入帧，再次按下 Ctrl+Enter 键测试动画。这次可以看到有动画显示了，但是不能显示刚制作的元件的全部动画，只显示前 5 帧，这就是图形元件的特点，即图形元件与主时间轴是同步运行的。由于图形元件是 15 帧，如果要看到全部的动画，所以在场景中也要插入 15 帧。

7.1.2 典型实例——气泡

（1）新建文档，修改背景色为淡蓝色。

（2）选择"椭圆工具"，设置"笔触颜色"为白色，"填充颜色"为无，在舞台上拖动鼠标绘制一个圆，选择"刷子工具"，设置"填充颜色"为白色，选择合适的刷子大小，绘制如图 7-5 所示的气泡。

（3）选择气泡，按下 F8 键，弹出如图 7-6 所示的"转换为元件"对话框，在"名称"中输入"气泡"作为这个元件的名称，在"类型"中选择"图形"，单击"确定"按钮。

图 7-5 绘制气泡

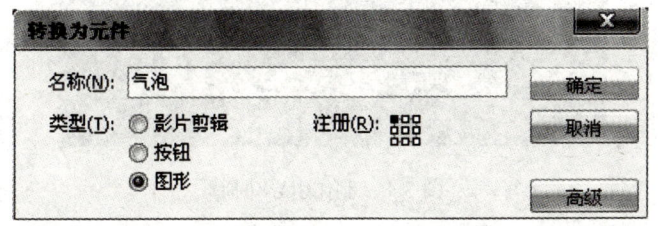

图 7-6 转换为元件

（4）按下 Ctrl+F8 键，再建立一个新元件。打开"创建新元件"对话框，在"名称"中输入"气泡上升 1"作为这个元件的名称，在"类型"中选择"图形"，，如图 7-7 所示，单击"确定"按钮。

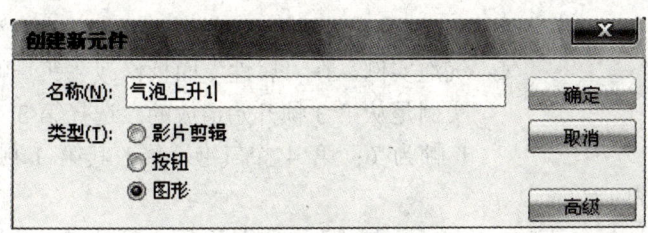

图 7-7 新建元件"气泡上升 1"

（5）这时就进入了元件"气泡上升 1"的编辑状态。修改元件第 1 层的名称为"泡"。按下 Ctrl+L 键打开"库"面板，把"库"中的元件"气泡"拖动到舞台中。

（6）单击时间轴面板的"添加运动引导层"按钮，选择"铅笔工具"绘制一条曲线作为气泡上升的路径。选择第 15 帧，按下 F5 键插入帧。

（7）选择图层"泡"，选择第 15 帧，按下 F6 键插入关键帧，在第 1～15 帧之间创建动作补间动画。

（8）把第 1 帧的气泡移动到引导线的底端，如图 7-8 所示。第 15 帧的气泡移动到线的顶端，并选择"任意变形工具"把气泡放大一点，打开"属性"面板，修改"Alpha"为 0。

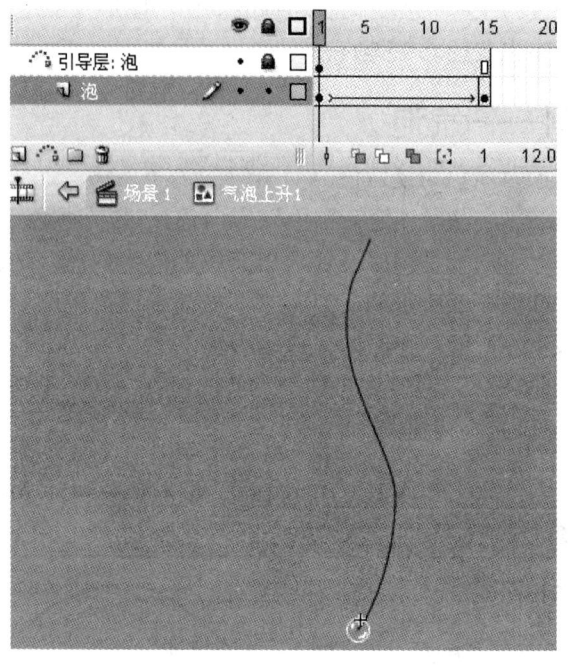

图 7-8　制作引导动画

（9）按下 Ctrl+F8 键，建立一个新元件。打开"创建新元件"对话框，在"名称"中输入"气泡串"作为这个元件的名称，在"类型"中选择"图形"，单击"确定"按钮。

（10）进入元件"气泡串"的编辑状态。按下 Ctrl+L 键打开"库"面板，把"库"中的元件"气泡上升 1"拖动到舞台中，一共拖动 5 个并排放置，如图 7-9 所示。

图 7-9　舞台上的 5 个气泡实例

（11）选择第 15 帧，按下 F5 键插入帧。选择第 2 个气泡实例，在"属性"面板修改"第一帧"为 3，即这个实例是从第 3 帧开始播放的。选择第 3 个气泡，修改其第 1 帧为 6；第 4 个气泡，修改其第 1 帧为 9；第 5 个气泡，修改其第 1 帧为 12。

（12）按下 Ctrl+A 键选择这 5 个气泡，按下 Ctrl+K 键，打开"对齐"面板，选择"相对于舞台"、并单击"水平中齐"和"垂直中齐"。按下 Enter 键预览一下，得到流畅的一串气泡，如图 7-10 所示。

（13）单击舞台左上方的"场景名称"按钮 回到场景，把舞台上的"气泡"删除，从库中拖动若干个"气泡串"元件到舞台上。因为是图形元件，它是与主时间轴同步运行的，这时按下 Ctrl+Enter 键，气泡是不动的。选择第 15 帧，按下 F5 键插入帧，就可以看到源源不断的气泡了。

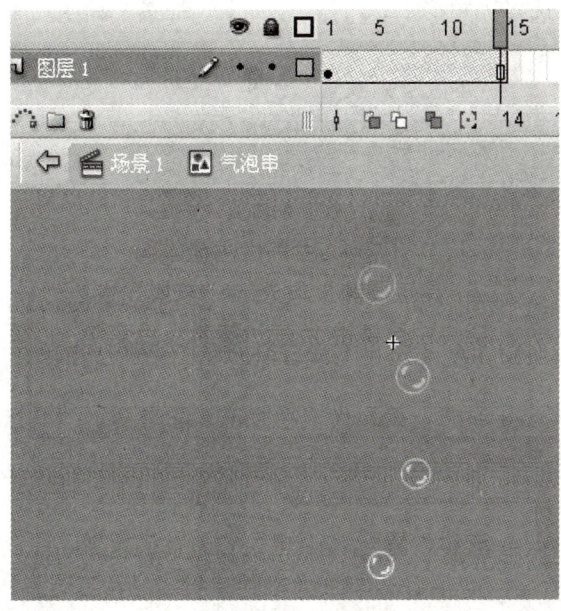

图 7-10 播放效果

7.2 基础部分——影片剪辑的使用

使用影片剪辑元件可以创建可重用的动画片段。与图形元件不同的是，影片剪辑拥有独立于主时间轴的多帧时间轴。

7.2.1 影片剪辑的创建

影片剪辑是独立于主时间轴运行的。下面通过具体实例来学习运用影片剪辑制作动画片段的方法。

【操作实例 7-2】 影片剪辑元件独立于主时间轴的效果

（1）新建文档。

（2）选择菜单"插入"→"新建元件"，或按下 Ctrl+F8 键，打开"创建新元件"对话框，在"名称"中输入"旋转"作为这个元件的名称，在类型中选择"影片剪辑"，单击"确定"按钮，如图 7-11 所示。

图 7-11 新建元件"旋转"

(3) 这时元件的名称会出现在舞台的左上角，表示当前是元件编辑状态，有一个十字表示该元件的注册点。选择"矩形工具"，绘制一个矩形条，如图 7-12 所示。

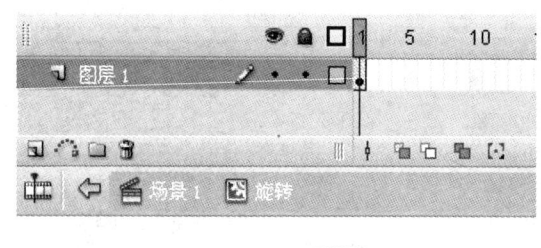

图 7-12 绘制矩形条

(4) 对这个矩形制作动作补间的动画。选择矩形，按下 F8 键，弹出"转换为元件"对话框，在"类型"中选择"图形"，在"名称"中输入"矩形条"，单击"确定"按钮，如图 7-13 所示。

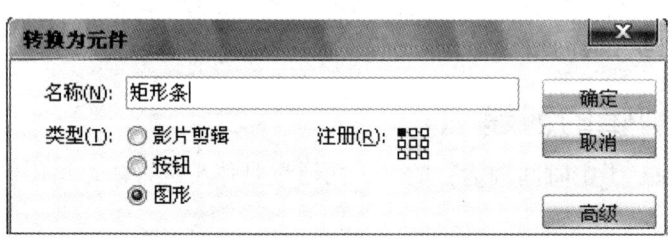

图 7-13 "转换为元件"对话框

(5) 在元件中制作动画与前面学习的在场景中制作动画的方法没有任何区别。选择第 20 帧，按下 F6 键插入关键帧，在第 1～20 帧之间单击鼠标右键，在弹出的快捷菜单中选择"创建补间动画"，并在"属性"面板设置"旋转"为"顺时针 1 次"，如图 7-14 所示。

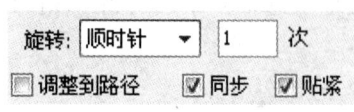

图 7-14 设置补间动画的旋转

(6) 单击舞台左上方的"场景"名称按钮  回到主场景。

(7) 选择菜单"窗口"→"库"，或按下 Ctrl+L 键，打开"库"面板，这时看到库中有两个元件"矩形条"和"旋转"，两个元件类型和图标都是不同的，一个是图形元件，一个是影片剪辑元件，如图 7-15 所示。

第 7 章 元件、实例和库的使用

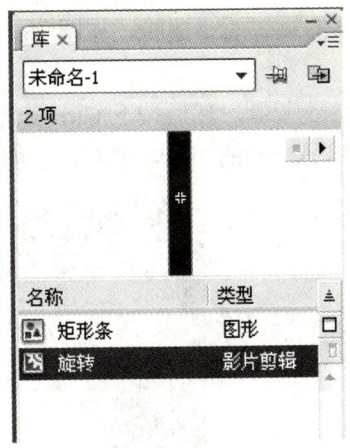

图 7-15 "库"面板

（8）把影片剪辑"旋转"拖动到舞台上，为该元件创建一个实例。

（9）按下 Ctrl+Enter 键测试动画，可以看到不断旋转的矩形。这时场景虽然只有 1 帧，可是由于影片剪辑的播放是独立于主时间轴，元件中的动画是能够播放的，这点与前面学习的"图形"元件有根本的区别。

7.2.2 典型实例——蝴蝶飞舞

（1）新建文档，修改背景色为淡蓝色。

（2）选择"椭圆工具"，设置"笔触颜色"为粉色，"填充颜色"为黄色，在"属性"面板中单击"自定义"按钮，在弹出的"笔触样式"对话框中做如图 7-16 所示的设置。

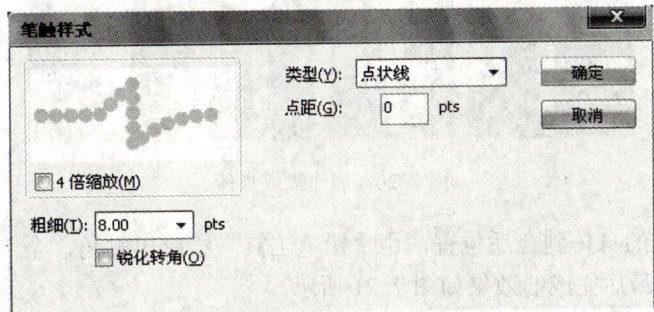

图 7-16 设置笔触样式

（3）在舞台拖动鼠标绘制一个圆并用"选择工具"反复调整成蝴蝶的翅膀，如图 7-17 所示。

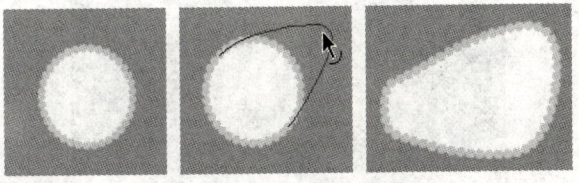

图 7-17 制作蝴蝶翅膀

（4）用同样的方法绘制出下面蝴蝶的小翅膀，如图 7-18 所示。全部选择，按 Ctrl+G 键，组合它们。

（5）选择翅膀，按下 Ctrl+C 键复制，然后按下 Ctrl+V 粘贴。选择菜单"修改"→"变形"→"水平翻转"，水平翻转出另一侧的翅膀，调整位置如图 7-19 所示。

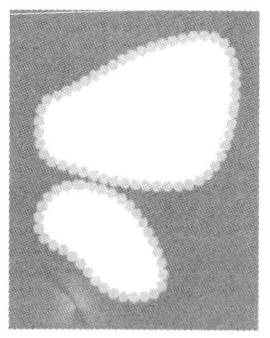

图 7-18 制作蝴蝶翅膀　　　　　　图 7-19 水平翻转出另一侧的翅膀

（6）选择"椭圆工具"，设置"笔触颜色"为无，"填充颜色"为白色，拖动鼠标绘制蝴蝶的身体，并用"选择工具"进行调整，用"刷子工具"点出两个眼睛，制作过程如图 7-20 所示。

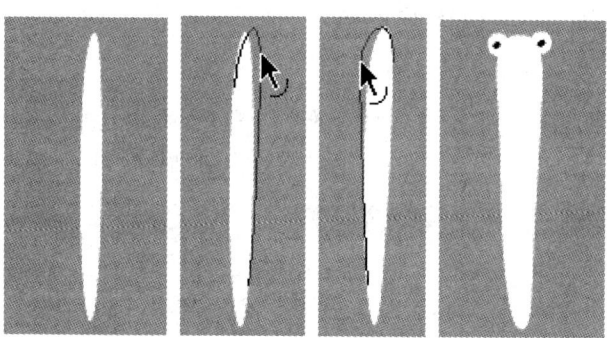

图 7-20 制作蝴蝶身体

（7）移动蝴蝶的身体到合适位置，用"铅笔工具"绘制出触角，全部选中，按 Ctrl+G 键组合全部图形，最后完成的效果如图 7-21 所示。

图 7-21 完成的蝴蝶

(8) 选择绘制好的蝴蝶，按下 F8 键，弹出"转换为元件"对话框，在"名称"中输入"蝴蝶"，在"类型"中选择 "影片剪辑"，单击"确定"按钮，如图 7-22 所示。

图 7-22 转换元件"蝴蝶"

(9) 这时蝴蝶转换为影片元件，双击蝴蝶，进入元件编辑状态。元件"蝴蝶"的名称会出现在舞台的左上角，表示当前是元件编辑状态，并有一个十字表示该元件的注册点，如图 7-23 所示。

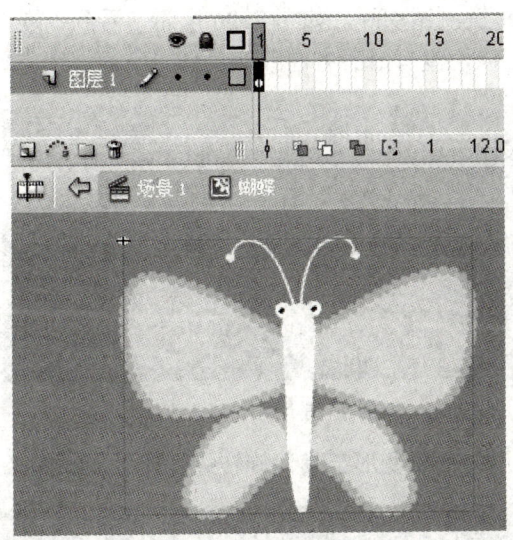

图 7-23 编辑蝴蝶元件

(10) 选择第 3 帧，按下 F6 键插入关键帧，把第 3 帧的蝴蝶图形利用"任意变形工具"横向缩小一些，选择第 4 帧，按下 F5 键插入帧，如图 7-24 所示。

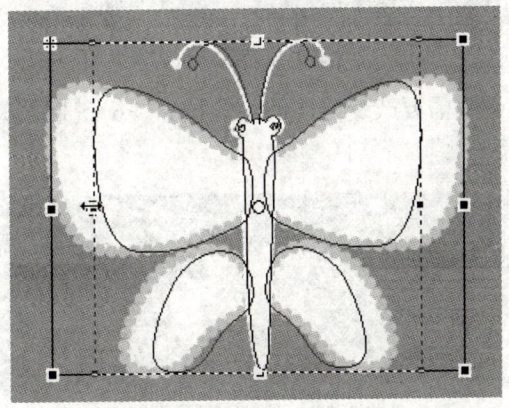

图 7-24 第 3 帧缩小蝴蝶

（11）此时元件创建好了，单击舞台左上方的"场景名称"按钮 ![场景1] 回到场景。场景中的蝴蝶如果太大了，可以用"任意变形工具"缩小。

（12）选择第 30 帧按下 F6 键插入关键帧，为第 1～30 帧创建动作补间动画，如图 7-25 所示。

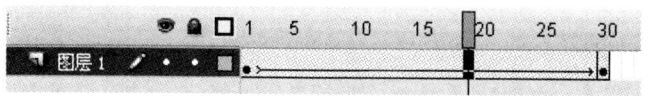

图 7-25　创建动作补间动画

（13）单击"时间轴"面板的"添加引导层"按钮，添加一个引导层。

（14）选择"铅笔工具"，在引导层绘制一条曲线。

（15）选择蝴蝶层的第 1 帧，把蝴蝶移动到线的左端。选择第 30 帧，把蝴蝶移动到线的右端。在移动时，蝴蝶的中心会有一个小圆圈，拖动这个圆圈并对准引导线的两端。

（16）按下 Ctrl+Enter 键测试动画，如图 7-26 所示。看到蝴蝶沿着固定轨迹运动飞行。但是蝴蝶始终都朝一个方向，没有沿着方向改变身体。下面继续完善这个动画。

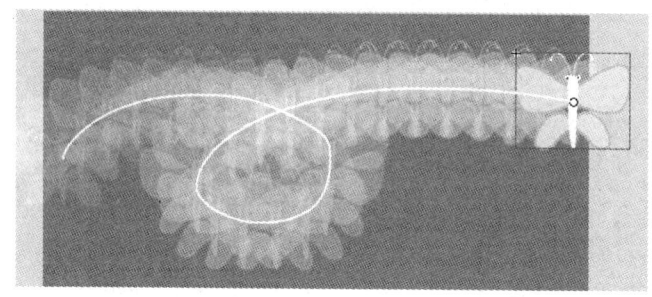

图 7-26　制作引导动画

（17）选择第 1 帧，用"任意变形工具"旋转蝴蝶，效果如图 7-27 所示。

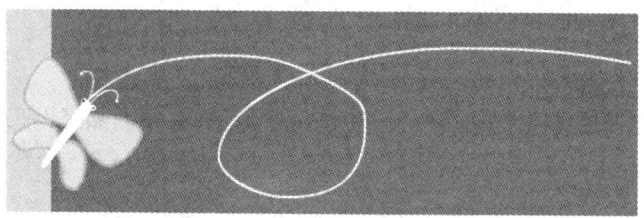

图 7-27　第 1 帧蝴蝶的位置和角度

（18）拖动指针，在蝴蝶需要改变方向的位置按下 F6 键插入关键帧，用同样的方法调整角度，如图 7-28 所示。

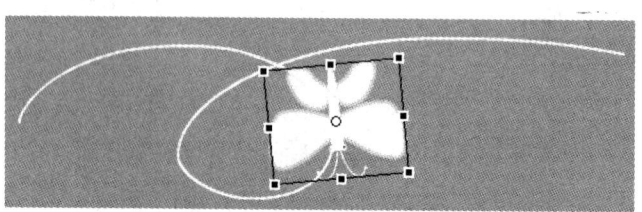

图 7-28　不同位置的蝴蝶

（19）根据运动轨迹，用同样的方法增加一些关键帧来调整动画，最终的时间轴如图 7-29 所示。

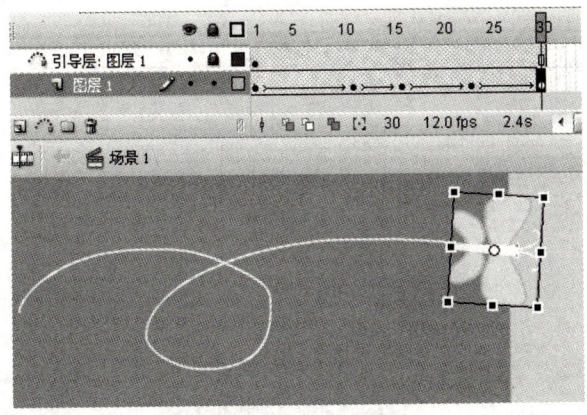

图 7-29　完成后的时间轴

7.3　基础部分——按钮的使用

使用按钮元件可以创建用于响应鼠标单击、滑过或其他动作的交互式按钮，是制作交互动画的基础。

7.3.1　按钮元件的创建

按钮实际上是一个四帧的交互影片剪辑。当创建一个按钮元件时，Flash 会创建一个包含四帧的时间轴。前三帧显示按钮的三种可能状态，第四帧定义按钮的活动区域。时间轴实际上并不播放，它只是对指针运动和动作做出反应，跳转到相应的帧。

- 第 1 帧是弹起状态，代表指针没有经过按钮时该按钮的外观。
- 第 2 帧是指针经过状态，代表指针移动到按钮上时该按钮的外观。
- 第 3 帧是按下状态，代表单击按钮时该按钮的外观。
- 第 4 帧是点击状态，定义响应鼠标单击的区域。它在动画播放和 SWF 文件中是不可见的。

【操作实例 7-3】　创建按钮

（1）新建文档。

（2）选择菜单"插入"→"新建元件"，或按下 Ctrl+F8 键，打开如图 7-30 所示的"创建新元件"对话框，在"名称"中输入"圆形按钮"作为这个元件的名称，在"类型"中选择"按钮"，单击"确定"按钮。

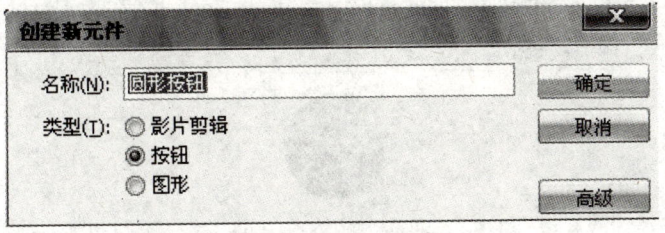

图 7-30　新建按钮元件"圆形按钮"

（3）这时元件的名称会出现在舞台的左上角，表示当前是该按钮元件的编辑状态，并有一个十字表示该元件的注册点。选择"椭圆工具"，绘制一个圆，如图 7-31 所示。

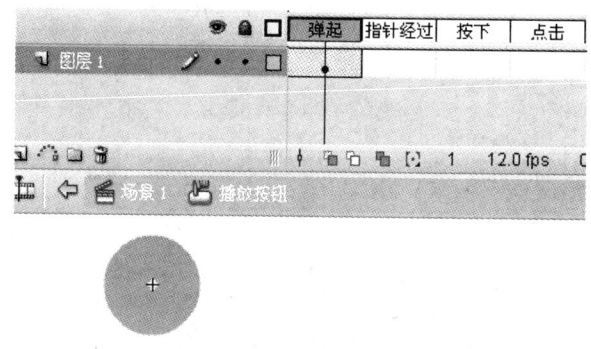

图 7-31　绘制图

（4）在"时间轴"上，可以看到带有名称的 4 个帧，分别是：弹起、指针经过、按下和点击，它们就代表按钮的 4 种状态。

按钮元件的时间轴上的每一帧都有一个特定的功能。

（5）在"颜色"面板选择放射状渐变类型，颜色为白→红，选择"油漆桶"工具单击圆形，得到一个红色球体，如图 7-32 所示。

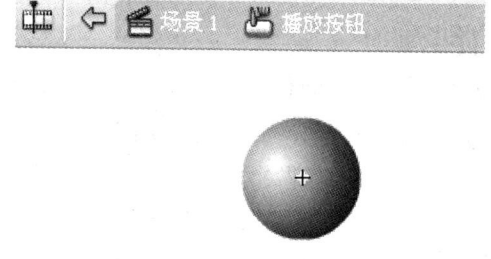

图 7-32　填充圆形

（6）在"指针经过"帧上右击，在弹出的快捷菜单中选择"插入关键帧"。

（7）在"颜色"面板修改渐变颜色为白→蓝，选择"油漆桶"工具单击圆形，得到一个蓝色球体，如图 7-33 所示。

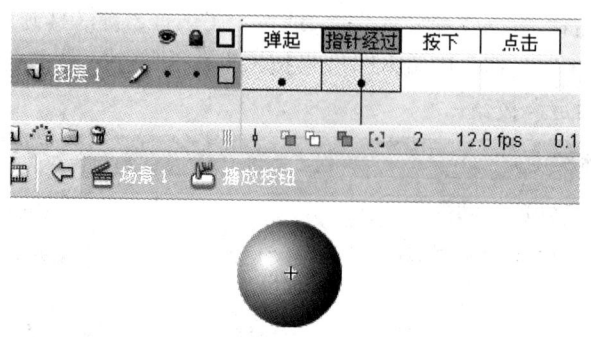

图 7-33　指针经过的效果

(8) 同样,选择"按下"帧,按下 F6 键插入关键帧,修改圆的颜色为白→绿。在"点击"帧插入关键帧,因为它只是定义区域,颜色不用作修改。

(9) 按钮的制作就完成了,单击舞台左上角的"场景 1"返回场景,如图 7-34 所示。

图 7-34 返回主场景

(10) 按下 F11 键,打开如图 7-35 所示的"库"面板,从"库"中将按钮元件拖动到舞台上。

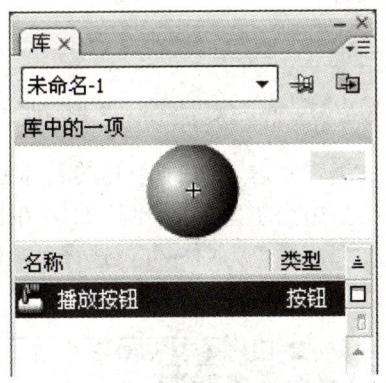

图 7-35 "库"面板

(11) 按下 Ctrl+Enter 键测试动画,分别查看鼠标移到按钮上、单击和离开时按钮的变化。

7.3.2 典型实例——聚焦按钮

(1) 新建文档,选择菜单"修改"→"文档",在弹出的"文档属性"对话框中修改文档背景颜色为淡蓝色,如图 7-36 所示。

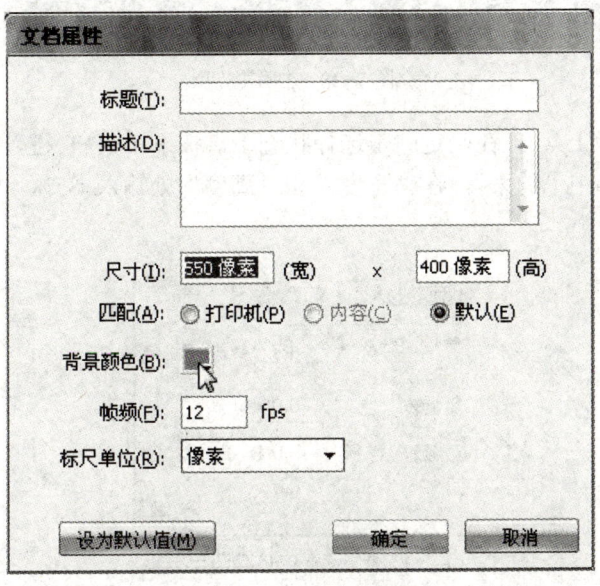

图 7-36 设置文档属性

（2）选择菜单"插入"→"新建元件"，或按下 Ctrl+F8 键，打开"创建新元件"对话框，在"名称"中输入"聚焦按钮"作为这个元件的名称，在"类型"中选择"按钮"，单击"确定"按钮，如图 7-37 所示。

图 7-37　新建按钮元件"聚集按钮"

（3）这时进入该按钮元件的编辑状态。在图层 1 的名称上双击，修改名称为"图形"，选择"椭圆工具"，打开工具箱选项区的"对象绘制"，在舞台上绘制一个正圆。在"颜色"面板选择"放射状"渐变类型，颜色为白→红，选择"油漆桶"工具单击圆形，得到一个红色球体，如图 7-38 所示。

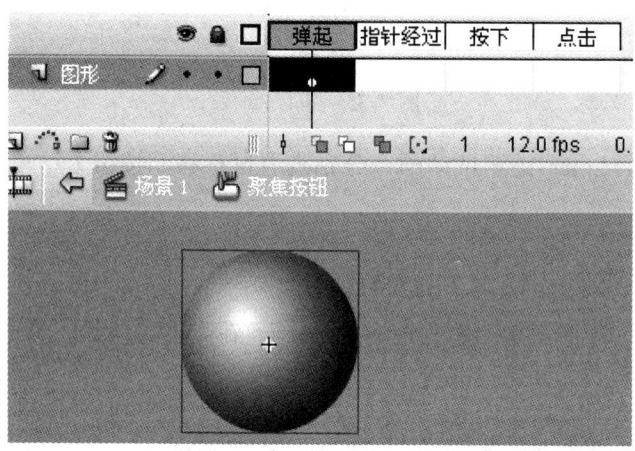

图 7-38　制作按钮

（4）选择"选择工具"，在确定圆是选择状态下，按下 Ctrl+T 键，弹出如图 7-39 所示的"变形"面板，选中"约束"，在"宽度"和"高度"处输入 85%，单击"复制并应用变形"按钮两次。

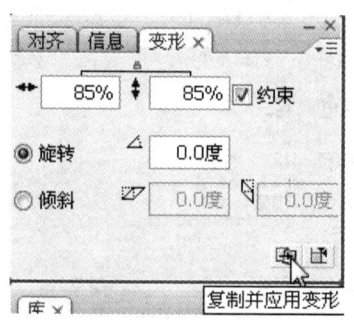

图 7-39　"变形"面板

（5）复制出两个圆球，它们都重叠在一起，用"选择工具"把它们移开，效果如图 7-40 所示。

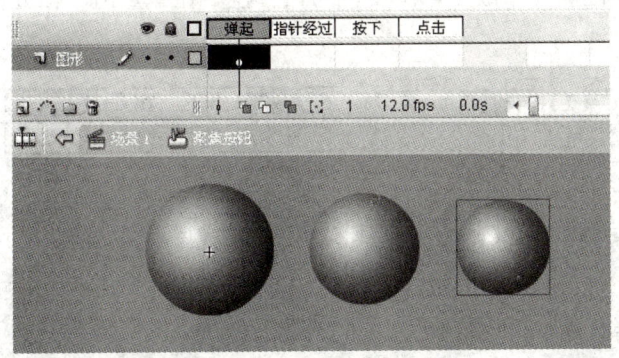

图 7-40 复制的球体

（6）选择中间的红球，用"任意变形工具"把它旋转 180°，如图 7-41 所示。

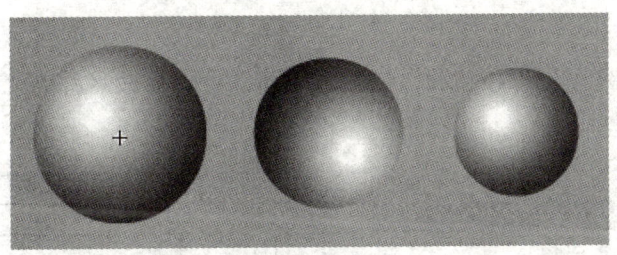

图 7-41 旋转后的效果

（7）选择"选择工具"，框选三个红球，按 Ctrl+K 键，在右侧弹出"对齐"面板，选中"相对于舞台"，单击"垂直中齐"和"水平中齐"，如图 7-42 所示。

（8）三个红球重合在一起，效果如图 7-43 所示。

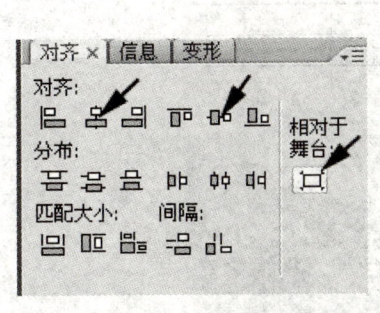

图 7-42 "对齐"面板

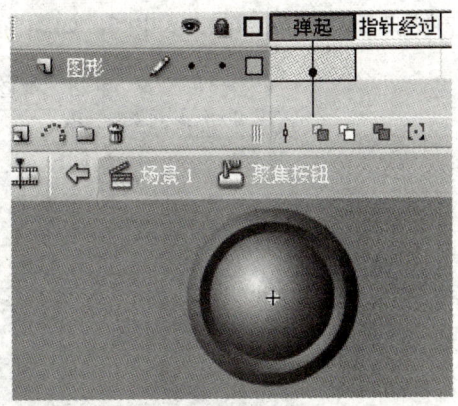

图 7-43 完成后的按钮弹起状态

（9）在"颜色"面板修改"放射状"渐变色为白→灰，选择"油漆桶工具"，在最上面的小球上单击，改变它的填充色。

（10）选择"指针经过"帧，按下 F6 键插入关键帧，在"颜色"面板修改"放射状"渐变色为白→绿，选择"油漆桶工具"，在最上面的小球上单击，改变它的填充色。同样在"按下"处插入关键帧，修改小球渐变色为白→蓝。在"点击"帧处插入帧，如图 7-44 所示。

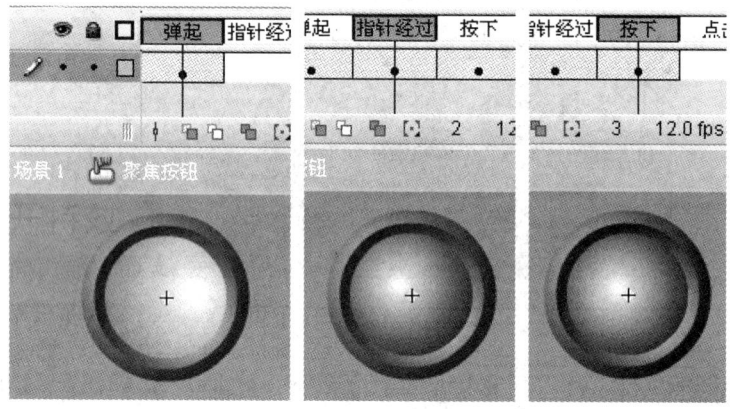

图 7-44　按钮的三个状态

（11）单击"新建图层"按钮，创建一个新图层，修改名称为"效果"，如图 7-45 所示。

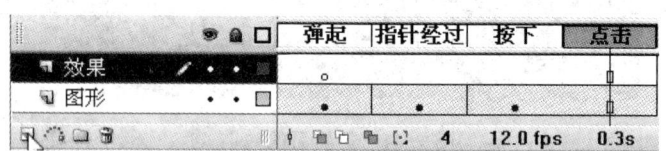

图 7-45　新建图层"效果"

（12）选择"效果"图层，选择"指针经过"帧，按下 F7 键插入空白关键帧，选择"椭圆工具"，设置"笔触颜色"为白色，"填充颜色"为无，按住 Shift 键绘制一个正圆，大小基本和前面制作的最大的红球相同，如图 7-46 所示。

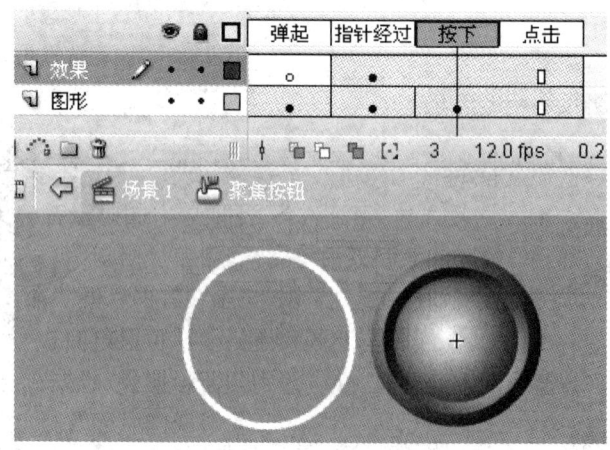

图 7-46　绘制圆圈

(13) 选择绘制好的白色圆圈，按 F8 键，弹出"转换为元件"对话框，在"名称"中输入"聚焦圈"，在"类型"中选择"影片剪辑"，单击"确定"按钮，如图 7-47 所示。这样就把"效果"图层"指针经过"帧的圆圈转换成为影片元件。

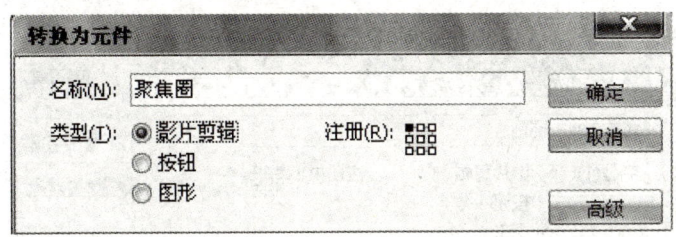

图 7-47 转换元件"聚集圈"

(14) 按下 F11 键，打开"库"面板，在里面找到元件"聚焦圈"，如图 7-48 所示。

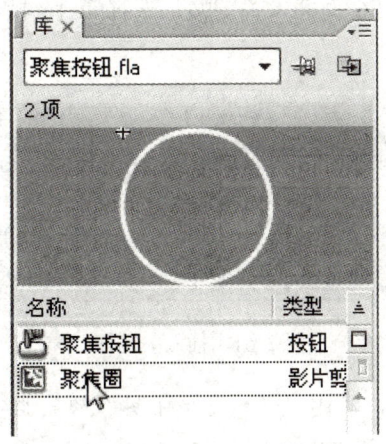

图 7-48 "库"面板

(15) 用鼠标双击影片剪辑元件"聚焦圈"，进入该元件的编辑状态，如图 7-49 所示。

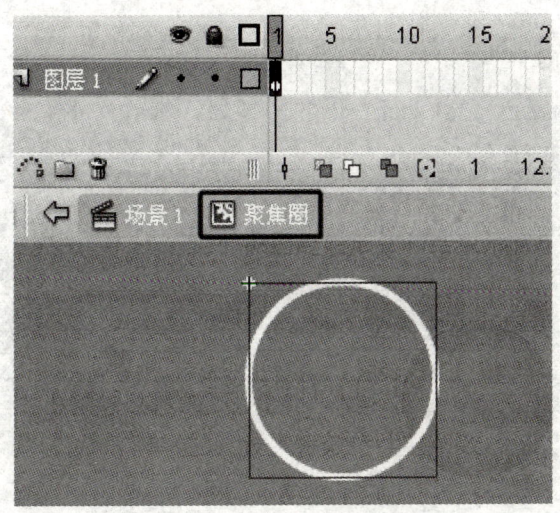

图 7-49 编辑"聚集圈"元件

(16）下面创建圆圈缩放的动画效果。为了能创建动作补间动画，再次选择圆圈，按 F8 键，弹出"转换为元件"对话框，在"名称"中输入"圆圈"，在"类型"中选择"图形"，单击"确定"按钮，如图 7-50 所示。这样就在影片元件"聚焦圈"中包含一个图形元件"圆圈"。

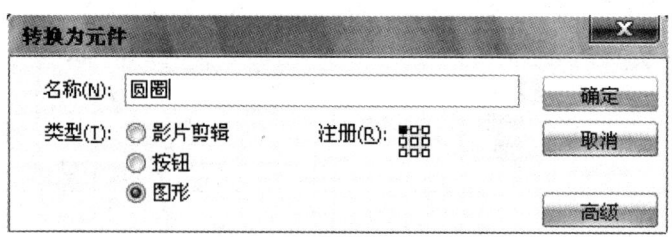

图 7-50 转换元件"圆圈"

（17）选择第 8 帧，按下 F6 键插入关键帧，选择第 16 帧，按下 F6 键插入关键帧，如图 7-51 所示。

图 7-51 插入关键帧

（18）拖动指针到第 8 帧，利用"任意变形工具"放大舞台上的圆圈，在"属性"面板修改"Alpha"为 0%，如图 7-52 所示。

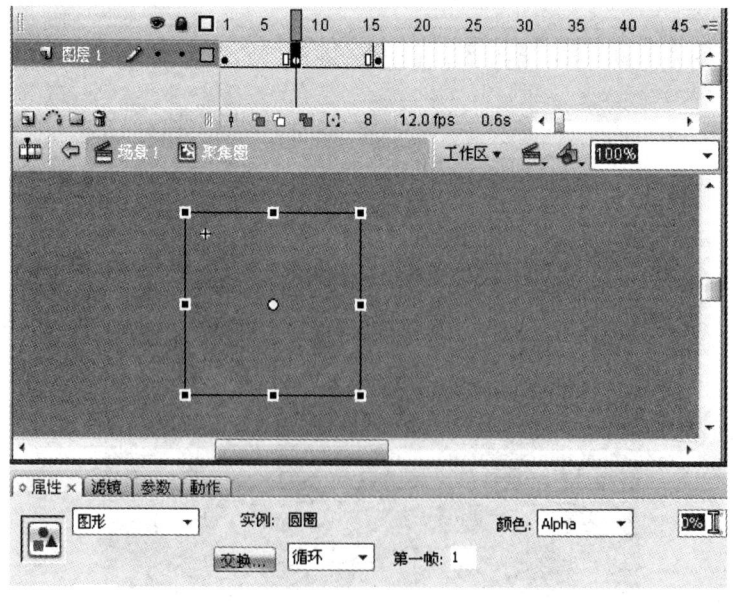

图 7-52 修改 Alpha 属性

（19）在第 1～8 帧和第 8～16 帧之间单击鼠标右键，在弹出的快捷菜单中选择"创建补间动画"，如图 7-53 所示。

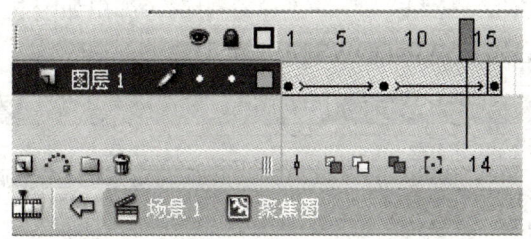

图 7-53　创建补间动画

（20）在右侧的"库"面板中双击"聚焦按钮"，进入该按钮元件的编辑状态。

（21）拖动指针到"指针经过"帧，移动"聚焦圈"与按钮对齐，如图 7-54 所示。

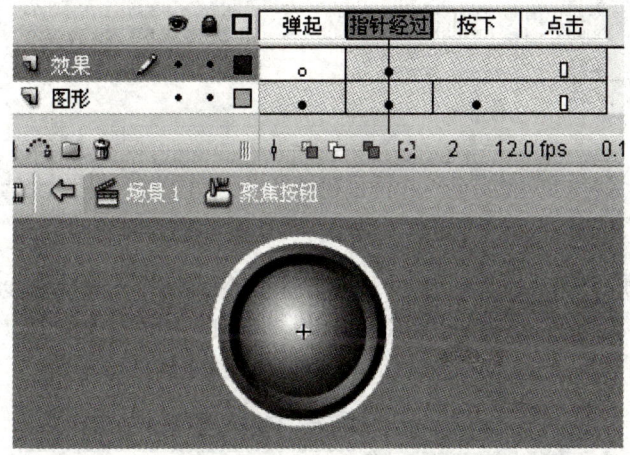

图 7-54　把"聚焦圈"放入"指针经过"帧

（22）创建一个新图层，修改名称为"音效"，如图 7-55 所示。

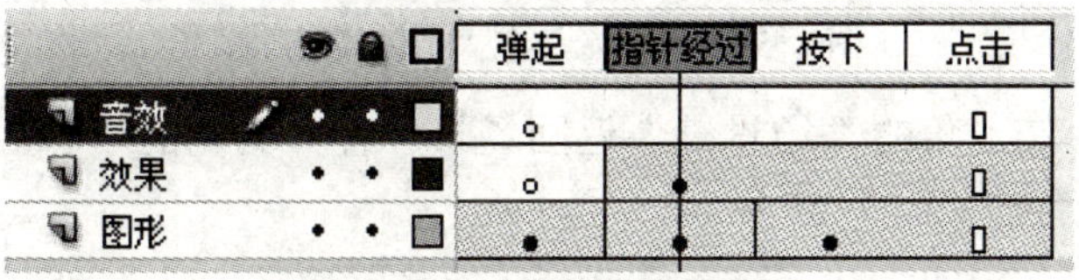

图 7-55　新建图层"音效"

（23）单击图层"音效"的名称，选择该层的全部帧，在帧上单击鼠标右键，在弹出的快捷菜单中选择"删除帧"，如图 7-56 所示。

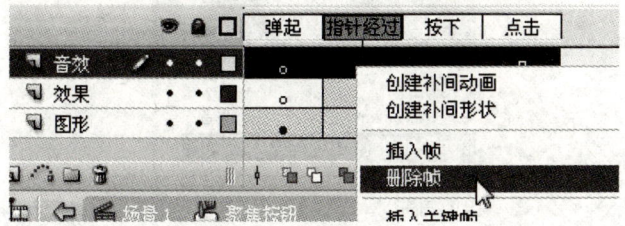

图 7-56　删除帧

(24) 单击选择 "音效" 图层的 "指针经过" 帧，按下 F7 键插入空白关键帧。因为刚才删除了 "音效" 图层的所有帧，这时插入空白关键帧可以确保其他的帧都没有内容。

(25) 选择菜单 "文件"→"导入"→"导入到库"，弹出如图 7-57 所示的 "导入到库" 对话框，在查找范围处选择 C:\WINDOWS\Media，选择 chimes.wav，单击 "打开" 按钮。

图 7-57 导入声音文件

(26) 打开右侧的 "库" 面板，在里面找到刚导入的声音文件 chimes.wav。确定当前选择的是 "音效" 图层的 "指针经过" 帧，用鼠标把文件 chimes.wav 从库中拖动到舞台中。"指针经过" 帧会有如图 7-58 所示的一条线，那是声音文件的波形线。

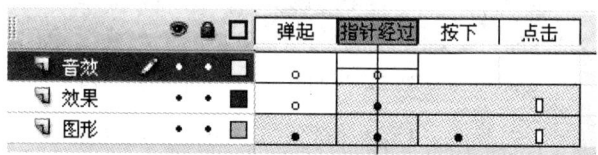

图 7-58 把声音放在 "指针经过" 帧

(27) 单击舞台左上角的 "场景 1" 返回场景。打开右侧的 "库" 面板，把按钮元件 "聚焦按钮" 拖入舞台，如图 7-59 所示。

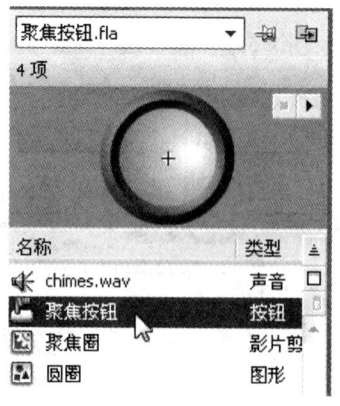

图 7-59 "库" 面板

（28）按下 Ctrl+Enter 键测试一下，把鼠标移动到按钮上看看效果吧！

7.4 基础部分——元件的管理

在 Flash 动画的制作过程中，对元件的管理都是在"库"面板完成的。"库"面板存储了在 Flash 文档中创建的元件以及导入的文件，如图像、声音和视频等内容。

通过共享库资源，可以方便地在多个 Flash 文件中使用一个库中的资源，大大提高动画制作的效率。

打开"库"面板的快捷键是 F11 键或者 Ctrl+L 键，"库"面板如图 7-60 所示。重复按 F11 键能使"库"面板在"打开"和"关闭"状态中切换。

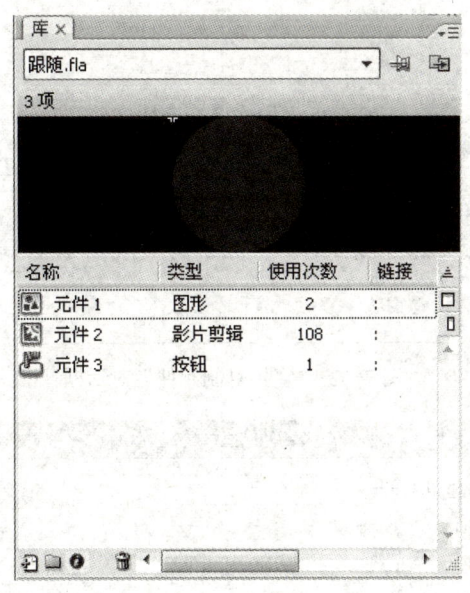

图 7-60 "库"面板

下面具体来学习"库"面板的各种操作。

7.4.1 复制、删除与重命名元件

1．复制元件

（1）用鼠标在"库"面板中右击需要复制的元件，在弹出的快捷菜单中选择"直接复制"，如图 7-61 所示。

（2）弹出如图 7-62 所示的"直接复制元件"对话框，在"名称"中输入新元件的名，选择需要的文件类型后单击"确定"按钮。

【操作实例 7-4】 复制按钮

（1）新建文档。

（2）按下 Ctrl+F8 键插入新元件，弹出"创建新元件"对话框，在"名称"中输入"片段一"，在"类型"中选择"按钮"，单击"确定"按钮，如图 7-63 所示。

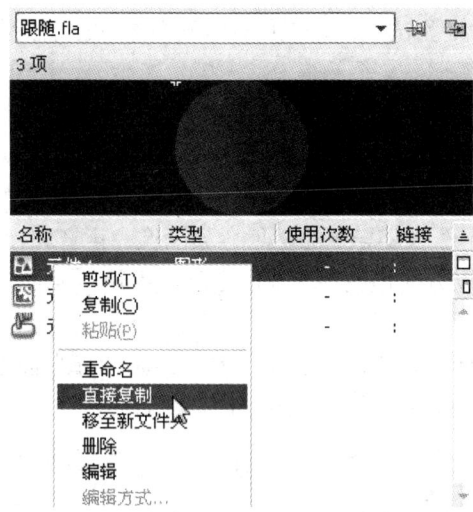

图 7-61 复制元件

图 7-62 "直接复制元件"对话框

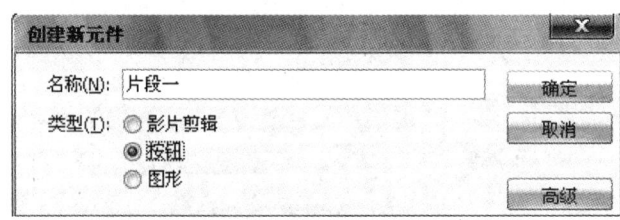

图 7-63 新建元件"片段一"

（3）这时进入按钮元件"片段一"的编辑状态。在"弹起"帧输入文本"第一段"，如图 7-64 所示。

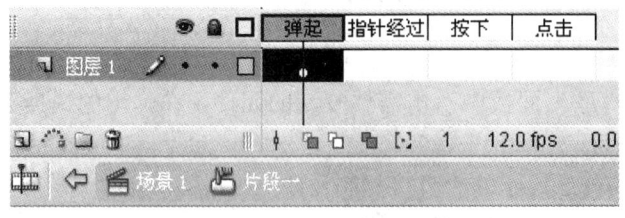

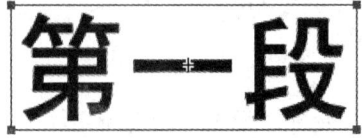

图 7-64 制作按钮的"弹起"帧

（4）选择文本"第一段"，在"滤镜"面板为文本添加"投影"和"发光"效果，如图 7-65 所示。

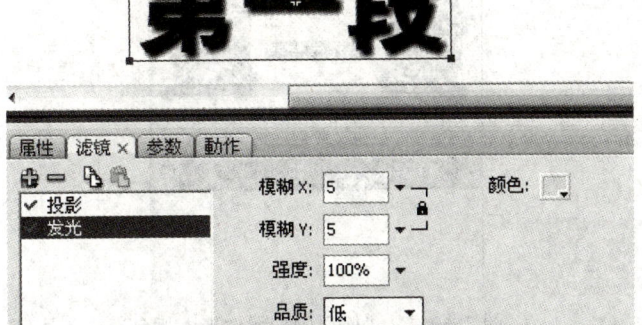

图 7-65　添加文本滤镜效果

（5）选择"指针经过"帧，按下 F6 帧插入关键帧，选择文本，在"属性"面板修改文本颜色为红色，如图 7-66 所示，并按向上方向键和向左方向键各两次。

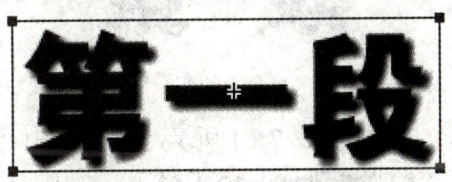

图 7-66　"指针经过"帧效果

（6）选择"按下"帧，按下 F6 键插入关键帧，选择文本，在"属性"面板修改文本颜色为蓝色，如图 7-67 所示，并按向下方向键和向右方向键各两次。

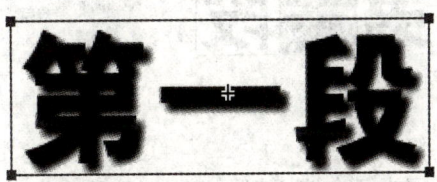

图 7-67　"按下"帧效果

（7）单击舞台左上角的"场景 1"返回场景，如图 7-68 所示。

图 7-68　返回主场景

（8）按下 F11 键打开"库"面板，拖动按钮"片段一"到舞台中，如图 7-69 所示。

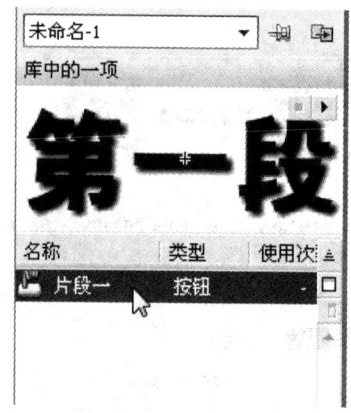

图 7-69　从"库"中把元件拖入舞台

（9）这时需要两个按钮"片段一"和"片段二"。先试一下再从库中拖动一次按钮"片段一"到舞台中，这样舞台中就有两个按钮，如图 7-70 所示。

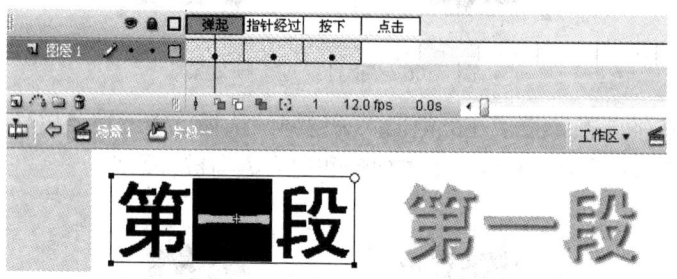

图 7-70　舞台上的两个按钮实例

（10）用鼠标双击第一个按钮，如图 7-71 所示，修改按钮内容。

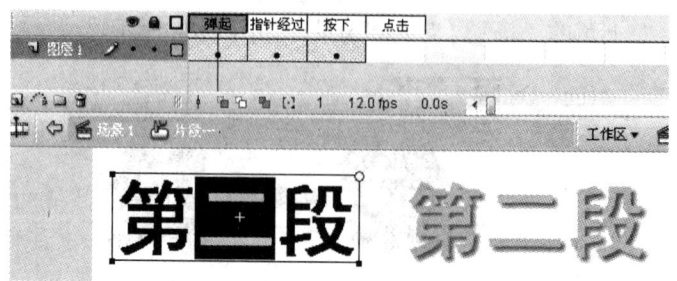

图 7-71　修改按钮内容

（11）用"文本工具"修改"一"为"二"。这时在舞台上的另一个按钮也同时修改了，如图 7-72 所示。这是因为两个按钮都是元件"片段一"的实例，修改任何一个的内容实际上就相当于修改了按钮元件，当然实例也就同时更改了。

图 7-72　修改实例的效果

（12）下面用复制元件的办法来复制按钮。鼠标右击"库"面板中的按钮"片段一"，在弹出的快捷菜单中选择"直接复制"，弹出"直接复制元件"对话框，在"名称"中输入"片段二"，在"类型"中选择"按钮"，单击"确定"按钮，如图 7-73 所示。

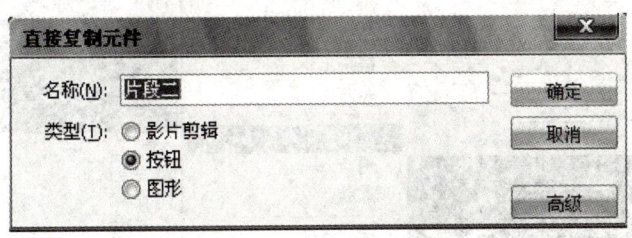

图 7-73 复制按钮元件

（13）在"库"中双击"片段二"，进入该按钮的编辑状态。修改"弹起"、"指针经过"和"按下"帧的内容为"第二段"，如图 7-74 所示，单击"场景 1"返回场景。

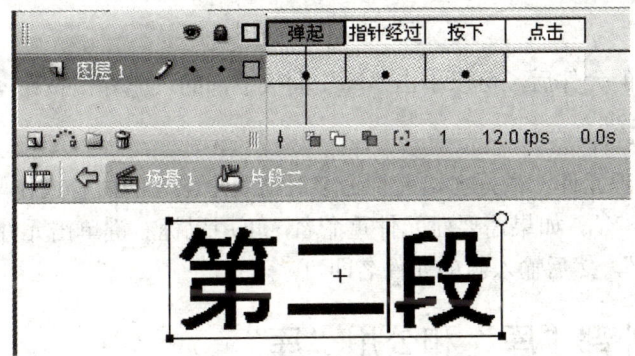

图 7-74 修改按钮元件

（14）把"库"面板中的"片段二"拖入舞台，如图 7-75 所示。

第一段 第二段

图 7-75 舞台上两个按钮的效果

2．删除元件

在动画的制作过程中，随着"库"中元件的增加，"库"也变得越来越乱，这时就需要删除那些没用的元件。鼠标右键单击元件，在弹出的快捷菜单中选择"删除"，就能够删除该元件。或者单击选择该元件，单击"库"面板下部的"删除"按钮 将它删除。但删除时一定要搞清楚该元件是否是一次都没有使用的，即在场景中没有该元件的实例，否则删除后舞台中的实例也被删除了。为了确定哪些元件是一次都没用过的，可以通过命令"选择未用项目"来选择那些无用的元件。

打开"库"面板右上角的选项菜单，如图 7-76 所示，执行"选择未用项目"命令，

Flash 会把那些未用的元件全部选中。

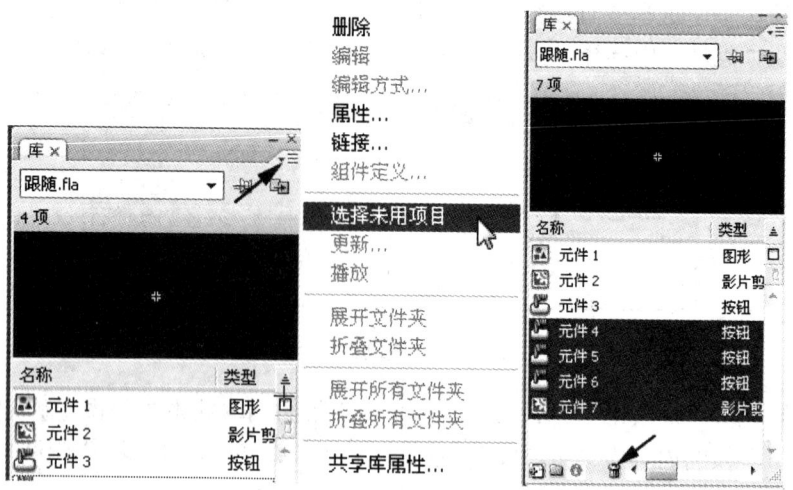

图 7-76 选择未用项目

选中这些未用的元件后,可以单击"库"面板下部的"删除"按钮 ,将它们删除。

3. 重命名元件

为了更好地管理元件,最好在给元件命名时能表示出它的内容或作用,而不是用 Flash 自动命名的"元件 X"。如果需要对元件重命名,可用鼠标右键单击元件,在弹出的快捷菜单中选择"重命名",然后输入新的元件名即可。

7.4.2 使用外部"库"和公用"库"

在 Flash 中,还可以使用其他 Flash 文件中的元件。

选择菜单"文件"→"导入"→"打开外部库",打开"作为库打开"对话框,选择相应的文件后,单击"打开"按钮,Flash 就会打开所选文件的"库"面板,如图 7-77 所示。

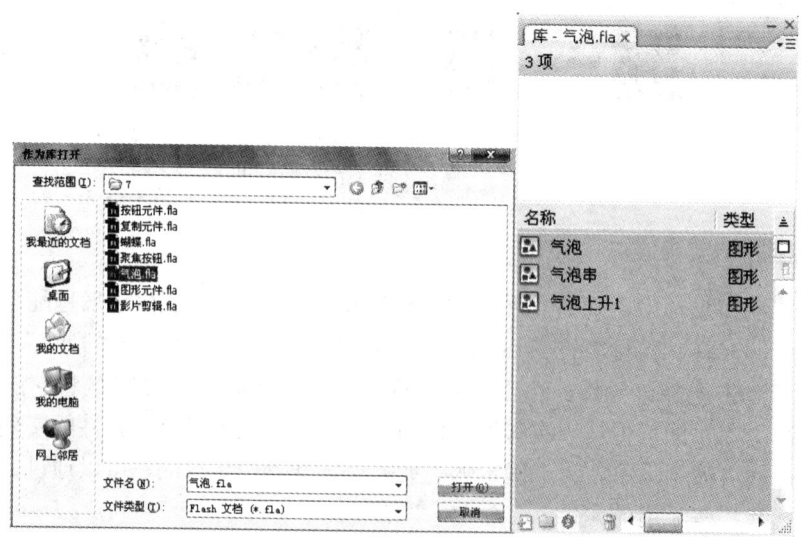

图 7-77 打开外部库

第 7 章 元件、实例和库的使用　　163

Flash 还提供了三个公用库来扩展库资源。

例如，选择菜单"窗口"→"其他面板"→"公用库"→"按钮"，公用按钮库就被打开了，如图 7-78 所示。

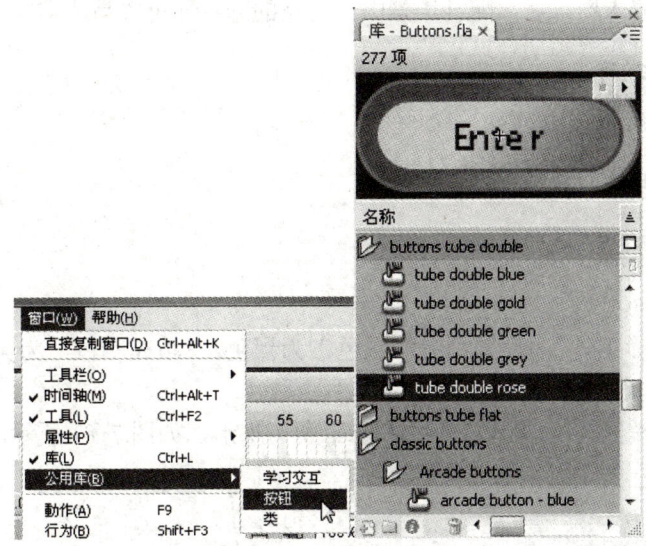

图 7-78　公用按钮库

7.5　实例部分——行驶的汽车

7.5.1　实例说明与效果预览

本实例制作一个行驶的公共汽车的动画效果，动画中的公共汽车在画面中心行驶，树和路面往后运动，效果如图 7-79 所示。

图 7-79　效果预览

7.5.2 实例分析

本实例利用"影片剪辑"元件的功能制作出"公共汽车"元件,该元件中实现了车轮的转动,再把元件放入场景后,配合场景中树与路的动画即可容易地实现汽车行驶的效果。

7.5.3 制作要点

(1)"影片剪辑"元件的使用。
(2)循环动画制作的技巧。

7.5.4 制作步骤

(1)新建文档。
(2)选择"矩形工具",设置"笔触颜色"为黑色,"填充颜色"为无。拖动鼠标在舞台绘制一个矩形,如图 7-80 所示。
(3)选择"选择工具",调整左上角和右上角为梯形,如图 7-81 所示。

图 7-80 绘制矩形   图 7-81 调整为梯形

(4)按住 Alt 键,在左、右两条边拖动成如图 7-82 所示的图形。
(5)选择"线条工具",绘制如图 7-83 所示的图形。

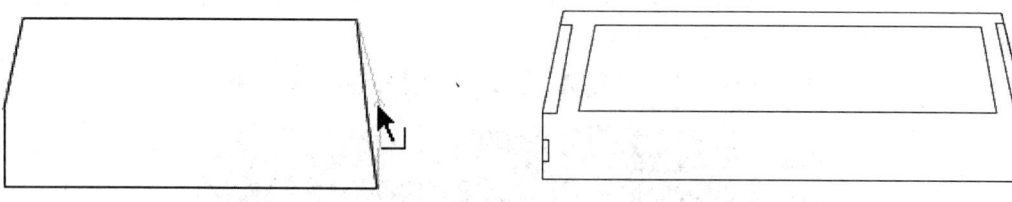

图 7-82 调成图形   图 7-83 绘制线条

(6)用"选择工具"调整前后车窗玻璃的线条,如图 7-84 所示。

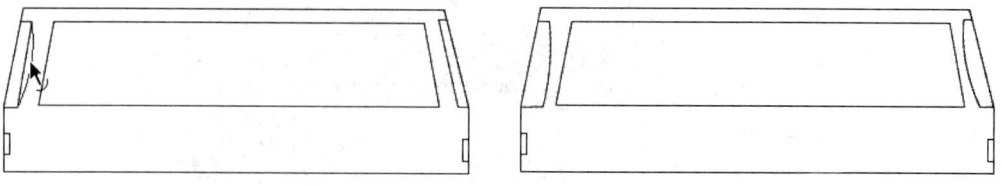

图 7-84 调整线条

(7)选择"矩形工具",设置"笔触颜色"为黑色,"填充颜色"为无,绘制如图 7-85

所示的图形作为窗户。

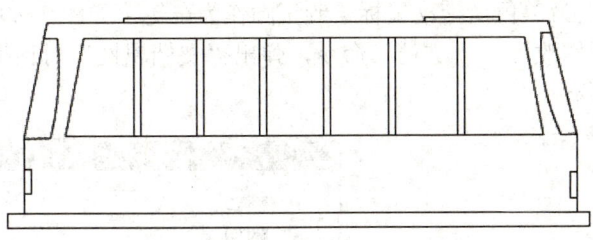

图 7-85 绘制矩形作为窗户

（8）选择"椭圆工具"，同样设置"填充颜色"为无，绘制如图 7-86 所示的圆形。

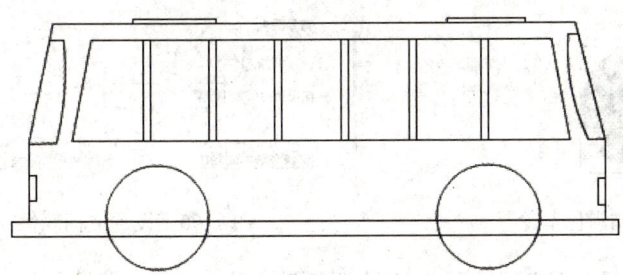

图 7-86 绘制圆形

（9）选择"橡皮擦工具"，打开"水龙头"选项，单击删除无用的线条，如图 7-87 所示。

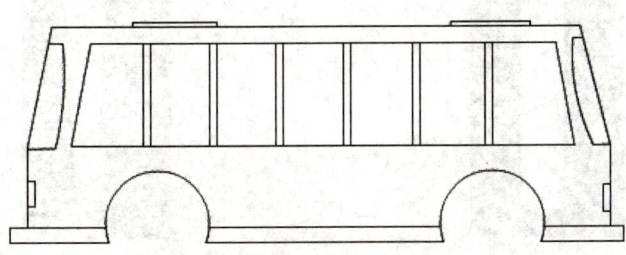

图 7-87 删除无用线条

（10）选择"油漆桶工具"，设置不同的"填充颜色"，单击鼠标填充，效果如图 7-88 所示。

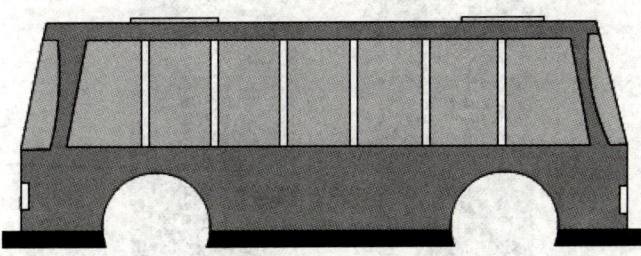

图 7-88 填充颜色

（11）下面来制作"车轮"。选择"椭圆工具",打开工具箱下部选项区的"对象绘制"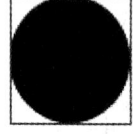,设置"填充颜色"为黑色,拖动鼠标绘制正圆作为车轮,如图 7-89 所示。

（12）选择菜单"修改"→"文档"命令,弹出"文档属性"对话框,修改文档背景色为蓝色,如图 7-90 所示。

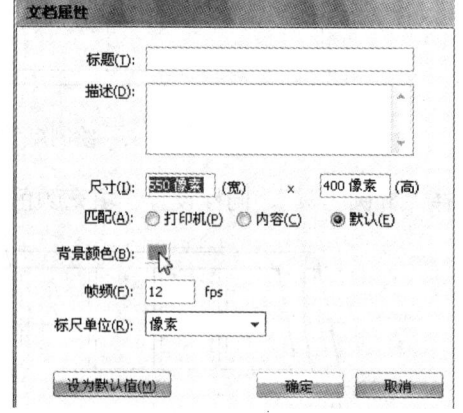

图 7-89　绘制黑色车轮　　　　　　　图 7-90　设置文档属性

（13）选择"矩形工具",设置"笔触颜色"为无,"填充颜色"为白色,绘制一个矩形,如图 7-91 所示。

（14）用"选择工具"调整矩形为上大下小的梯形,如图 7-92 所示。

图 7-91　绘制白色矩形　　　　　　　图 7-92　调整矩形为梯形

（15）选择"任意变形工具",单击白色梯形,并拖动其中心点到底部,如图 7-93 所示。

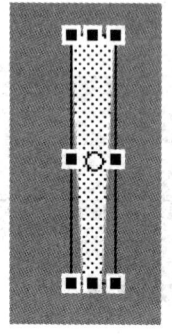 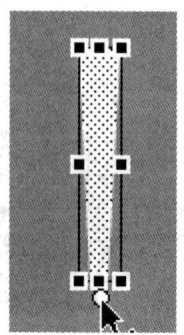

图 7-93　修改中心

（16）按下 Ctrl+T 键，打开右侧的"变形"面板，设置"旋转"为 45 度，单击"复制并应用变形"7 次，得到如图 7-94 所示的图形。

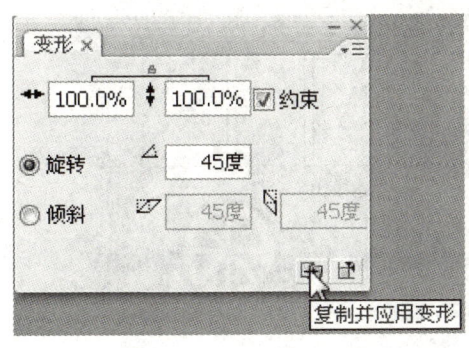

图 7-94　复制并应用变形

（17）选择"椭圆工具"，设置"笔触颜色"为白色，"填充颜色"为无，打开"属性"面板，设置"笔触高度"为 6，鼠标放置在刚绘制的"米"字图案的中心，如图 7-95（a）所示，按住 Alt+Shift 键拖动鼠标，用中心绘制的方式绘制出如图 7-95（b）所示的图形。

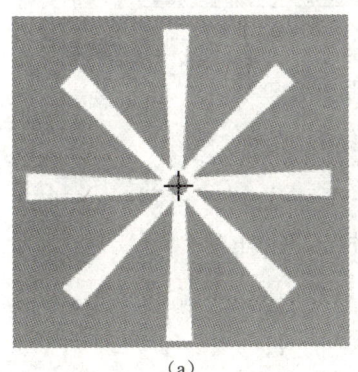

（a）　　　　　　　　　　（b）

图 7-95　制作轮毂

（18）选择白色图形，按下 Ctrl+G 键进行组合。把它移动到黑色圆形上，如图 7-96 所示。

图 7-96　组合成车轮

（19）把制作好的"车轮"移动到车身上，可以用"任意变形工具"调整大小，如图 7-97 所示。

图 7-97 完成的效果

（20）选择全部图形，按下 F8 键，弹出"转换为元件"对话框，在"名称"中输入"公共汽车"，在"类型"中选择"影片剪辑"，单击"确定"按钮，如图 7-98 所示。

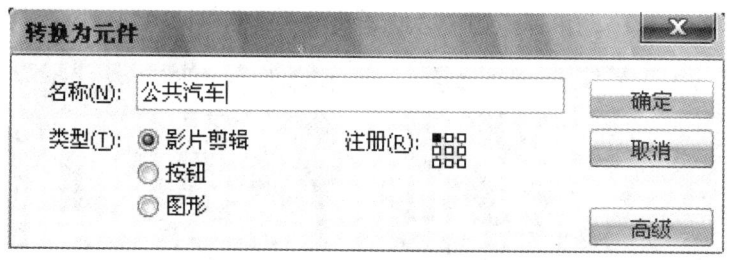

图 7-98 转换元件"公共汽车"

（21）双击"公共汽车"，进入该元件的编辑状态，这时舞台左上角显示该影片元件的名称，如图 7-99 所示，表示当前是该元件的编辑状态。

（22）鼠标单击选择时间轴的第 2 帧，按下 F6 键插入关键帧，在舞台上用"任意变形工具"把第 2 帧中的车轮旋转一下，旋转后的车轮一定要不同于原图形，如图 7-100 所示。

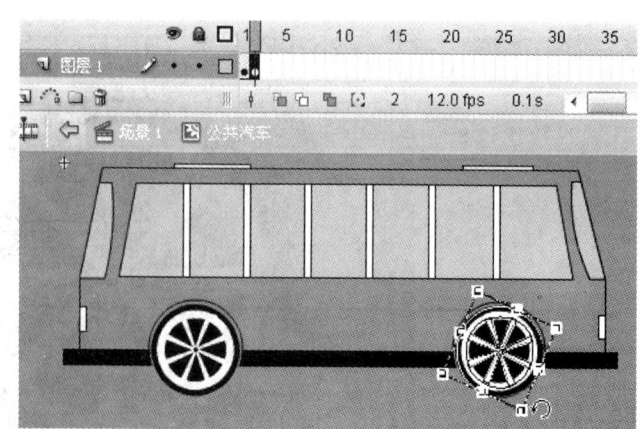

图 7-99 元件编辑状态　　图 7-100 第 2 帧旋转车轮制作逐帧动画

（23）单击舞台左上角的"场景 1"，返回主场景。可以按下 Ctrl+Enter 键预览效果。

(24)修改场景中的图层 1 的名称为"公共汽车",创建一个新图层,修改名称为"路",如图 7-101 所示。

(25)选择"矩形工具",设置"笔触颜色"为白色,"填充颜色"为灰色。打开"属性"面板,设置"笔触高度"为 6,在舞台上拖动鼠标绘制一个宽度大于舞台的矩形,如图 7-102 所示。

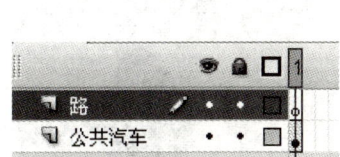

图 7-101　新建图层"路"

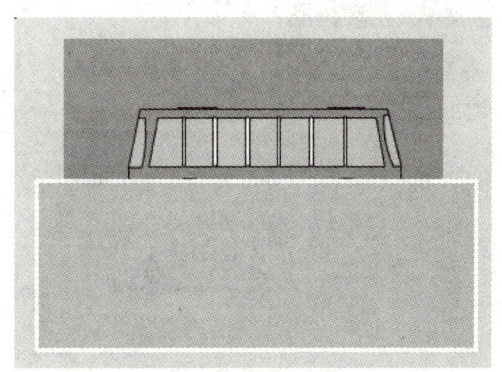

图 7-102　绘制矩形

(26)选择"线条工具",在"属性"面板,为了能在预览窗口清楚显示样式,先设置"笔触颜色"为黑色,单击"自定义"按钮,弹出如图 7-103 所示的"笔触样式"对话框,作如图所示的设置后,单击"确定"按钮。在"属性"面板再修改"笔触颜色"为白色。

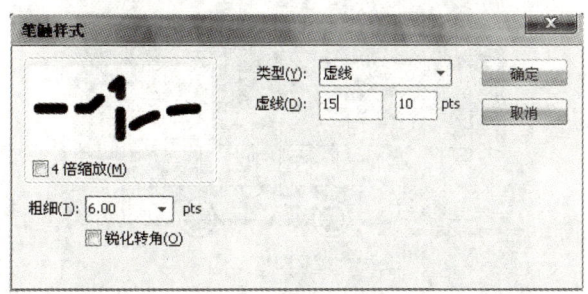

图 7-103　设置笔触样式

(27)按住 Shift 键在灰色矩形内拖动鼠标绘制水平线,如图 7-104 所示。

图 7-104　绘制线条

（28）在时间轴面板拖动"公共汽车"图层到"路"图层的上面，用"任意变形工具"适当缩放公共汽车到合适大小，如图 7-105 所示。

（29）创建一个新图层，修改名称为"树"。利用"矩形工具"绘制树干，用"椭圆工具"绘制树冠，如图 7-106 所示。

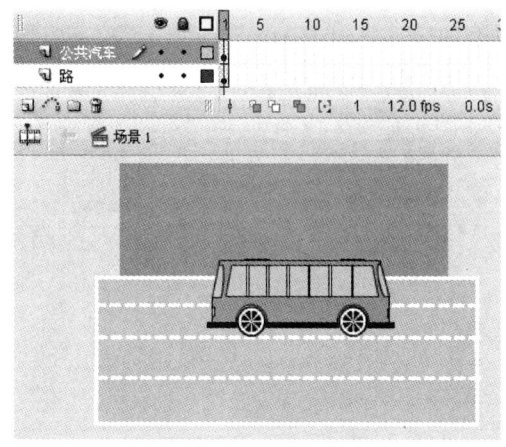
图 7-105 移动图层

图 7-106 绘制树

（30）选择"选择工具"，单击"树"图层的第 1 帧选中刚绘制的树，把它移动到路的侧面，按住 Alt 键拖动树再复制 3 个，如图 7-107 所示。

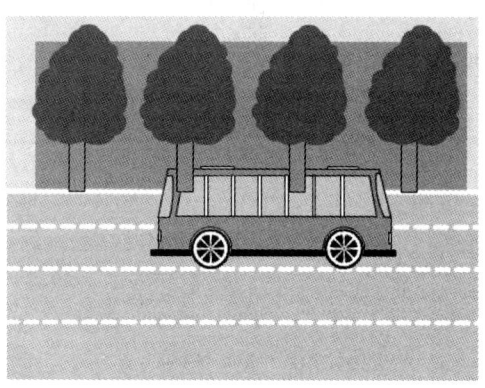
图 7-107 复制树

（31）单击"树"图层的第 1 帧以选中刚制作的 4 棵树，按住 Alt 键拖动树再复制 1 次，得到一行 8 棵树，如图 7-108 所示。

图 7-108 复制多棵树后的效果

（32）单击"树"图层的第 1 帧以全部选中制作好的 8 棵树，按下 F8 键，弹出"转换为元件"对话框，在"名称"中输入"树"，在"类型"中选择"图形"，单击"确定"按钮，如图 7-109 所示。

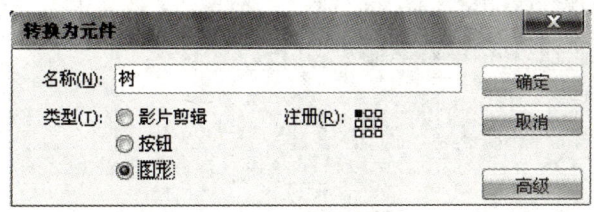

图 7-109　把一行树转换为元件

（33）鼠标单击选择"公共汽车"和"路"图层的第 30 帧，按下 F5 键插入帧。选择"树"图层的第 30 帧，按下 F6 键插入关键帧，如图 7-110 所示。

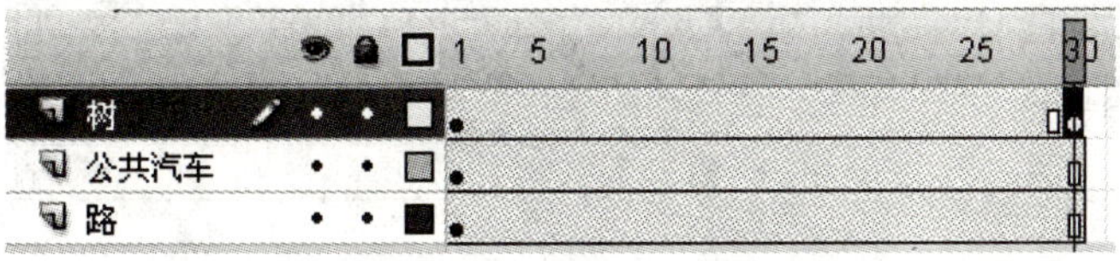

图 7-110　插入关键帧

（34）鼠标移动时间轴指针到第 30 帧，在舞台上把"树"向右移动到如图 7-111 所示位置，即前 4 棵树的框线与移动前的后 4 棵树重合。

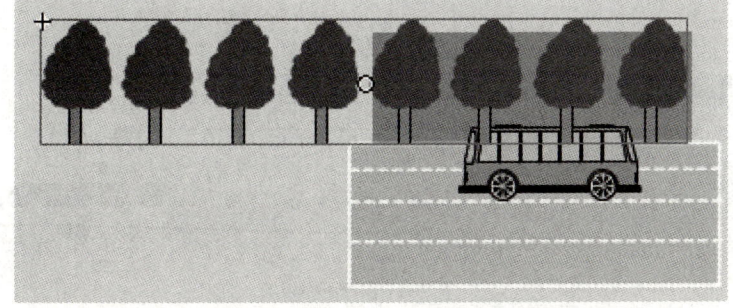

图 7-111　拖动鼠标移动时的画面

（35）第 1 帧舞台画面如图 7-112 所示，第 30 帧舞台画面如图 7-113 所示。

图 7-112　第 1 帧画面（注意蓝色的是舞台）

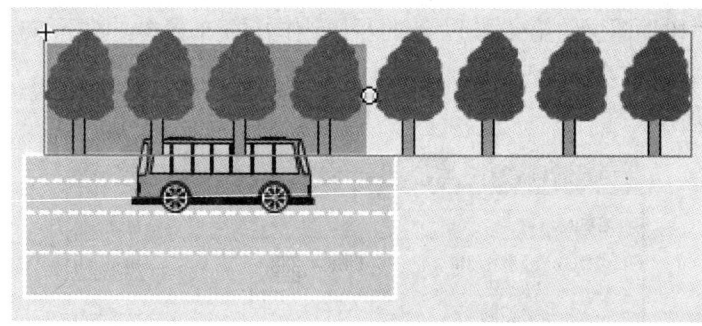

图 7-113　第 30 帧画面（注意蓝色的是舞台）

（36）在"树"图层的第 1～30 帧之间单击鼠标右键，在弹出的快捷菜单中选择"创建补间动画"。移动"公共汽车"图层到最上面，如图 7-114 所示。

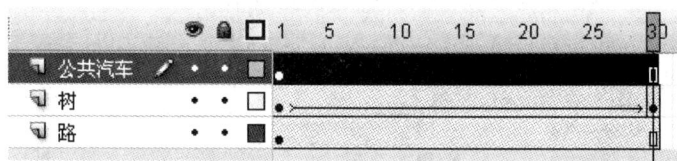

图 7-114　图层效果

（37）按下 Ctrl+Enter 键测试动画。

（38）动画播放时发现树会停顿一下，下面来解决这个问题。

（39）鼠标单击选择"树"图层的第 29 帧，按下 F6 键插入关键帧，时间轴如图 7-115 所示。

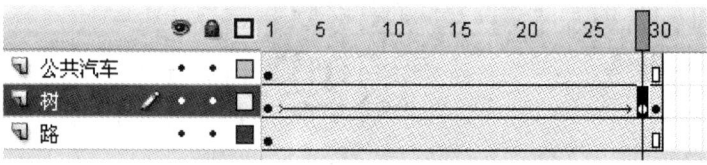

图 7-115　时间轴效果

（40）鼠标在第 30 帧上从上向下拖动，同时选择 3 层的第 30 帧，在第 30 帧上单击右键，在弹出的快捷菜单中选择"删除帧"，如图 7-116 所示。

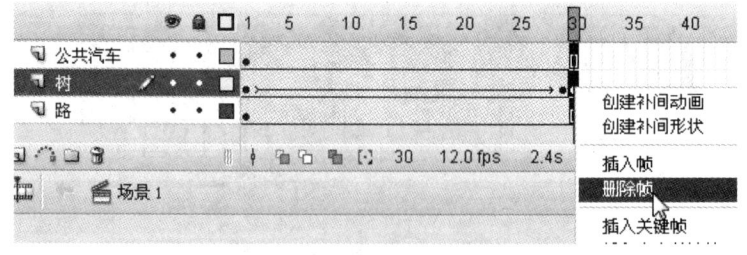

图 7-116　删除帧

（41）按下 Ctrl+Enter 键测试动画，动画基本完成了。

（42）再仔细看看动画，一定会发现路有问题。路应该象树一样也有动画效果。可以把路的图形也转换为"影片元件"，在元件中制作两帧的逐帧动画实现路向后运动的效果，大家自己试试。

7.6 上机实战与提高

本实例利用"影片剪辑"元件的特点制作太阳、地球和月亮的动画，效果如图 7-117 所示。

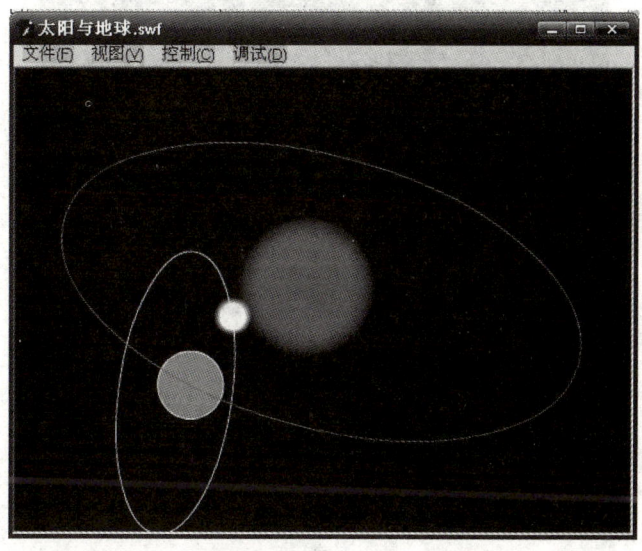

图 7-117 实例效果

步骤提示：

（1）新建文档，修改文档背景颜色为黑色。

（2）选择菜单"插入"→"新建元件"，弹出"创建新元件"对话框，在"名称"中输入"地球月亮"，在"类型"中选择"影片剪辑"，单击"确定"按钮，如图 7-118 所示。

图 7-118 新建元件"地球月亮"

（3）在元件"地球月亮"中，修改图层 1 的名称为"地球"，选择"椭圆工具"，设置"填充颜色"为淡蓝色，在元件中心拖动鼠标绘制一个正圆。

（4）在"地球"图层的第 30 帧插入帧。

（5）创建一个新图层，修改名称为"月亮"，在"颜色"面板设置"类型"为放射状，颜色为白→白（Alpha=0%），拖动鼠标绘制一个正圆，效果如图 7-119 所示。

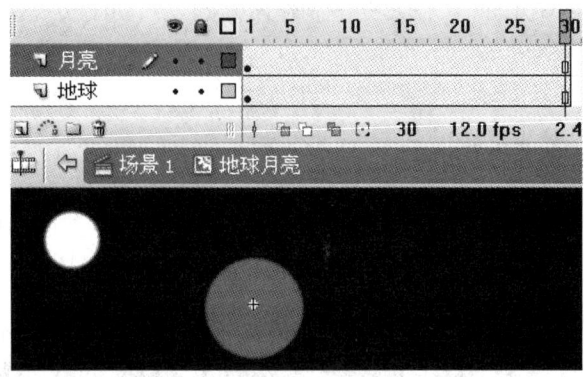

图 7-119　制作图形

（6）选择图层"月亮"，按下 F8 键，弹出"转换为元件"对话框，在"名称"中输入"月亮"，在"类型"中选择"图形"，单击"确定"按钮，如图 7-120 所示。

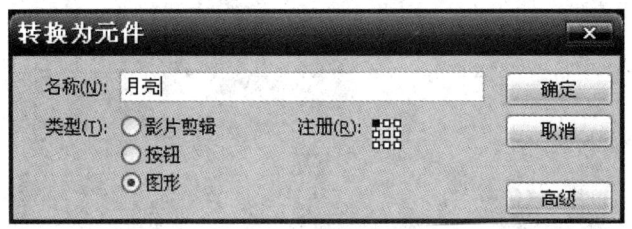

图 7-120　转换元件"月亮"

（7）在"月亮"图层的第 30 帧按下 F6 键插入关键，在第 1～30 帧之间创建动作补间。

（8）选择"月亮"图层，单击时间轴面板的"添加运动引导层"按钮，为"月亮"层添加引导层，如图 7-121 所示。

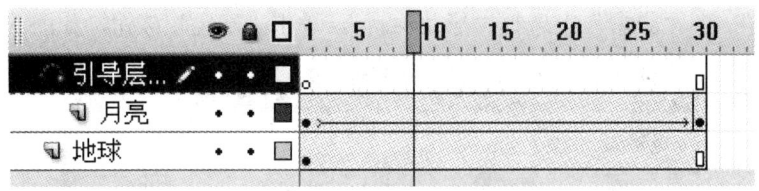

图 7-121　添加引导层

（9）选择"椭圆工具"，设置"笔触颜色"为白色，"填充颜色"为无，在"引导层"绘制一个椭圆，并用"任意变形工具"旋转椭圆。

（10）在"引导层"上新建一个图层，修改名称为"轨道"，复制"引导层"中的椭圆，在"轨道"层中按下 Ctrl+Shift+V 键原处粘贴该椭圆。

（11）把"轨道"图层暂时隐藏。选择"引导层"，用"橡皮工具"在椭圆上擦一个小缺口，把第 1 帧和第 30 帧的月亮分别移动到缺口的两个顶点，如图 7-122 所示。

第 7 章　元件、实例和库的使用

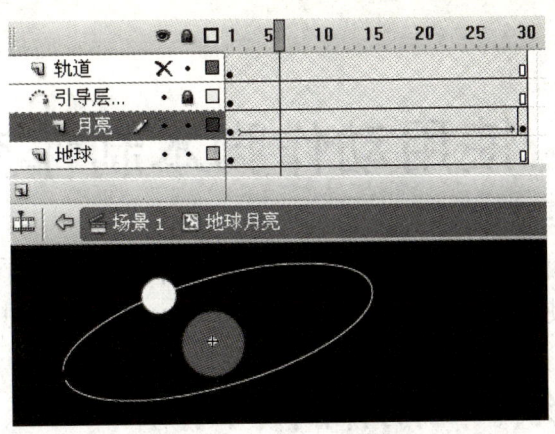

图 7-122　制作引导动画

（12）返回场景 1，修改图层 1 的名称为"太阳"，用"椭圆工具"绘制一个正圆作为太阳，在第 60 帧插入帧。

（13）新建图层，修改图层名称为"地球"，按下 F11 键打开"库"面板，把"库"中的"影片剪辑"元件"地球月亮"拖入舞台，在第 60 帧插入关键帧，为第 1～60 帧之间创建动作补间，并在"属性"面板设置"旋转"为"顺时针 1 次"，如图 7-123 所示。

图 7-123　设置"旋转"动画

（14）用制作月亮绕地球同样的方法为"地球"层添加引导层，并制作椭圆轨道完成地球绕太阳的动画。

7.7　思考与练习

1. Flash 中的元件有三种类型，分别是_____、_____和_____。
2. 按钮元件就是一个 4 帧的影片剪辑，包含_____、_____、_____和_____四个帧。
3. 如果编辑修改元件，场景中所有引用该元件的实例会_____。
4. 实例是元件在场景中的应用，实例是_____的副本，但其_____又可以和元件有所不同。
5. 简述在动画中使用元件的好处。
6. 简述元件与实例的关系。

第 8 章　使用动作脚本制作交互动画

ActionScript 是 Flash 中特有的一种动作脚本语言，主要用于向影片添加交互动作。通过调用特定的语句或使用语句编制特定的程序，使 Flash 动画能够实现特殊的效果和功能。

8.1　基础部分——动作脚本入门

动作脚本就是在动画运行过程中起到控制和计算作用的程序。

Flash CS3 包含多个 ActionScript 版本，以满足各类开发人员的需要。

ActionScript 3.0 的执行速度极快。与其他 ActionScript 版本相比，此版本要求开发人员对面向对象的编程概念有更深入的了解。使用 Action Script 3.0 的 FLA 文件不能包含 ActionScript 的早期版本。

ActionScript 2.0 比 ActionScript 3.0 更容易学习。尽管运行编译后的 ActionScript 2.0 代码比运行编译后的 ActionScript 3.0 代码的速度慢，但 ActionScript 2.0 对于许多计算量不大的项目仍然十分有用。

ActionScript 1.0 是最简单的 ActionScript，仍为 Flash Lite Player 的一些版本所使用。ActionScript 1.0 和 2.0 可共存于同一个 FLA 文件中。

为了更容易学习，下面以 ActionScript 2.0 版本来进行学习。

在 Flash 中，对动作脚本进行设置是在"动作"面板完成的，按下 F9 键就可以打开如图 8-1 所示"动作"面板，通过对按钮、关键帧和影片剪辑设置一些命令语句来实现具体的交互功能。

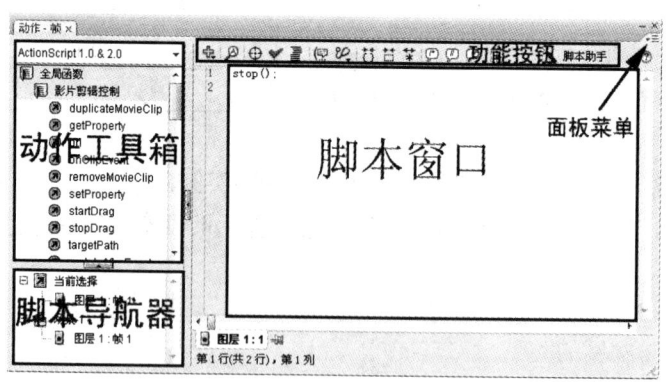

图 8-1　动作面板

"动作"面板左侧的上半部分是"动作工具箱"，Flash 的动作脚本分为许多类，包括全局函数、全局属性、语句、运算符等。用鼠标单击，可以展开它们，再用鼠标双击需要添加的脚本，就可以把脚本添加到右侧的"脚本窗口"中。

左侧的下半部分是"脚本导航器"，在这里可以查看动画中相应项目上的脚本内容。

右侧的"脚本窗口"是用来放置脚本语句的。除了可以通过双击"动作工具箱"中语句的方法添加动作脚本外，还可以在这里直接用键盘输入。

"脚本窗口"上方是若干个功能按钮，把鼠标移动到按钮上时会出现相关的提示。

- ✧ ➕**将新项目添加到脚本中**：选择新项目添加到脚本中的。
- ✧ 🔍**查找**：查找并替换脚本中的文本。
- ✧ ⊕**插入目标路径**：为脚本中的某个动作设置绝对或相对目标路径。
- ✧ ✓**语法检查**：检查当前脚本中的语法错误。
- ✧ **自动套用格式**：设置脚本的格式以实现正确的编码语法和更好的可读性。
- ✧ **显示代码提示**：如果已经关闭了自动代码提示，可使用"显示代码提示"来显示正在处理的代码行的代码提示。
- ✧ **调试选项**：设置和删除断点，以便在调试时可以逐行执行脚本中的每一行。
- ✧ **折叠成对大括号**：对出现在当前包含插入点的成对大括号或小括号间的代码进行折叠。
- ✧ **折叠所选**：折叠当前所选的代码块。
- ✧ **展开全部**：展开当前脚本中所有折叠的代码。
- ✧ **应用块注释**：将注释标记添加到所选代码块的开头和结尾。
- ✧ **应用行注释**：在插入点处或所选多行代码中每一行的开头处添加单行注释标记。
- ✧ **删除注释**：从当前行或当前选择内容的所有行中删除注释标记。
- ✧ **显示/隐藏工具箱**：显示或隐藏"动作"工具箱。
- ✧ **脚本助手**：在"脚本助手"模式中，将显示一个用户界面，用于输入创建脚本所需的元素。
- ✧ **帮助**：显示"脚本"窗口中所选 ActionScript 元素的参考信息。
- ✧ **面板菜单**：包含适用于动作面板的命令和首选参数，如图 8-2 所示。

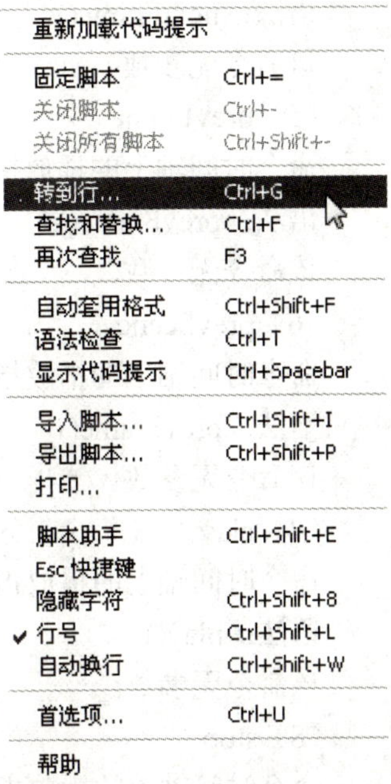

图 8-2 "动作"面板菜单

8.2 基础部分——添加动作脚本的方法

在 Flash 中，Action 语句主要添加在关键帧、按钮和影片剪辑中。

8.2.1 时间轴控制函数

时间轴常用的控制函数如下。

（1）gotoAndPlay

命令时间轴上的播放指针跳至特定场景的帧，并从该帧开始播放。

语法格式：gotoAndPlayer（scene，frame）；

其中 scene 为场景名称，可以空白不填。不填表示当前场景。frame 为帧编号、帧名称或表达式。

（2）gotoAndStop

命令时间轴上的播放指针跳至特定场景的帧，并在该帧停止。

语法格式：gotoAndPlayer（scene，frame）；

其中 scene 和 frame 的用法与 gotoAndPlay 相同。

（3）nextFrame

命令时间轴上的播放指针跳至下一个帧，并停在该帧。

语法：nextFrame()

该命令无参数。

（4）nextScene

命令时间轴上的播放指针跳至下一个场景，并停在该场景的第 1 帧。

语法：nextFrame()

该命令无参数。

（5）prevFrame

命令时间轴上的播放指针跳至前一个帧，并停在该帧。

语法：prevFrame()

该命令无参数。

（6）prevScene

命令时间轴上的播放指针跳至前一个场景，并停在该场景的第 1 帧。

语法：prevFrame()

该命令无参数。

（7）play

命令时间轴上的播放指针从当前的帧开始播放。

语法：play()

该命令无参数。

（8）stop

命令时间轴上的播放指针停在当前的帧。

语法：stop()

该命令无参数。

【操作实例 8-1】 时间轴的控制

（1）选择菜单"文件"→"新建"命令，弹出"新建文档"对话框，选择"Flash 文件（ActionScript 2.0）"（ActionScript 2.0 对于初学者来说比 ActionScript 3.0 更容易学习），单击"确定"按钮新建一个文件，如图 8-3 所示。

（2）选择菜单"文件"→"导入"→"导入到舞台"命令，弹出"导入"对话框，选择一个文件导入（这里导入的是 Office 中的矢量图形文件，它们一般在"X:\Program Files\Microsoft Office\MEDIA\CAGCAT10"其中 X 是安装 Office 软件的盘符），如图 8-4 所示。

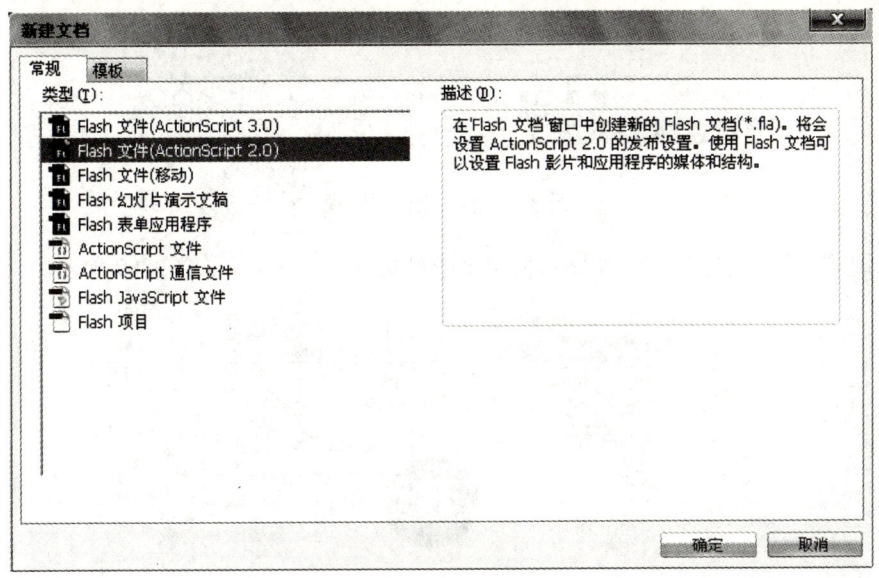

图 8-3 新建文档

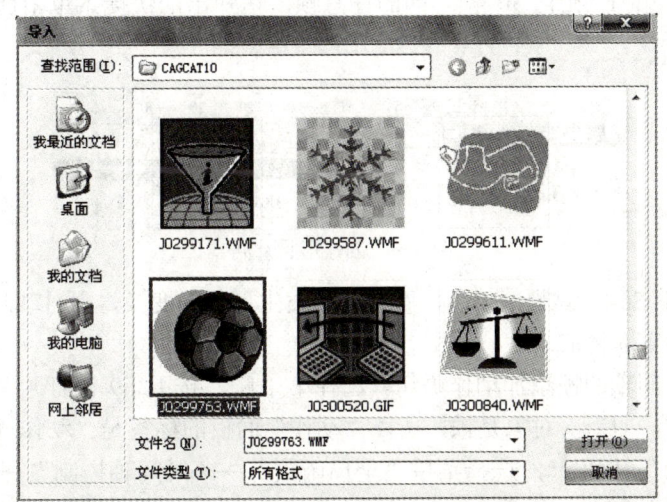

图 8-4 导入图像文件

（3）选择导入的图形，按下 **Ctrl+B** 键分离它，如图 8-5 所示。

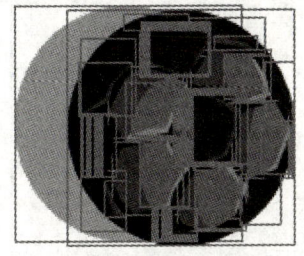 

图 8-5 分离图形

（4）选择第 30 帧，按下 F7 键插入空白关键帧，如图 8-6 所示。

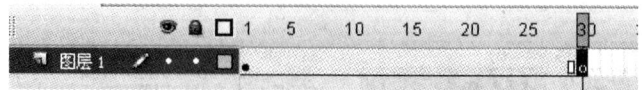

图 8-6 插入空白关键帧

（5）用同样的方法在第 30 帧导入另一个图形文件并分离它，如图 8-7 所示。

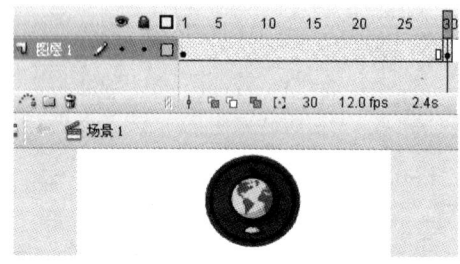

图 8-7 在第 30 帧导入图形并分离

（6）鼠标右击第 1 帧至 30 帧之间的任意帧，在弹出的快捷菜单中选择"创建补间形状"，如图 8-8 所示。

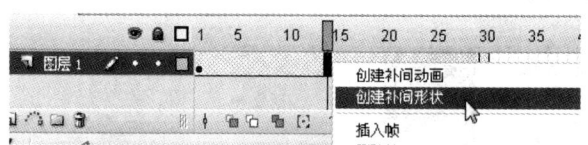

图 8-8 创建形状补间

（7）按下 Ctrl+Enter 键测试动画，看到图形发生形状的变换，而且动画到第 30 帧时自动返回第 1 帧开始重新播放。

（8）下面为时间轴的帧添加动作语句。选择第 1 帧，按下 F9 键打开"动作"面板，因为选择的是第 1 帧，即当前对象是帧，所以"动作"面板的标签是"动作-帧"。单击"将新项目添加到脚本中"按钮 ，选择菜单"全局函数"→"时间轴控制"→"stop"，为第 1 帧添加 stop 语句，如图 8-9 所示。

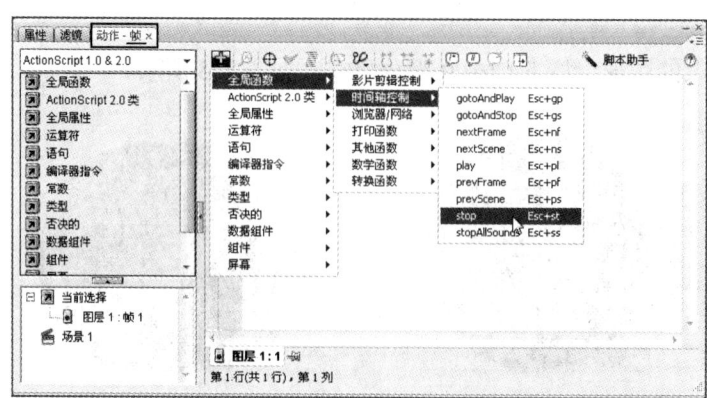

图 8-9 为第 1 帧添加动作语句

第 8 章　使用动作脚本制作交互动画

（9）在第 1 帧添加了 stop 语句后，帧上会出现字母"a"，如图 8-10 所示，表示该帧有 Action 语句。

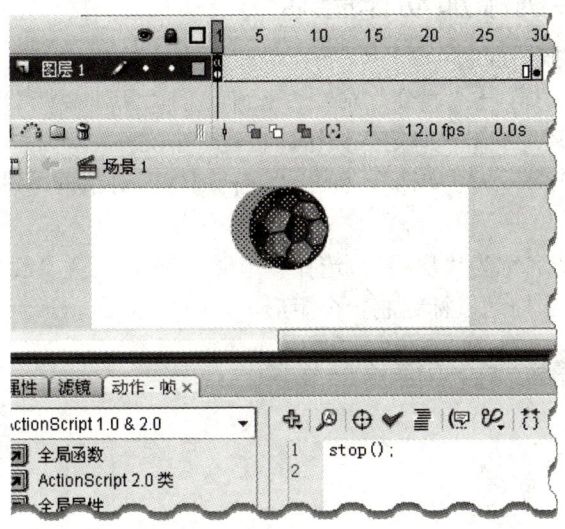

图 8-10　添加动作语句后时间轴的显示

（10）按下 Ctrl+Enter 键测试动画，这次动画停留在第 1 帧的画面不动，这就是在第 1 帧添加了 stop 语句的结果。

（11）选择第 1 帧，按下 F9 键弹出"动作"面板，在右侧的"脚本窗口"中用鼠标选择 stop()语句，按下 Delete 键把它删除。单击"将新项目添加到脚本中"按钮，选择"全局函数"→"时间轴控制"→"gotoAndstop"，为第 1 帧添加 gotoAndstop 语句，如图 8-11 所示。

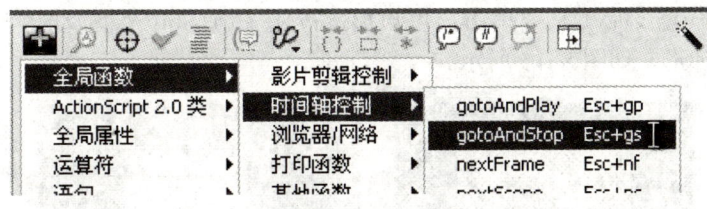

图 8-11　添加动作语句

（12）在 gotoAndstop()语句的括号中输入"30"，如图 8-12 所示，gotoAndstop 可以实现将播放指针转到第 30 帧并停止播放。

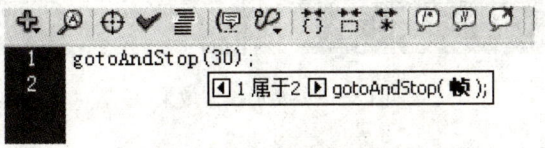

图 8-12　gotoAndstop 语句参数设置

（13）按下 Ctrl+Enter 键测试动画，发现动画跳过第 1 个图形，停留在第 2 个图形，即动画的 30 帧。

8.2.2　为按钮实例添加动作脚本

【操作实例 8-2】　按钮控制

（1）选择菜单"文件"→"新建"命令，在弹出的"新建文档"对话框中选择"Flash 文件（ActionScript 2.0）"，单击"确定"按钮，新建一个文件。

（2）选择菜单"修改"→"文档"，弹出"文档属性"对话框，设置"背景色"为淡蓝色，如图 8-13 所示。

（3）修改图层 1 的名称为"房子"。选择"矩形工具"，设置"线条颜色"为无，"填充颜色"为白色，在舞台上拖动鼠标绘制一个矩形，如图 8-14 所示。

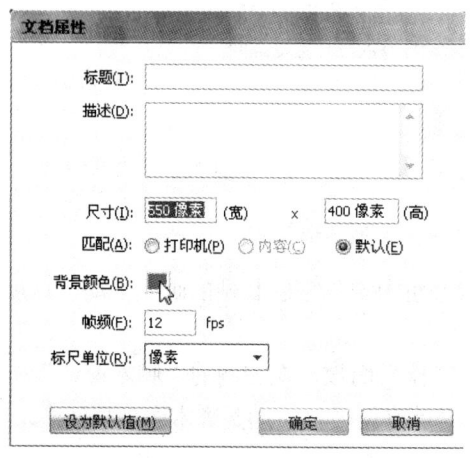

图 8-13　文档属性设置

图 8-14　绘制白色矩形

（4）选择"任意变形工具"单击白色矩形，按住 Ctrl+Shift 键拖动矩形左上角的控制点，把它变形为梯形，如图 8-15 所示。

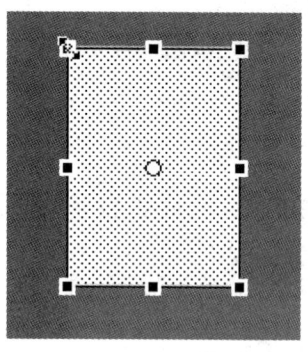 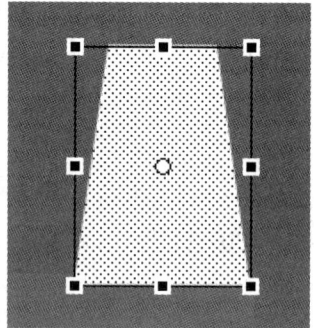

图 8-15　变形操作效果

（5）选择"多角星形工具"，设置"线条颜色"为无，"填充颜色"为红色，打开"属性"面板，单击"选项"按钮，弹出如图 8-16 所示的"工具设置"对话框，设置"边数"为 3，单击"确定"按钮。

（6）在舞台拖动鼠标，绘制出一个三角形，把它移动到梯形上，如图 8-17 所示。

（7）选择"矩形工具"，设置"填充颜色"为黑色，绘制合适大小的矩形，作为窗户，如图 8-18 所示。

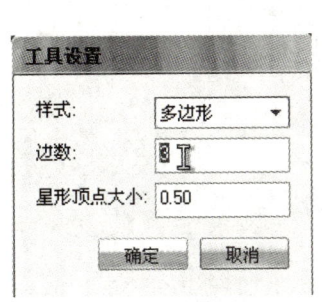

图 8-16　星形工具设置　　　　图 8-17　绘制屋顶　　　　图 8-18　绘制窗户

（8）选择第 30 帧，按下 F5 键插入帧，如图 8-19 所示。

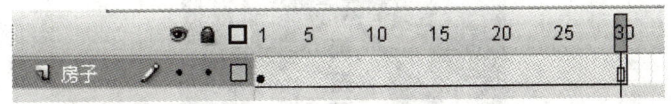

图 8-19　插入帧

（9）创建一个新图层，修改名称为"风车叶"。选择"线条工具"，在"属性"面板设置"笔触高度"为 5，"笔触样式"为"实线"，拖动鼠标绘制一根直线。选择"矩形"工具，在"颜色"面板设置"笔触颜色"为无，"填充颜色"为黄色，"Alpha"为 60%。拖动鼠标在线的两端绘制两个矩形，效果如图 8-20 所示。

图 8-20　绘制风车叶

（10）选择该图形，按下 Ctrl+T 键，打开"变形"面板，选择"旋转"并输入 90 度，单击"复制并应用变形"按钮一次，得到如图 8-21 所示的图形。

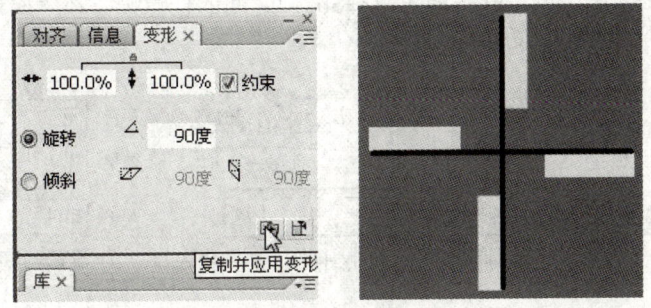

图 8-21　复制并应用变形

（11）选择绘制好的风车叶，按下 F8 键，弹出"转换为元件"对话框，在"名称"中输入"风车叶"，在"类型"中选择"图形"，单击"确定"按钮，如图 8-22 所示。

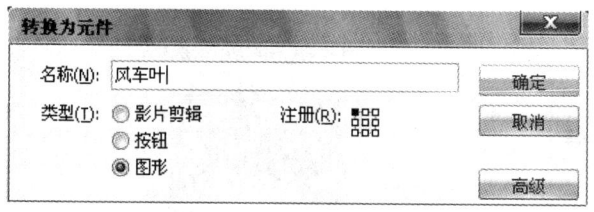

图 8-22　转换元件"风车叶"

（12）旋转风车叶并移动到合适位置，如图 8-23 所示。

图 8-23　风车完成效果

（13）选择"风车叶"图层的第 30 帧，按下 F6 键插入关键帧，在第 1~30 帧之间单击鼠标右键，在弹出的快捷菜单中选择"创建补间动画"，如图 8-24 所示。

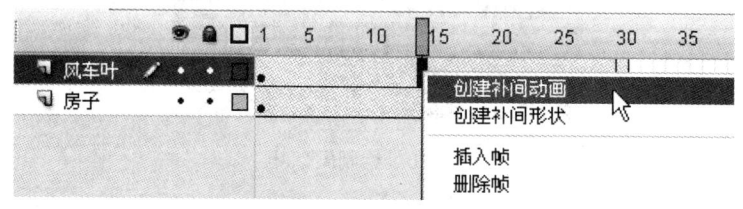

图 8-24　创建动作补间动画

（14）鼠标单击图层"风车叶"的第 1~30 帧之间的任意帧，在"属性"面板设置"旋转"为"顺时针 1 次"，如图 8-25 所示。

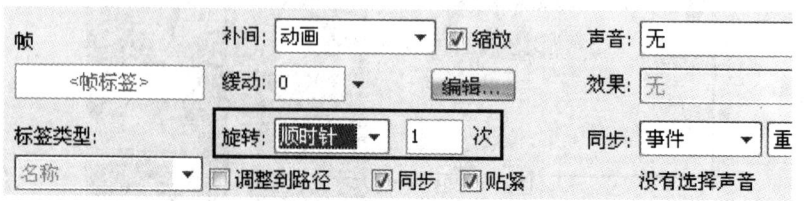

图 8-25　设置补间动画顺时针旋转

（15）创建一个新图层，修改名称为"按钮"，如图 8-26 所示。

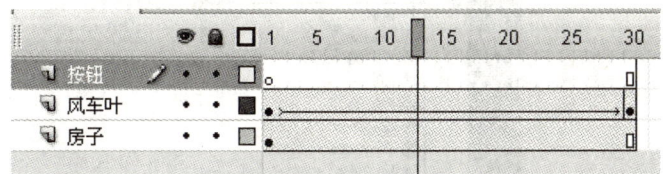

图 8-26　新建图层"按钮"

（16）选择菜单"窗口"→"公用库"→"按钮"，打开"公用库"面板，双击展开"classic buttons"，再双击展开"playback"，拖动"playback-play"和"playback-stop"按钮到舞台上，效果如图 8-27 所示。

图 8-27　添加公用库中的按钮

（17）鼠标单击选择 playback-play 按钮，按下 F9 键打开"动作"面板。单击"将新项目添加到脚本中"按钮，选择"全局函数"→"影片剪辑控制"→"on"，如图 8-28 所示。

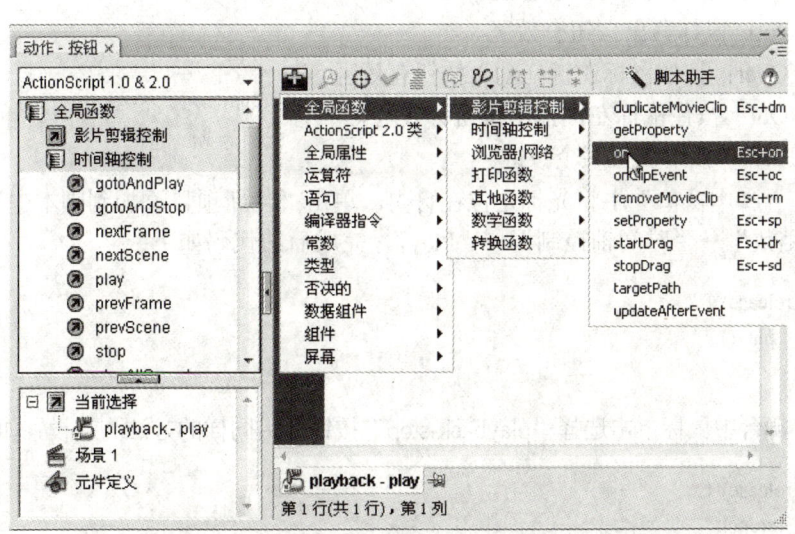

图 8-28　为按钮添加动作语句

（18）在随后弹出的选项中选择"release"，如图 8-29 所示。

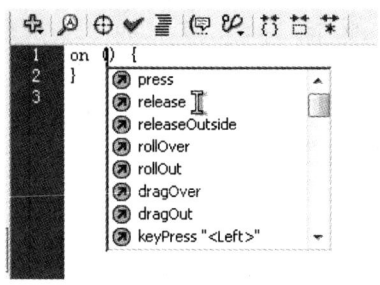

图 8-29 设置按钮的鼠标事件

（19）这时"脚本窗口"中的语句如下：

```
on (release) {
}
```

其中"on"是用来设定场景上按钮的鼠标或键盘处理程序。

语法：

```
on（mouseEvents）{
    Statement;
}
```

参数mouseEvent 表示鼠标或键盘事件，Statement 表示事件发生时执行的语句。
鼠标事件的含义如下。

- Press：按下鼠标。
- Release：释放鼠标。
- Release Outside：在按钮的有效区域外释放鼠标。
- Roll Over：鼠标移入按钮有效区。
- Roll Out：鼠标移出按钮有效区。
- Drag Over：按住鼠标左键拖动入按钮有效区。
- Drag Out：按住鼠标左键拖出按钮有效区。
- Key Press：按下键盘某个按键。

（20）在"脚本窗口"中将光标定位在{}内，单击"将新项目添加到脚本中"按钮，选择"全局函数"→"时间轴控制"→"Play"，完成后的代码如下：

```
on (release) {
    play();
}
```

（21）在舞台中鼠标单击选择"playback-stop"按钮，用同样的方法为它设置如下代码：

```
on (release) {
    stop();
}
```

（22）按下 Ctrl+Enter 键测试动画，单击这两个按钮看看效果吧！

8.2.3 为影片剪辑实例添加动作脚本

【操作实例8-3】 控制影片剪辑

(1) 选择菜单"文件"→"新建"命令,在弹出的"新建文档"对话框中选择"Flash 文件(ActionScript 2.0)",单击"确定"按钮,新建一个文件。

(2) 选择菜单"修改"→"文档",在弹出的"文档属性"对话框中设置"背景色"为淡蓝色。

(3) 选择"椭圆工具",设置"笔触颜色"为无,"填充颜色"为红色,在舞台上拖动鼠标绘制一个椭圆作为气球,选择"刷子工具",设置"填充颜色"为白色,为椭圆画出亮点。再设置"填充颜色"为黑色,选择合适的刷子大小,绘制出气球的绳,步骤如图 8-30 所示。

(4) 选择"选择工具",选择整个气球,按下 F8 键,弹出的"转换为元件"对话框,在"名字"中输入"气球",在"类型"中选择"影片剪辑",单击"确定"按钮,如图 8-31 所示。

图 8-30 制作气球

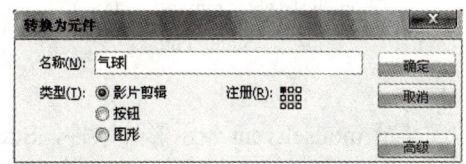

图 8-31 转换为元件"气球"

(5) 确定"气球"元件是选择状态,按下 F9 键打开"动作"面板。单击"将新项目添加到脚本中"按钮 ,选择"全局函数"→"影片剪辑控制"→"onClipEvent",如图 8-32 所示。

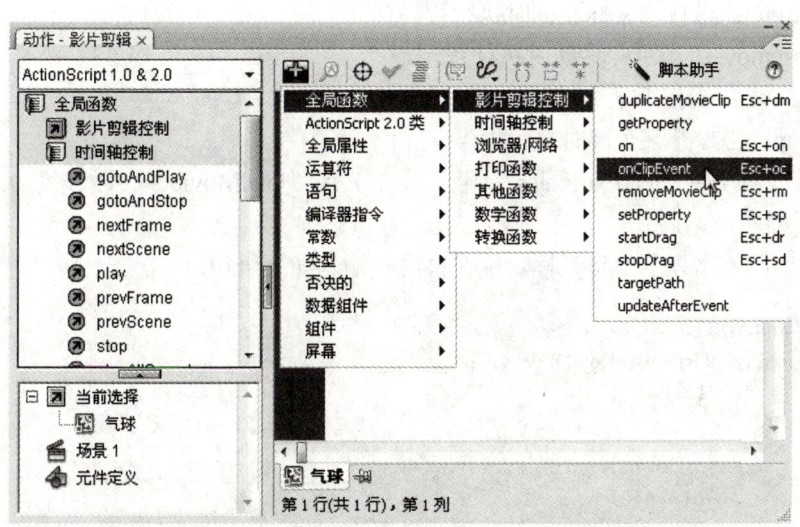

图 8-32 添加动作语句

(6) 在随后弹出的选项中选择"enterFrame",如图 8-33 所示。

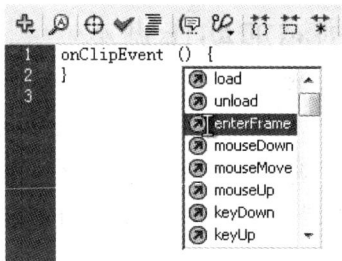

图 8-33 设置影片事件

(7)"脚本窗口"中的语句如下:

  onClipEvent (enterFrame) {
  }

其中 onClipEvent 是用来设定场景上影片元件的事件处理程序。
语法:

  onClipEvent（movieEvents）{
    Statement;
    }

参数 mouseEvent 表示影片事件, Statement 表示事件发生时执行的语句。
影片事件的含义如下。

- Load：影片剪辑被加载时执行程序,但程序只执行一次。
- EnterFrame：播放影片元件时执行程序，程序能反复执行。
- Unload：影片剪辑卸载时执行程序。
- Mousedown：当按下鼠标左键时执行程序。
- Mouseup：当释放鼠标左键时执行程序。
- Mousemove：当鼠标移动时执行程序。
- Keydown：当按下某个键时执行程序。
- Keyup：当松开某个键时执行程序。
- Data：当使用"loadVaribales"（载入变量）或"loadMovie"（载入影片）接收数据时执行程序。

(8) 在"脚本窗口"中将光标定位在{}内，输入如下语句:

  onClipEvent (enterFrame) {
    if (Key.isDown (Key.DOWN)) {
      _y-=10;
  }
    if (Key.isDown (Key.UP) {
      _y+=10;
  }
    if (Key.isDown (Key.LEFT)) {
      _x-=10;
  }

```
if (Key.isDown (Key.RIGHT)) {
    _x+=10;
    }
}
```

其中 if (Key.isDown (Key.DOWN))是判断向下方向键是否被按下，如果按下，则执行_y-=10，即当前元件的 Y 坐标减 10。

（9）按下 Ctrl+Enter 键测试动画，按下方向键试试吧！

8.3 实例部分——滑落的雪花

8.3.1 实例说明与效果预览

本实例制作的是随着鼠标的移动，出现雪花飘落的动画，效果如图 8-34 所示。

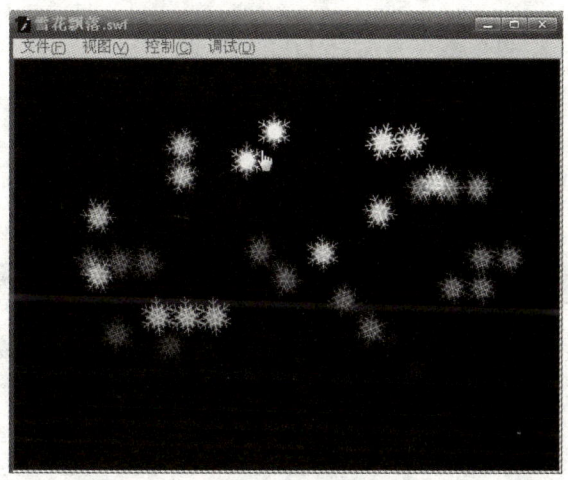

图 8-34 实例效果

8.3.2 实例分析

利用在场景中布满"雪花飘落"影片剪辑元件的实例，再利用 ActionScript 代码和隐藏按钮控制"雪花飘落"影片元件在鼠标移动到其上时播放。

8.3.3 制作要点

（1）隐藏按钮的制作方法。
（2）按钮的 ActionScript 控制。
（3）帧的 ActionScript 控制。
（4）"影片剪辑"元件的引用。

8.3.4 制作步骤

（1）选择菜单"文件"→"新建"命令，在弹出的"新建文档"对话框中选择"Flash

文件（ActionScript 2.0）"，如图 8-35 所示，单击"确定"按钮，新建一个文件。

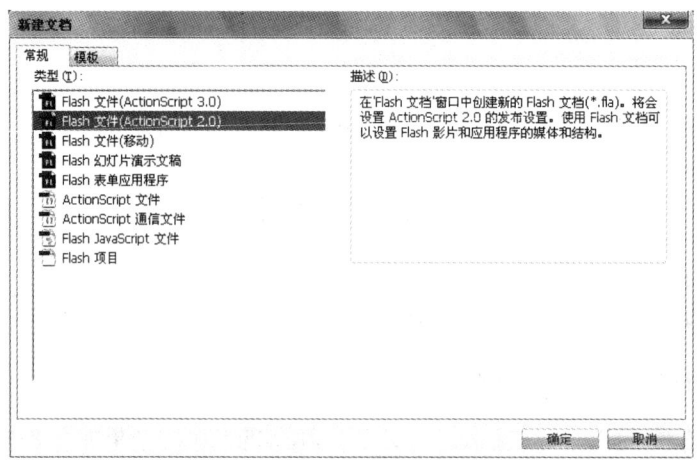

图 8-35　新建文档

（2）选择菜单"修改"→"文档"，弹出"文档属性"对话框，设置文档背景色为黑色。

（3）选择菜单"插入"→"新建元件"，弹出"创建新元件"对话框，在"名称"中输入"雪花飘落"，在"类型"中选择"影片剪辑"，单击"确定"按钮，如图 8-36 所示。

图 8-36　创建新元件"雪花飘落"

（4）这时元件的名称会出现在舞台的左上角，表示当前是该影片元件的编辑状态，并有一个十字表示该元件的注册点。选择"线条工具"，设置"笔触颜色"为白色，在"属性"面板修改"笔触高度"为 5，绘制如图 8-37 所示的图形。

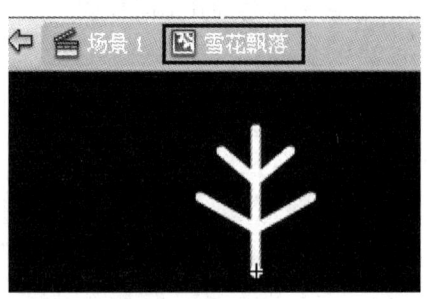

图 8-37　绘制图形

（5）选择"任意变形工具"，选择刚绘制的图形，用鼠标拖动中心点到图形底部，如图 8-38 所示。

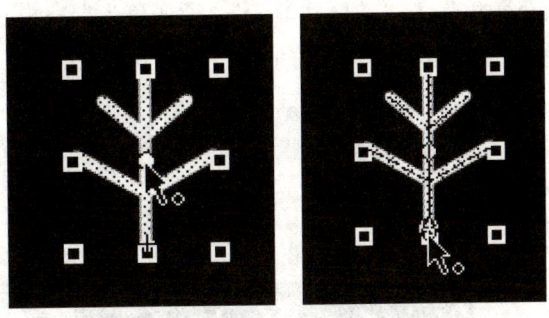

图 8-38　编辑中心点

（6）按下 Ctrl+T 键，打开"变形"面板，选择"旋转"并输入 60 度，单击"复制并应用变形"按钮 5 次，制作出雪花，如图 8-39 所示。

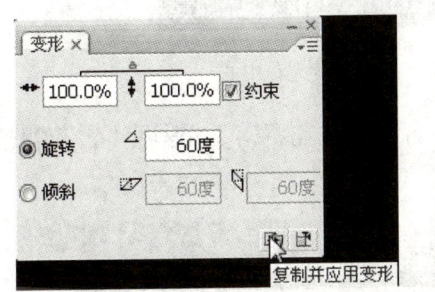

图 8-39　复制雪花

（7）按下 Ctrl+A 键选择雪花，再按下 F8 键，弹出"转换为元件"对话框，在"名称"中输入"雪花"，在"类型"中选择"图形"，单击"确定"按钮，如图 8-40 所示。

图 8-40　转换为元件"雪花"

（8）双击"雪花"元件，进入该图形元件编辑状态，这时元件的名称会出现在舞台的左上角，如图 8-41 所示。

图 8-41　元件编辑状态

（9）在图形元件"雪花"中创建一个新图层，选择"椭圆工具"，在"颜色"面板设置"笔触颜色"为无，"填充颜色"为"放射状渐变"，渐变色为白→白→白（透明 Alpha=0），按住 Alt+Shift 键在雪花中心拖动鼠标绘制一个圆，如图 8-42 所示。

图 8-42　绘制渐变雪花中心

（10）单击舞台左上角的影片元件名称"雪花飘落"，返回"雪花飘落"元件编辑状态，如图 8-43 所示。

图 8-43　返回"雪花飘落"元件

（11）选择第 20 帧，按下 F6 键插入关键帧，在第 1～20 帧之间单击鼠标右键，在弹出的快捷菜单中选择"创建补间动画"，如图 8-44 所示。

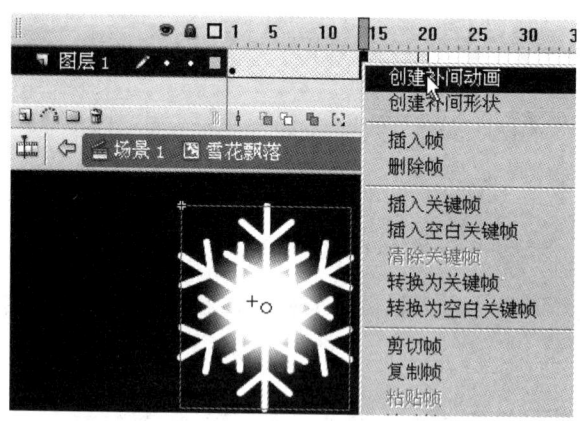

图 8-44　创建补间动画

（12）单击"添加运动引导层"按钮，创建一个引导层，选择"铅笔工具"，设置"笔触颜色"为红色，绘制曲线作为雪花下落的轨迹。把第 1 帧和第 20 帧的雪花分别移动到曲线的顶部和尾部，如图 8-45 所示。

第 8 章　使用动作脚本制作交互动画

图 8-45　制作引导动画

（13）鼠标单击选择"雪花"所在图层 1 的第 1～20 帧之间的任意帧，打开"属性"面板，修改"旋转"为"顺时针 1"次，如图 8-46 所示。

（14）拖动时间轴指针到第 20 帧，在舞台上单击雪花选择它，在"属性"面板修改雪花的"Alpha"为 0，如图 8-47 所示。

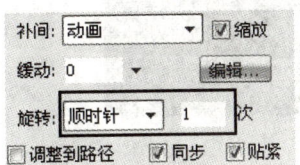

图 8-46　设置旋转

图 8-47　设置 Alpha 属性

（15）在引导层上创建一个新图层，修改名称为"按钮"，如图 8-48 所示。

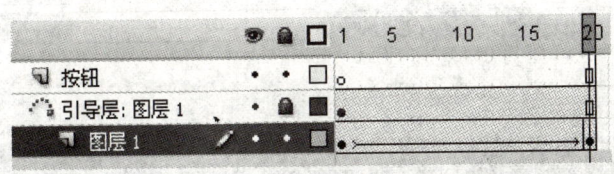

图 8-48　新建图层"按钮"

（16）在"按钮"图层的第 2 帧按下鼠标左键拖动至第 20 帧，以选择第 2～20 帧，选择菜单"编辑"→"时间轴"→"删除帧"，删除后的时间轴如图 8-49 所示。

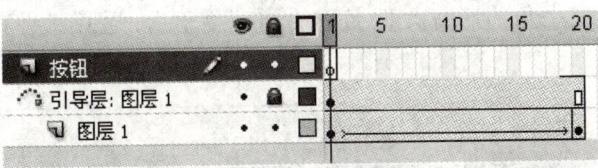

图 8-49　时间轴效果

（17）这样就确保"按钮"图层的对象只保留 1 帧。选择"矩形工具",设置"填充颜色"为红色,拖动鼠标在舞台上绘制一个位置、大小与雪花大致相同的矩形。选择该矩形,按下 F8 键,弹出"转换为元件"对话框,在"名称"中输入"隐藏按钮",在"类型"中选择"按钮",单击"确定"按钮,如图 8-50 所示。

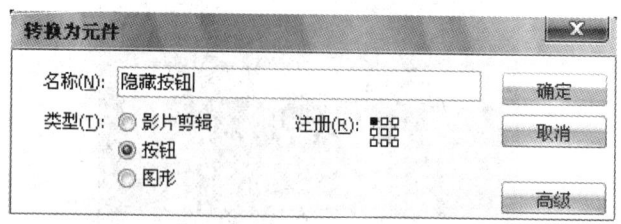

图 8-50　制作按钮元件"隐藏按钮"

（18）双击"隐藏按钮"元件,进入该按钮元件编辑状态,这时元件的名称会出现在舞台的左上角,如图 8-51 所示。

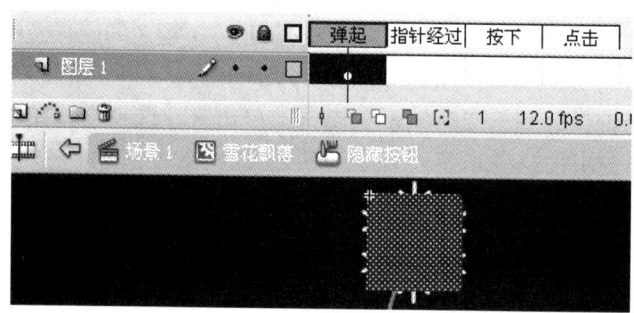

图 8-51　按钮编辑

（19）鼠标拖动"弹起"帧把它移动到"点击"帧处,如图 8-52 所示。

图 8-52　隐藏按钮的制作

（20）单击舞台左上角的影片元件名称"雪花飘落",返回"雪花飘落"元件编辑状态,如图 8-53 所示。

图 8-53　返回"雪花飘落"元件

(21) 在"雪花飘落"元件中,按住 Shift 键单击"引导层"和"图层 1",选择这两层的所有帧,如图 8-54 所示,把鼠标移动到选择的帧上向后拖动 1 帧,移动后的时间轴如图 8-55 所示。

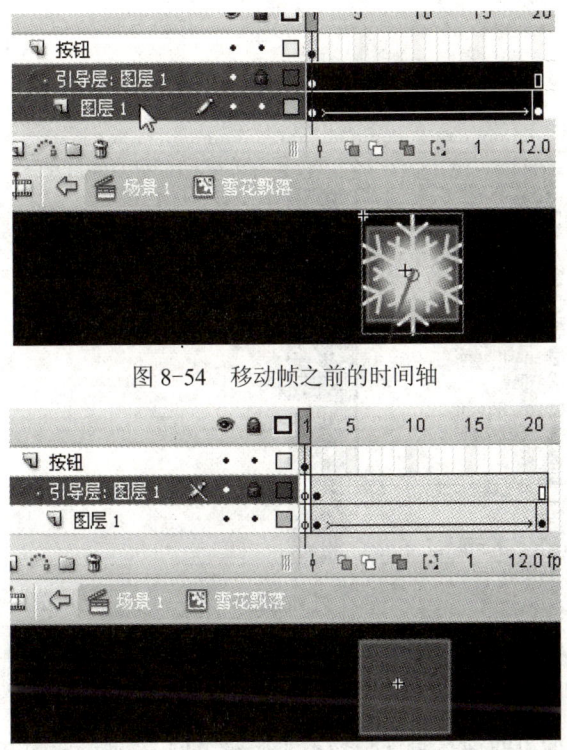

图 8-54　移动帧之前的时间轴

图 8-55　移动帧之后的时间轴

(22) 单击选择"引导层"的第 1 帧,按下 F9 键打开"动作"面板,单击"将新项目添加到脚本中"按钮 ,选择"全局函数"→"时间轴控制"→"stop",为第 1 帧添加 stop 语句,如图 8-56 所示。

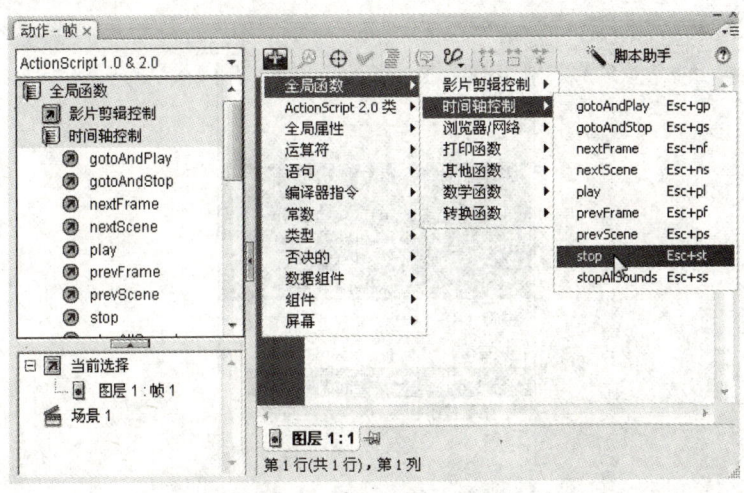

图 8-56　添加动作语句

(23) 在舞台中单击按钮,在"动作"面板中为按钮添加如下语句:

```
on (rollOver) {
    play();
}
```

"动作"面板如图 8-57 所示。

图 8-57　添加动作语句

(24) 单击舞台左上角的场景名称"场景 1",返回主场景,如图 8-58 所示。

图 8-58　返回主场景

(25) 按下 F11 键打开"库"面板,拖动其中的影片剪辑元件"雪花飘落"到舞台中,如图 8-59 所示。

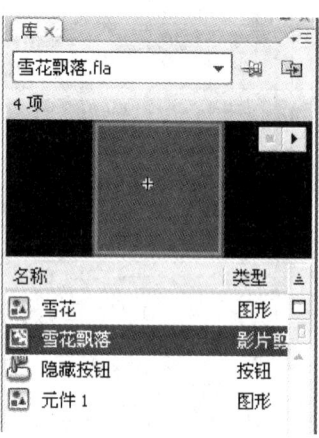

图 8-59　库面板

第 8 章 使用动作脚本制作交互动画

（26）可以选择"任意变形元件"修改场景中"雪花飘落"的大小，选择"选择工具"，按住 Alt 键拖动该元件多次复制，直至排满舞台，如图 8-60 所示。

图 8-60 复制实例

（27）按下 Ctrl+Enter 键测试动画，移动鼠标看看效果吧！

8.4 实例部分——可移动的放大镜

8.4.1 实例说明与效果预览

本实例制作一个随着鼠标指针移动的放大镜，效果如图 8-61 所示。

图 8-61 实例效果

8.4.2 实例分析

本实例是利用 ActioScript 语句控制影片实例跟随鼠标指针移动，其中一个是放大镜，另一个作为遮罩。

8.4.3 制作要点

（1）元件实例的命名。

（2）鼠标拖曳影片剪辑实例。

（3）设置影片剪辑实例的位置属性。

8.4.4 制作步骤

（1）选择菜单"文件"→"新建"命令，弹出"新建文档"对话框，选择"Flash 文件（ActionScript 2.0）"，单击"确定"按钮新建一个文件。

（2）选择"文本工具"，在舞台上输入文本"2008 Beijing China"，字体选择"Arial"，"大小"为 70，"颜色"为黑色，修改图层名称为"大字"，如图 8-62 所示。

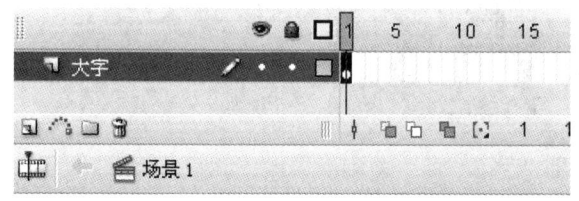

图 8-62 输入文本

（3）创建一个新图层，修改图层名称为"小字"。用"选择工具"选择"大字"图层的文本后按下 Ctrl+C 键复制它，选择"小字"图层，按下 Ctrl+V 把文字粘贴到"小字"图层，修改"文本大小"为 50，"字母间距"为 10，如图 8-63 所示。

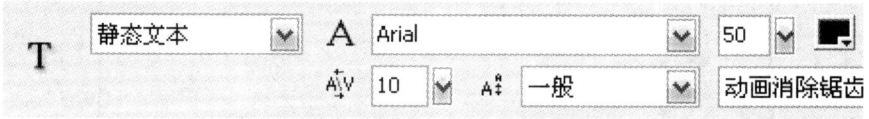

图 8-63 设置文本属性

（4）拖动"小字"图层到"大字"图层下，按住 Shift 键鼠标单击"小字"和"大字"图层的名称，全部选择它们，按下 Ctrl+K 键，在右侧弹出的"对齐"面板上，选中"相对于舞台"，并单击"垂直中齐"和"水平中齐"。对齐后的效果如图 8-64 所示。

2008 Beijing China

图 8-64 两层文本的效果

（5）创建一个新图层，修改图层名称为"放大镜"。

（6）选择"椭圆工具"，在"属性"面板设置"笔触颜色"为黑色，"笔触高度"为 5，在"颜色"面板设置"填充颜色"类型为"放射状"渐变，渐变色为白→蓝，在舞台拖动鼠标绘制一个圆，大小为 150×150 像素，效果和属性如图 8-65 所示。

第 8 章 使用动作脚本制作交互动画

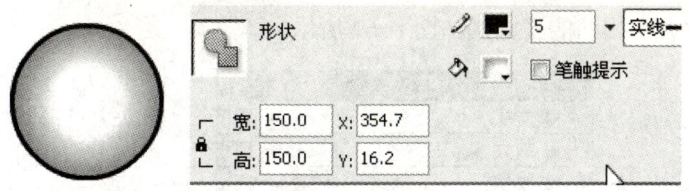

图 8-65 绘制"放大镜"镜片

（7）选择该图形，按下 F8 键，弹出"转换为元件"对话框，修改"名称"为放大镜，"类型"选择影片剪辑，修改"注册"为中心，单击"确定"按钮，如图 8-66 所示。

图 8-66 转换元件"放大镜"

（8）双击"放大镜"元件，进入该元件编辑状态，选择"矩形工具"，设置"笔触颜色"为无，"填充颜色"为黑色，确定当前层为"放大镜"图层，在舞台拖动鼠标绘制一个矩形，利用"选择工具"调整该矩形作为放大镜的手柄，步骤如图 8-67 所示。

图 8-67 制作手柄

（9）选择"任意变形工具"旋转手柄至合适角度并移动到圆上，完成放大镜制作，如图 8-68 所示。

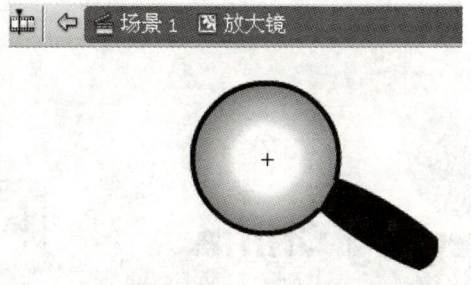

图 8-68 放大镜完成效果

（10）创建一个新图层，修改图层名称为"放大区"。选择"椭圆工具"，绘制一个和

"放大镜"的镜片大小相同的正圆,如图8-69所示。

图8-69 制作遮罩层

(11)选择这个圆,按下F8键,弹出"转换为元件"对话框中,在"名称"中输入"区域",在"类型"中选择"影片剪辑","注册"同样设置为中心,如图8-70所示。

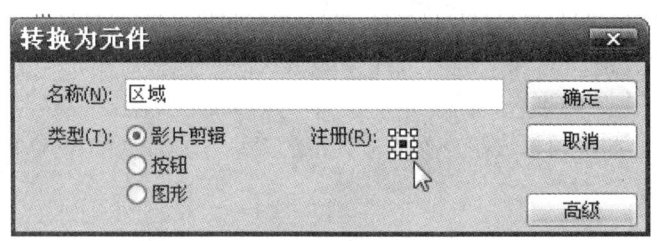

图8-70 转换元件"区域"

(12)在"时间轴"面板调整图层顺序从上到下依次为:放大区、大字、放大镜、小字,如图8-71所示。

(13)在场景中选择"放大镜",打开"属性"面板,在"实例名称"项输入"fdj"作为该实例的名称,如图8-72所示。同样为"区域"实例命名为"fdq"。

图8-71 时间轴效果　　　　　　　　　　　图8-72 实例命名

(14)创建一个新图层,修改名称为"控制",单击选择第1帧,按下F9键打开"动

作"面板,输入如下代码:

```
startDrag("fdj",true);
    fdq._x=fdj._x;
fdq._y=fdj._y;
```

其中 startDrag("fdj",true);是拖曳放大镜;

fdq._x=fdj._x;和 fdq._y=fdj._y; 是设置放大区域元件的坐标设置为与放大镜一样,即让 fdq 跟踪 fdj。

(15)设置图层"放大区"为遮罩层。为了让第 1 帧的语句能不停地循环,在"控制"层的第 2 帧插入关键帧,输入与第 1 帧相同的代码,其他层的第 2 帧都插入帧,如图 8-73 所示。

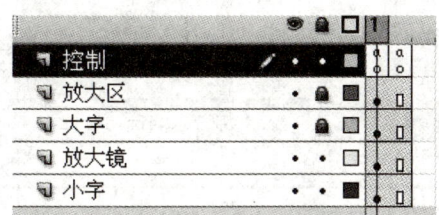

图 8-73　时间轴效果

(16)按下 Ctrl+Enter 键,测试动画。

8.5　上机实战与提高

本实例利用按钮控制场景的跳转制作一个简单的换装小游戏,效果如图 8-74 所示。

图 8-74　效果预览

步骤提示:
(1)新建文档,修改背景色为淡蓝色。

（2）选择菜单"文件"→"导入"→"导入到库"，弹出"导入到库"对话框，选择要导入的所有图像文件，单击"打开"按钮，导入到库中，如图 8-75 所示。

图 8-75　导入文件

（3）按下 F11 键打开"库"面板，把刚导入的图像文件拖入舞台，位置如图 8-76 所示。

图 8-76　舞台效果

（4）选择左侧的第一件衣服，按下 F8 键，把它转换为按钮元件，如图 8-77 所示。

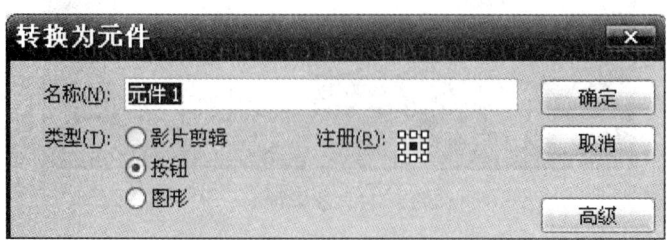

图 8-77　转换元件"元件 1"

（5）把其他三件衣服也同样转换为按钮元件。
（6）选择第一个按钮，按下 F9 键打开"动作"面板，输入如下代码：

```
on (release) {
    gotoAndStop("c1",1);
}
```

其中 gotoAndStop("c1",1)是控制跳转到场景"c1"的第 1 帧。

（7）为其他三个按钮添加相同的语句，只是其中 gotoAndStop 的场景名依次为 c2，c3，c4，即 gotoAndStop("c2",1)、gotoAndStop("c3",1)和 gotoAndStop("c4",1)。

（8）在图层 1 的第 1 帧上单击右键，在弹出的快捷菜单中选择"复制帧"。

（9）按下 Shift+F2 键，打开如图 8-78 所示的"场景"面板。

（10）鼠标双击"场景 1"的名称，修改名称为"c1"，单击"添加场景"按钮 + 三次，再添加三个场景并修改名称为"c2"、"c3"、"c4"，如图 8-79 所示。

图 8-78 "场景"面板

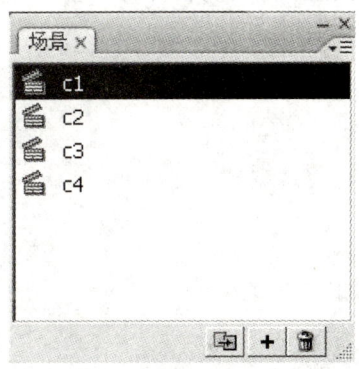
图 8-79 新建场景

（11）关闭"场景"面板，鼠标单击舞台右上角的"编辑场景"按钮，从列表中选择"c2"，如图 8-80 所示。

（12）在场景"c2"中，鼠标右击图层 1 的第 1 帧，在弹出的快捷菜单中选择"粘贴帧"。

（13）从库中拖入穿第 2 个按钮图像衣服的小女孩到相同的位置，如图 8-81 所示。

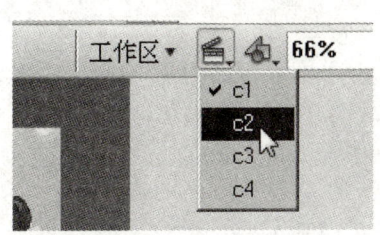
图 8-80 场景切换

图 8-81 场景 C2 舞台效果

（14）用同样的方法制作场景"c3"和"c4"。

（15）为场景"c1"的第 1 帧添加 Action 语句"stop();"。

（16）按下 Ctrl+Enter 键，测试动画。

8.6 思考与练习

1. Flash 中添加了脚本的关键帧上会显示_____标记。
2. Flash 中的动作脚本可以添加在_____、_____和_____三种对象上。
3. 影片剪辑实例的事件处理函数是_____，按钮实例的事件处理函数是_____。
4. 注释行使用_____符号开头，注释块以_____符号开头，以_____符号结尾。
5. Flash 中有哪些重要的时间轴控制函数？它们的功能是什么。
6. 按钮和影片剪辑各有哪些触发事件？

第 9 章　动画的输出与发布

在 Flash 中，动画作品设计制作完成后，必须将其生成可脱离 Flash 环境播放的动画文件。作品不仅可以发布为 swf 格式，而且还可以发布为 gif 等其他格式，具体选用哪种格式取决于作品的最终用途。

9.1　基础部分——测试 Flash 作品

在 Flash 作品的设计制作过程中，经常要对动画进行必要的测试，以便了解作品是否达到要求。考虑到网络传输的速度，应该考虑在保证动画效果的同时使动画文件更小。

9.1.1　优化动画

Flash 动画文件越大，下载和播放所需要的时间就越长。因此，为了减少影片下载和回放的时间，在导出影片之前最好对影片进行优化。

1. 优化动画

（1）最好将动画中多次出现的相同对象制作成元件，这样多个相同的对象在 Flash 中只保存一次，可以有效地减少作品的数据量。

（2）动画中尽量使用补间动画，避免使用逐帧动画。由于补间动画中的过渡帧是计算出来的，其数据量要少于逐帧动画。

2. 优化元素和线条

（1）对舞台中多个相对位置固定的对象建组。

（2）少使用特殊形状的矢量线，如虚线、点线等。

（3）避免过多使用位图等外部导入的素材。

（4）对于声音，尽可能使用 MP3 格式的文件。

3. 优化文本和字体

（1）不要过多地使用字体和字型。

（2）尽量不用把文字分离。

（3）用菜单 "修改" → "形状" → "优化" 命令优化线条。

4. 优化颜色

（1）尽量少用渐变色，使用渐变色填充区域要比纯色填充占用更多的磁盘空间。

（2）尽量少用 Alpha 设置透明度，它会减慢动画回放的速度。

9.1.2　测试动画的网络播放效果

Flash 中的带宽设置可以根据预先设置的调制解调器的速度以图形化的方式显示每个帧需要发送的数据量。

【操作实例 9-1】 测试动画的下载性能

（1）新建文件。

（2）选择"矩形工具"，设置"填充颜色"为红色，在舞台拖动鼠标绘制一个矩形。

（3）选择第 30 帧，按下 F7 键，插入空白关键帧，如图 9-1 所示。

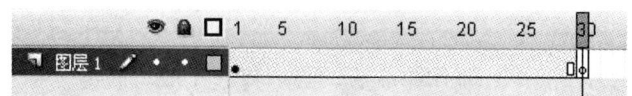

图 9-1 插入空白关键帧

（4）选择"椭圆工具"，设置"填充颜色"为黑色，在第 30 帧绘制一个椭圆。

（5）选择第 50 帧，按下 F7 键，插入空白关键帧，如图 9-2 所示。

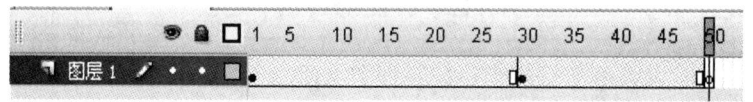

图 9-2 插入空白关键帧

（6）选择"文本工具"，设置"文本颜色"为黑色，在第 50 帧输入"FLASH 动画"。

（7）选择文本"FLASH 动画"，按下 Ctrl+B 键两次分离文字。

（8）鼠标分别右击第 1～30 帧和第 30～50 帧之间的任意帧，在弹出的快捷菜单中选择"创建补间形状"。

（9）选择菜单"文件"→"保存"，弹出"另存为"对话框，在"文件名"中输入"变换.FLA"。

（10）选择菜单"控制"→"测试影片"或按下 Ctrl+Enter 键，打开如图 9-3 所示的"测试窗口"。

图 9-3 测试动画效果

（11）在测试窗口中，选择菜单"视图"→"下载设置"，选择一个调制解调器的速率，如果菜单中没有合适的，可以选择"自定义"来设置其他速率，如图 9-4 所示。

第 9 章　动画的输出与发布　　207

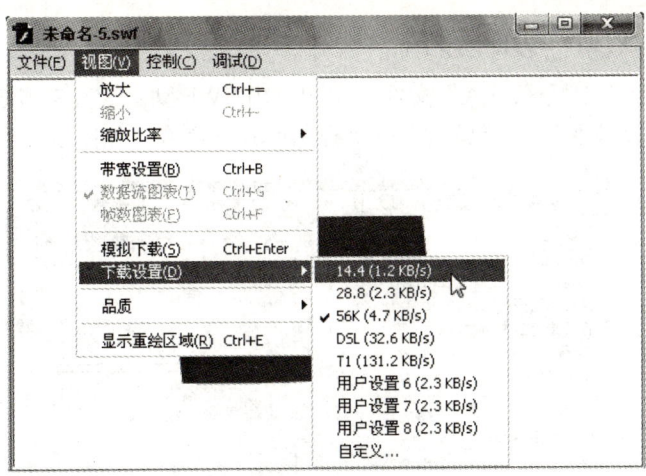

图 9-4　下载设置

（12）选择菜单"视图"→"带宽设置"，打开带宽特性窗口，逐帧显示动画数据量的大小，如图 9-5 所示。

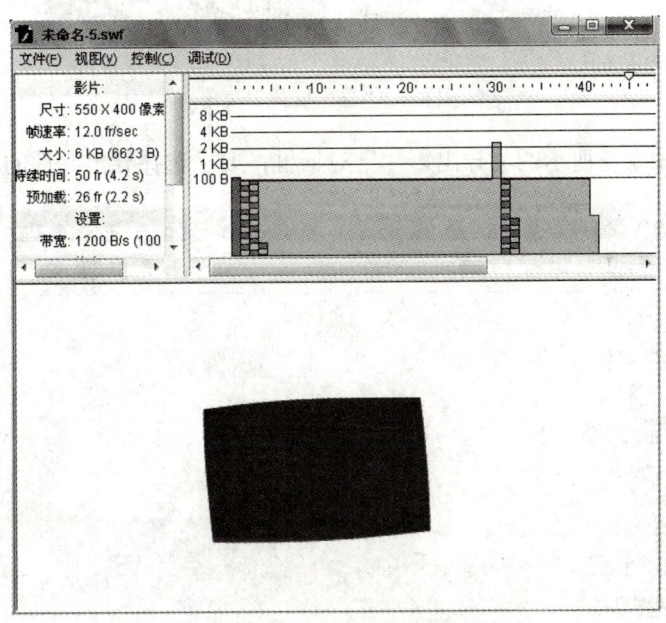

图 9-5　带宽特性窗口

宽带特性窗口的右边显示了动画中各帧的数据量。矩形条越长，说明该帧的数据量越大，红色水平线是动画传输速率警告线，它的位置由传输条件决定，这里选择的是"14.4(1.2KB/s)"的模拟传输情况。当色条高于红色水平线时，表示在播放该帧时有可能产生停顿。

9.2　基础部分——导出 Flash 作品

使用 Flash 的"导出"命令，可以创建供其他应用程序使用的内容。

9.2.1 导出 SWF 动画影片

下面以 9.1.2 节的"变换.FLA"文件来说明导出 SWF 动画影片的方法。

（1）选择菜单"文件"→"导出"→"导出影片"命令，如图 9-6 所示。

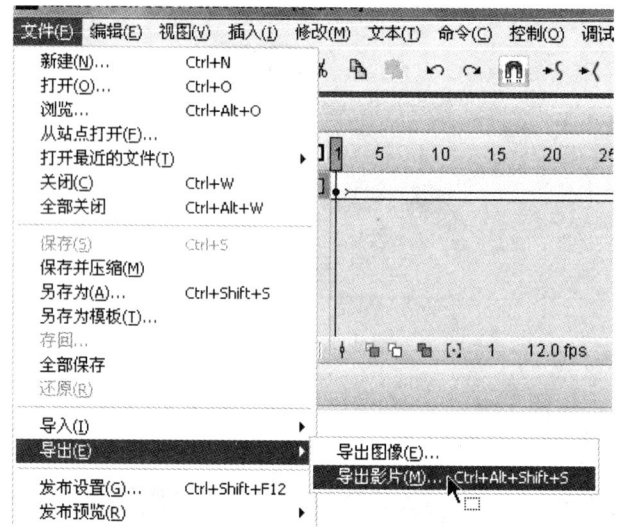

图 9-6 "导出影片"菜单

（2）弹出如图 9-7 所示的"导出影片"对话框，要求选择导出文件的名称及类型。

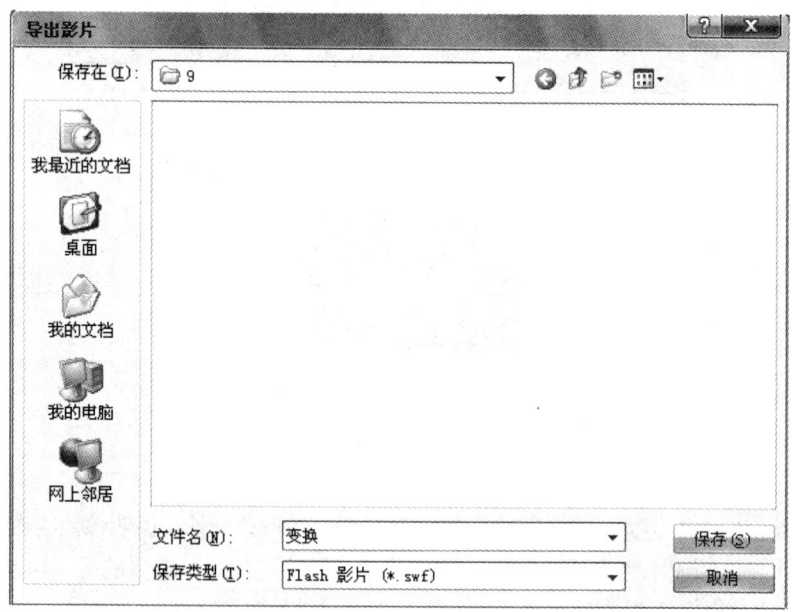

图 9-7 "导出影片"对话框

（3）保存类型的默认选项是"Flash 影片（*.swf）"，保持不变。在"文件名"中输入要导出的文件的名字，默认和.fla 文件一样，当前是"变换"，保持不变。单击"保存"按钮，弹出如图 9-8 所示"导出 Flash Player"对话框。

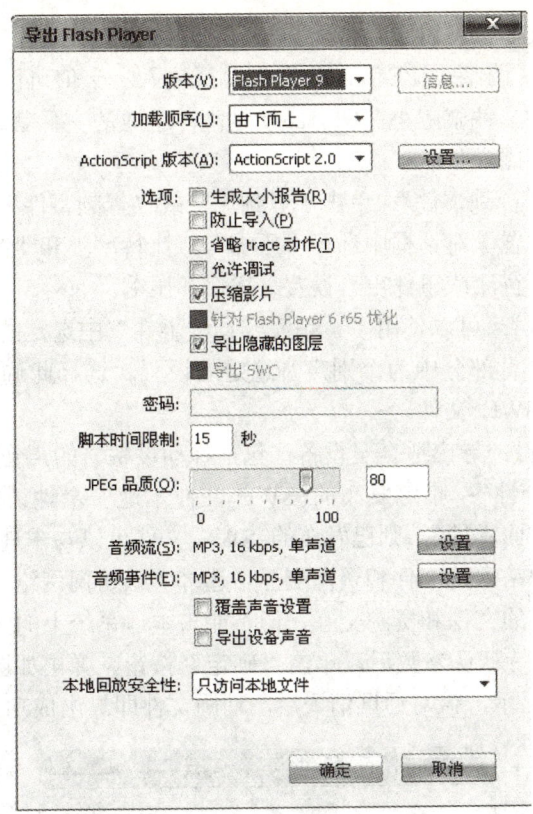

图 9-8 "导出 Flash Player"对话框

其中常用的选项与参数的功能如下。

- "版本":选择一个播放器版本,一般保持默认。
- "加载顺序":指定 Flash 如何加载 SWF 文件各层以显示 SWF 文件的第一帧是"由下而上"或"由上而下"。
- "ActionScript"版本:选择 ActionScript 1.0、2.0 或 3.0 以反映文档中使用的版本。
- "生成大小报告":可生成一个报告,按文件列出最终 Flash 内容中的数据量。
- "省略 trace 动作":使 Flash 忽略当前 SWF 文件中的跟踪动作(trace)。如果选择该选项,来自"跟踪动作"的信息就不会显示在"输出"面板中。
- "允许调试":会激活调试器并允许远程调试 Flash SWF 文件。如果选择此选项,可以决定使用密码来保护 SWF 文件。
- "压缩影片":压缩 SWF 文件以减小文件大小和缩短下载时间。默认情况下,会选中此选项。当文件包含大量文本或 ActionScript 时,使用此选项效果明显。经过压缩的文件只能在 Flash Player 6 或更高版本中播放。
- "针对 Flash Player 6 r65 优化":如果在"版本"弹出菜单中选择 Flash Player 6,可以选择此选项来将版本指定为 Flash Player 6。
- "密码":如果选择"允许调试"或"防止导入",则可以在"密码"文本框中输入密码。如果添加了密码,那么其他人必须先输入密码才能调试或导入 SWF 文件。

清除"密码"文本框可以删除密码。

- "JPEG 品质":调整"JPEG 品质"滑块或输入一个值可以控制位图压缩。图像品质越低,生成的文件就越小;图像品质越高,生成的文件就越大。值为 100 时图像品质最佳,压缩比最小。
- "音频流"或"音频事件":单击"音频流"或"音频事件"旁边的"设置"按钮,然后在"声音设置"对话框中选择"压缩"、"比特率"和"品质"选项可以为 SWF 文件中的所有声音流或事件声音设置采样率和压缩。
- "覆盖声音设置":可以使用"音频流或音频事件"中选定的设置来覆盖在"属性"检查器的"声音"部分中为个别声音选定的设置。选择此选项可以创建一个较小的低保真版本的 SWF 文件。
- "导出设备声音":导出适合于设备(包括移动设备)的声音而不是原始库声音。
- "本地回放安全性":指定发布的 SWF 文件本地安全性访问权或网络安全性访问权。选择"只访问本地",则已发布的 SWF 文件可以与本地系统上的文件和资源交互,但不能与网络上的文件和资源交互。选择"只访问网络",则已发布的 SWF 文件可以与网络上的文件和资源交互,但不能与本地系统上的文件和资源交互。

(4)设置好后或保持默认参数后,单击"确定"按钮,弹出如图 9-9 所示的"正在导出 Flash 影片"的进度显示,该对话框消失后,动画文件即导出成功。

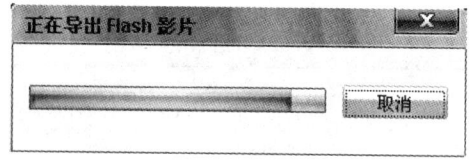

图 9-9 导出影片进度显示

9.2.2 导出 GIF 动画图像

(1)选择菜单"文件"→"导出"→"导出影片"命令后,弹出"导出影片"对话框,在"保存类型"选择"GIF 动画(*.gif)",如图 9-10 所示。

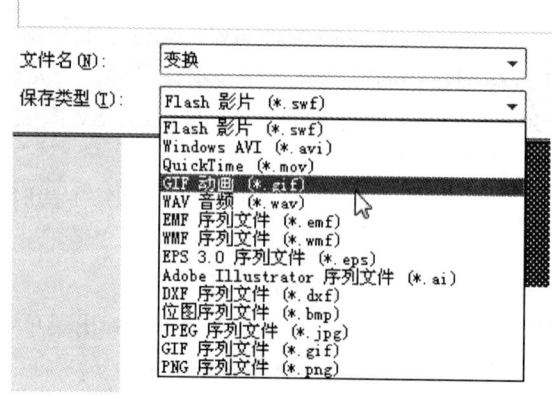

图 9-10 导出 GIF 动画

（2）在"文件名"中输入名字后，单击"保存"按钮，弹出如图 9-11 所示的"导出 GIF"对话框。

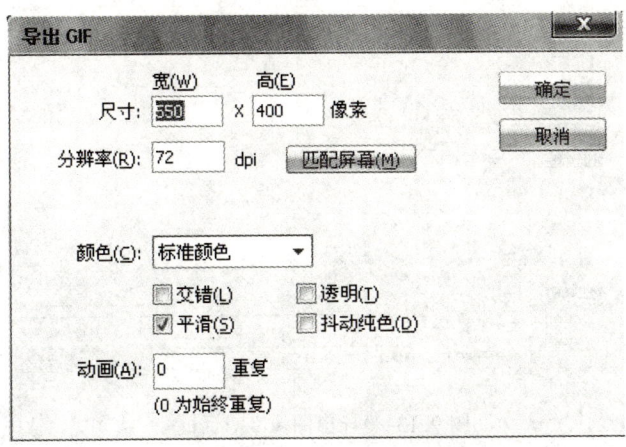

图 9-11 "导出 GIF"对话框

其中各选项与参数的用法如下。
- "尺寸"：设置导出 GIF 的尺寸。
- "分辨率"：按照每英寸的点数（dpi）为单位设置。可以输入一个分辨率，也可以单击"匹配屏幕"按钮，使用屏幕分辨率。
- "颜色"：将可用于创建导出图像的颜色数量设置为以下情况之一：4 色、6 色、16 色、32 色、64 色、128 色、256 色或标准颜色。也可以选择使用交错、平滑、透明或抖动纯色。
- "动画"：可以输入重复的次数，如果为 0 则无限次重复。

（3）设置好各项参数后单击"确定"按钮，出现如图 9-12 所示"正在导出 GIF 动画"的进度显示，该对话框消失后，动画文件即导出成功。

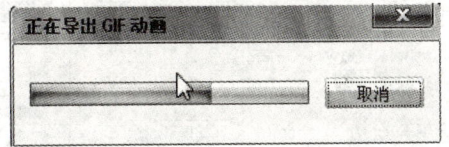

图 9-12 导出进度显示

9.2.3 导出静态图像

导出图像的具体操作如下。
（1）选取场景中或某一帧中要导出的图形。
（2）选择菜单"文件"→"导出"→"导出图像"命令，打开如图 9-13 所示"导出图像"对话框。
（3）在"保存在"下拉列表中指定导出文件存放的位置，在"文件名"中输入文件名称，在"保存类型"下拉列表中选择图像保存的类型，如图 9-14 所示。

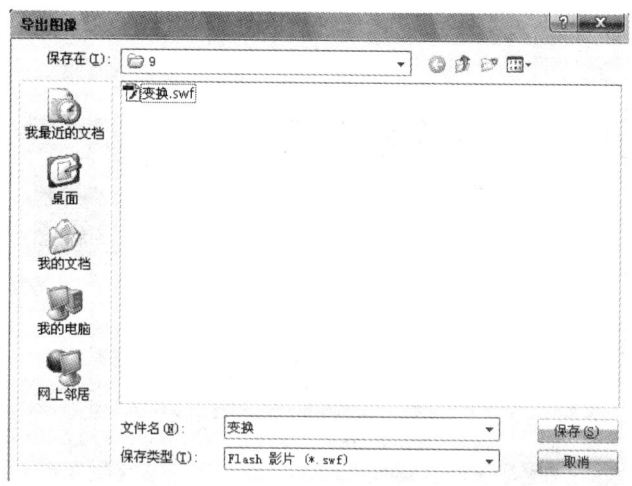

图 9-13 "导出图像"对话框

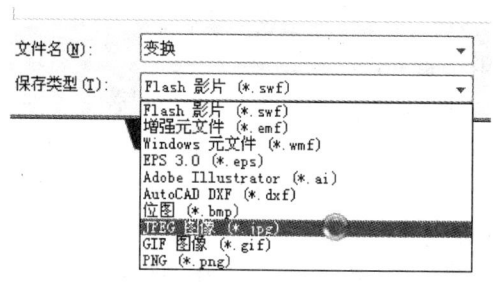

图 9-14 导出图像类型选择

（4）选择"JPEG 图像（*.jpg）"，单击"保存"按钮。弹出如图 9-15 所示的"导出 JPEG"对话框。

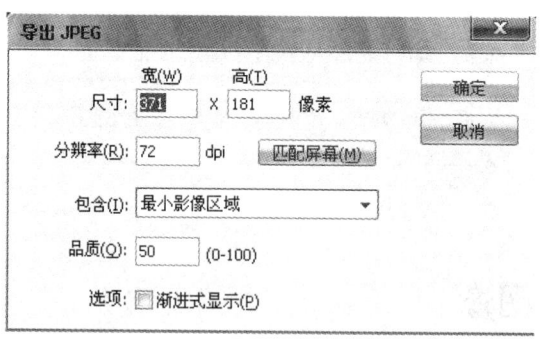

图 9-15 "导出 JPEG"对话框

其中各选项与参数的用法如下。

- "尺寸"：用于设置导出的位图图像的大小（以像素为单位）。Flash 确保指定的大小始终与原始图像保持相同的高宽比。
- "分辨率"：用于设置分辨率（以 dpi 为单位）。选择"匹配屏幕"可以将分辨率设

第9章 动画的输出与发布

置为与显示器匹配。
- "包含":可以设置要导出的文档的部分,可以选择"最小影像区域"或"完整文档大小"。
- "品质":控制 JPEG 文件的压缩量。
- "渐进式显示":在 Web 浏览器中逐步显示渐进的 JPEG 图像,可在低速网络连接上以较快的速度显示加载的图像。

(5) 设置好各项参数后单击"确定"按钮,完成导出。

9.3 基础部分——发布 Flash 作品

使用"发布"命令可以创建*.swf 文件,也可以将 Flash 动画插入 HTML 文档中,还可以发布为 GIF、JPEG、PNG 和 QuickTime 等其他格式的文件。

注意:在发布 Flash 文档前,需要先创建一个文件夹,保存所要发布的 Flash 文档至该文件夹中。

9.3.1 发布设置

(1) 选择菜单"文件"→"发布设置",打开如图 9-16 所示的"发布设置"对话框。

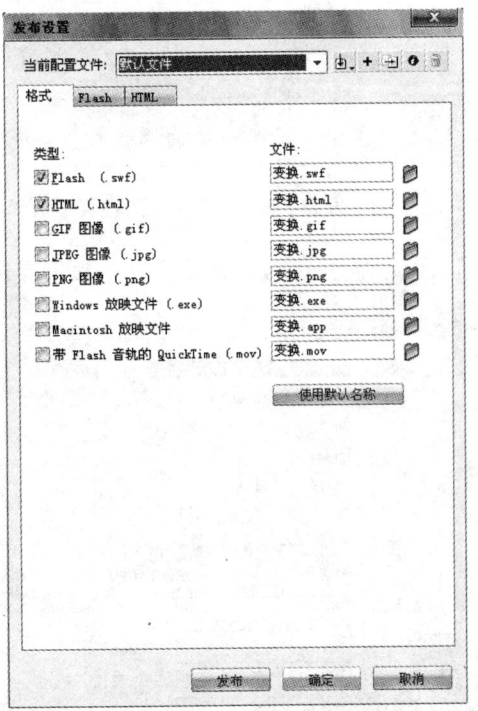

图 9-16 "发布设置"对话框

(2) 在"格式"选项卡对发布的格式进行选择。可以输入文件的名称,单击右侧的"选择发布目标"按钮 可以选择该文件的存储文件夹。

（3）打开"Flash"选项卡，显示 Flash 格式文件的设置参数，与前面导出的相同，如图 9-17 所示。

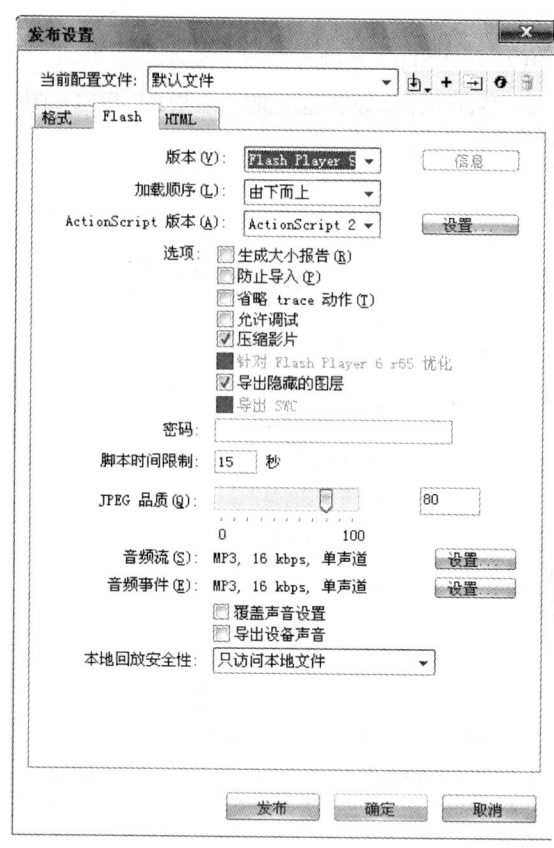

图 9-17　发布 Flash 格式文件的设置参数

（4）打开"HTML"选项卡，显示 HTML 格式文件的设置参数，如图 9-18 所示。

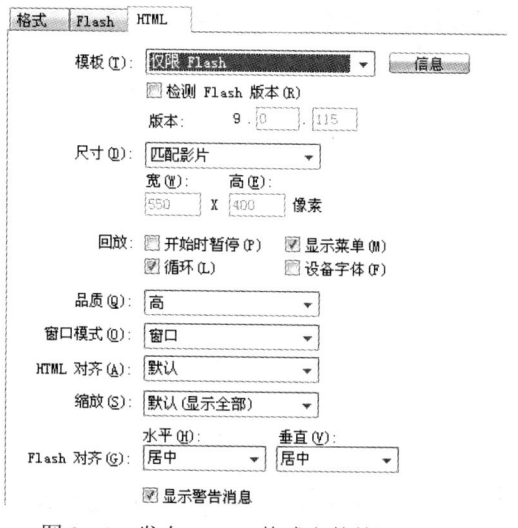

图 9-18　发布 HTML 格式文件的设置参数

(5) 对各项参数设置完成后，单击"确定"按钮确认设置的参数。

9.3.2 预览与发布

对动画的发布格式进行设置后，选择菜单"文件"→"发布预览"可以对动画格式进行预览，如图 9-19 所示。

选择菜单"文件"→"发布"命令或按快捷键"Shift+F12"完成发布，如图 9-20 所示。

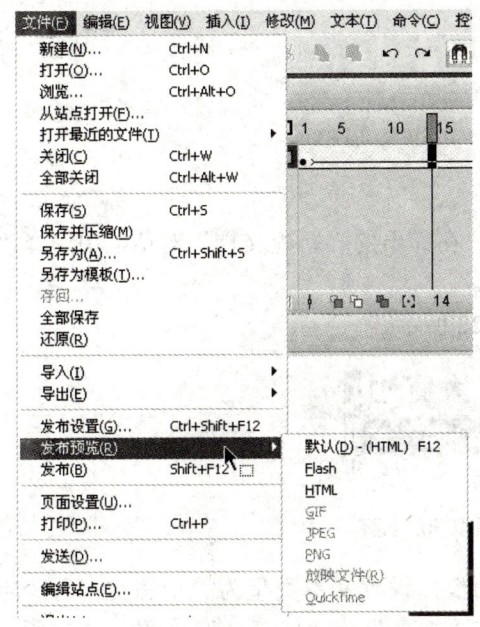

图 9-19 发布预览菜单

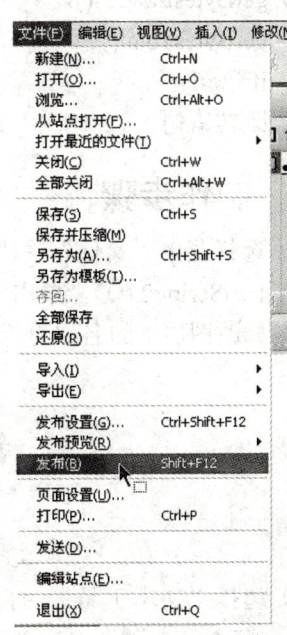

图 9-20 "发布"菜单

9.4 实例部分——loading 动画的制作

9.4.1 实例说明与效果预览

为了达到动画的流畅播放，需要动画在网络上全部下载完成以后再播放。loading 动画就是将当前加载的情况显示给用户，效果如图 9-21 所示。

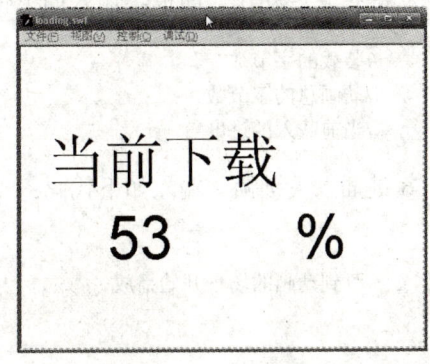

图 9-21 动画效果

9.4.2　实例分析

loading 动画的制作原理是利用 ActionScript 中的系统函数来判断已下载字节数和动画总字节数的关系以告诉用户当前载入的进度。

9.4.3　制作要点

（1）getBytesLoaded()。
（2）getBytesTotal()。
（3）if 语句。
（4）跳转语句。

9.4.4　制作步骤

（1）选择菜单"文件"→"新建"命令，在弹出的"新建文档"对话框中选择"Flash 文件（ActionScript 2.0）"，单击"确定"按钮。

（2）修改图层 1 的名称为"as"，如图 9-22 所示。

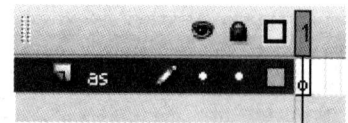

图 9-22　修改图层名称

（3）选择"文本工具"，打开"属性"面板，设置文本类型为"动态文本"，"字体"为"_sans"，"大小"为 80，"颜色"为黑色，"变量"为"loaded"，如图 9-23 所示。在舞台拖动鼠标制作出文本框。

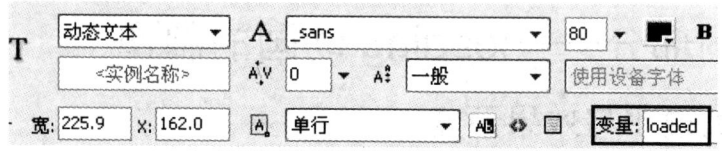

图 9-23　"动态文本"属性设置

（4）选择第 1 帧，按下 F9 键打开"动作"面板。输入如下代码：

```
a=getBytesLoaded();        //装载的字节数
b=getBytesTotal();         //动画总的字节数
loaded=int(a/b*100);       //当前载入的进度
```

（5）选择第 2 帧，按下 F6 键插入关键帧。输入如下代码：

```
if (a==b) {
  gotoAndPlay("main", 1);  //跳到动画的场景开始播放
} else {
  gotoAndPlay(1);
}
```

(6) 按下 Shift+F2 键,打开如图 9-24 所示的"场景"面板。

图 9-24 场景面板

(7) 双击"场景 1"的名称,修改名称为"as"。单击"添加场景"按钮,新建一个场景,修改名称为"main",如图 9-25 所示。

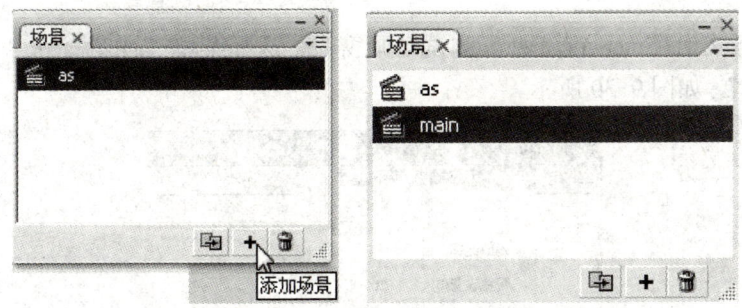

图 9-25 添加场景

(8) 确定当前场景为"main"(舞台左上角显示 main)。如果不是,单击"编辑场景"按钮 可以进行选择,如图 9-26 所示。

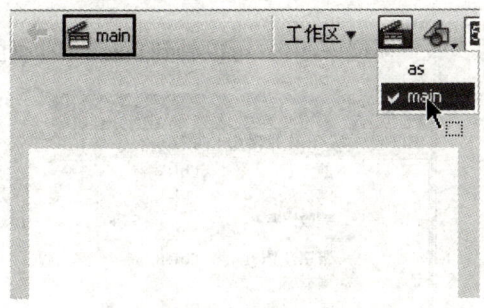

图 9-26 场景切换

(9) 选择"文本工具",在"属性"面板设置"文本类型"为"静态文本","颜色"为红色。在舞台中输入文本"CHINA",按两次 Ctrl+B 键分离文本,如图 9-27 所示。

(10) 选择第 50 帧,按下 F7 键插入空白关键帧,用"文本工具"输入"中国",按两次 Ctrl+B 键分离文本,如图 9-28 所示。

CHINA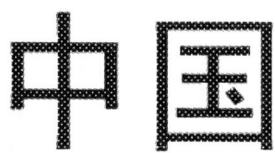

图 9-27　输入文本并分离　　　　　　　图 9-28　文本分离效果

（11）鼠标右键单击第 1~50 帧之间的任意帧，在弹出的快捷菜单中选择"创建补间形状"，如图 9-29 所示。

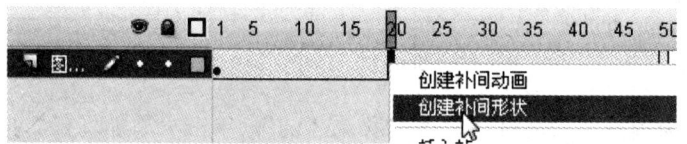

图 9-29　创建形状补间

（12）按下 Ctrl+Enter 键，打开测试动画窗口。选择菜单"视图"→"下载设置"→"14.4(1.2KB/s)"，如图 9-30 所示。

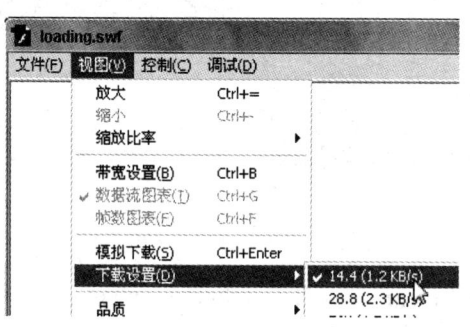

图 9-30　下载设置

（13）选择菜单"视图"→"模拟下载"，可以看到 loading 动画的效果，如图 9-31 所示。

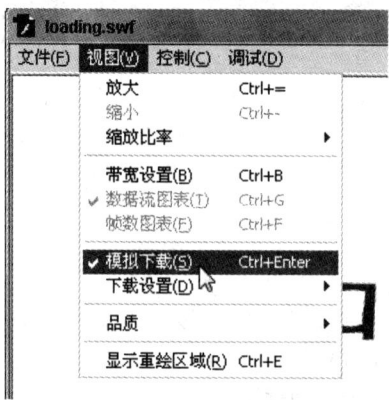

图 9-31　模拟下载

9.5 上机实战与提高

本实例在前面制作的载入动画的基础上，制作带有下载进度指示条的 loading 动画，效果如图 9-32 所示。

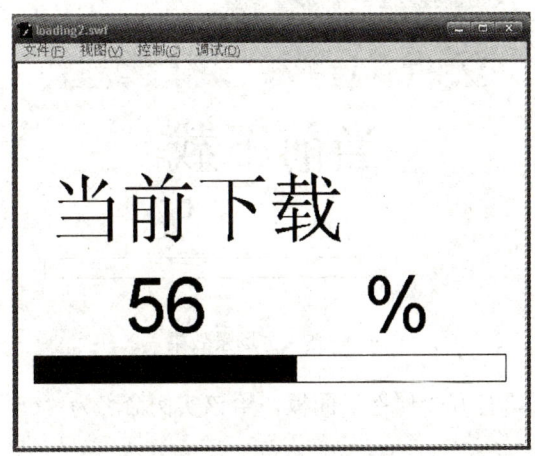

图 9-32　效果预览

步骤提示：

（1）打开 9.4 节中制作好的 loading 动画。

（2）选择菜单"插入"→"新建元件"，打开"创建新元件"对话框，创建一个影片剪辑元件，如图 9-33 所示。

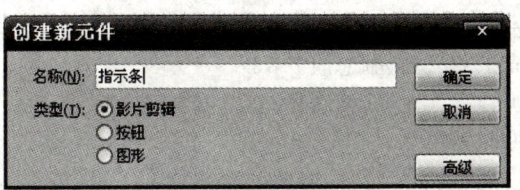

图 9-33　新建元件"指示条"

（3）在该元件中制作一个 100 帧的动画，效果为逐渐显示的指示条动画（利用遮罩动画的方法），如图 9-34 所示。

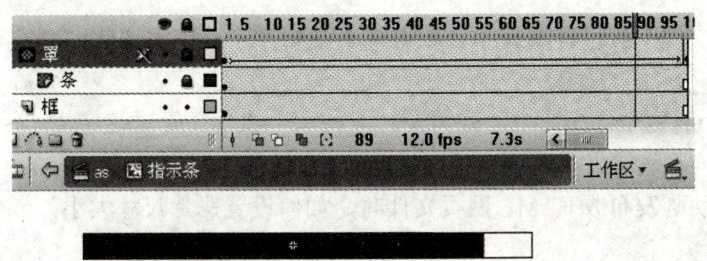

图 9-34　元件动画效果

（4）单击舞台左上角的场景名称"as"，返回"as"场景，新建一个图层，把"库"中的元件"指示条"拖入舞台合适位置，如图 9-35 所示。

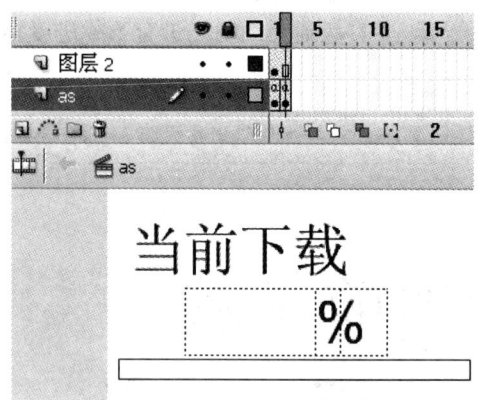

图 9-35　主场景效果

（5）选择"指示条"，打开"属性"面板，给该实例命名为"dh"，如图 9-36 所示。

图 9-36　影片实例命名

（6）选择图层"as"的第 1 帧，按下 F9 键打开"动作"面板，添加语句 this.dh.gotoAndStop(loaded)，作用是播放"dh"实例的第 loaded 帧。该帧的全部语句如下：

```
a=getBytesLoaded();        //装载的字节数
b=getBytesTotal();         //动画总的字节数
loaded=int(a/b*100);       //当前载入的进度
this.dh.gotoAndStop(loaded);
```

（7）按下 Ctrl+Enter 键测试动画，选择菜单"视图"→"模拟下载"，可以看到 loading 动画的效果。

9.6　思考与练习

1．在测试文档下载性能图表中，如果某个帧超过了红色警戒线，则在下载浏览这个动画时会产生_____现象。

2．Flash 中有两个导出命令，分别为_____和_____。

3．简述如何把动画发布成可执行文件。

4．简述把动画发布成 HTML 网页文件时，如何设置影片尺寸大小。

第 10 章 制作 MV

Flash MV 就是音乐与 Flash 动画相结合的动画作品,以其精美的画面和流畅的播放在网络上广为流传。

10.1 基础部分——Flash MV 制作基础

10.1.1 Flash MV 制作流程

制作 Flash MV 的工作量比较大,设计制作的流程基本有以下几个步骤。
(1) 选择歌曲。
(2) 根据歌曲设计出动画的风格、剧情、背景和动画角色形象。
(3) 根据风格与剧情,搜集或利用其他软件制作所需素材。
(4) 把音乐导入 Flash 的场景中,结合歌曲开始具体制作 MV,并添加歌词或字幕。
(5) 调试发布。

10.1.2 声音的导入

Flash 本身没有制作音频的功能,只能将通过其他音频编辑工具制作的音频文件导入到 Flash 作品中。可以导入的声音文件有 WAV、MP3、AIFF 和 WMV 格式。

声音导入的方法如下。
(1) 新建 Flash 文档。
(2) 选择菜单"文件"→"导入"→"导入到库"命令,弹出如图 10-1 所示的"导入到库"对话框。

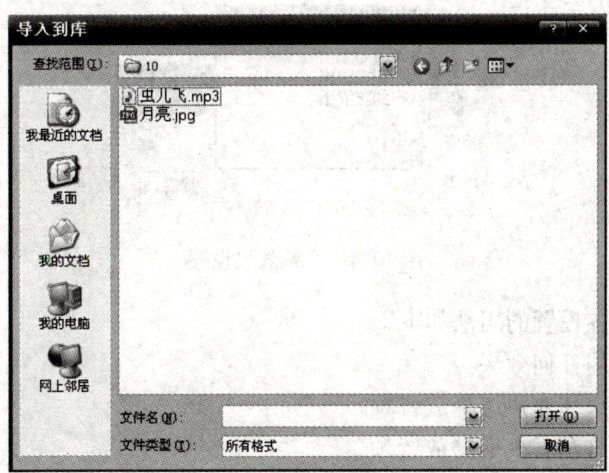

图 10-1 "导入到库"对话框

(3) 在该对话框的"查找范围"下拉列表中选择声音文件所在的文件夹,选择需要导入的声音文件,单击"打开"命令。

(4) 按 F11 键或 Ctrl+L 键打开"库"面板,在库中可以看到图标,表示已成功导入音频文件,如图 10-2 所示。

(5) 用鼠标把库中的"音频文件"拖入舞台。

(6) 鼠标单击时间轴上"音频文件"所在的图层名称,打开"属性"面板。"属性"面板的"同步"下拉列表中可以设置如下选项,如图 10-3 所示。

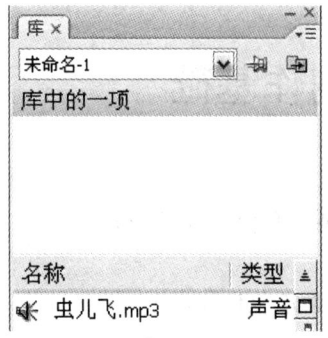

图 10-2 库面板

图 10-3 同步设置

- "事件":它与动画时间线无关,必须使用专门的命令停止音频播放,否则一直播放到"循环"设置的播放次数为止。
- "开始":与"事件"类似,不同之处在于如果调用命令出现,但该音频正在播放时,则不会重新播放。
- "停止":停止音频播放。
- "数据流":以流的方式播放。此时,音频与动画帧的播放完成同步,动画帧结束或被终止,音频也随之被终止。

(7) 在"属性"面板的"效果"下拉列表中可以设置如图 10-4 所示的音频效果。

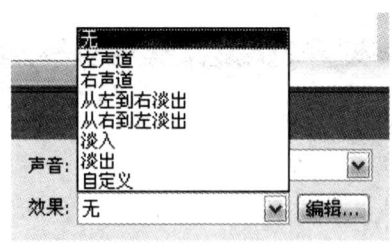

图 10-4 音频效果设置

"效果"列表中各设置的用法如下。

- "无":不使用任何效果。
- "左声道":只在左声道播放音频。
- "右声道":只在右声道播放音频。
- "从左到右淡出":声音从左声道传到右声道。
- "从右到左淡出":声音从右声道传到左声道。

- "淡入"：表示声音逐渐增大。
- "淡出"：表示声音逐渐减弱。
- "自定义"：自己创建声音效果，并可利用音频编辑对话框编辑音频，选择该项后会弹出如图10-5所示的"编辑封套"对话框。

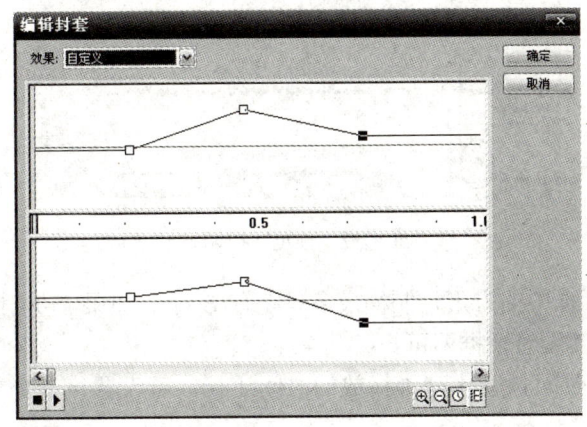

图10-5 编辑声音

"编辑封套"对话框的操作方法如下。

拖动"编辑封套"对话框的上下预览窗口中左侧带方形控制柄直线上的控制柄调节左右声道的音量大小，单击直线上的任意一点，增加控制柄可以调节音量。

在"编辑封套"对话框中的两个声道预览窗口中有一个标尺，用鼠标将起点滑块向右拖动或终点滑块向左拖动，缩短声音播放时间，如图10-6所示。

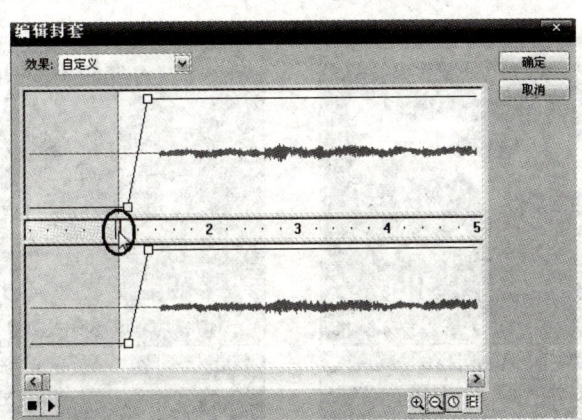

图10-6 开始滑块

声音编辑完成后，单击"确定"按钮。

在"编辑封套"对话框中的"效果"下拉列表中的选项设置与"属性"面板中的"效果"下拉列表设置一样，它们是相关联的操作，即修改任一处的设置，另一处的设置也会相应发生改变。

由于"编辑封套"对话框中的声音预览窗口大小有限，对于较长的声音无法完全显示，可以通过拖动窗口下方的滚动滑块，也可以使用对话框右下方按钮来操作，如图10-7所示。

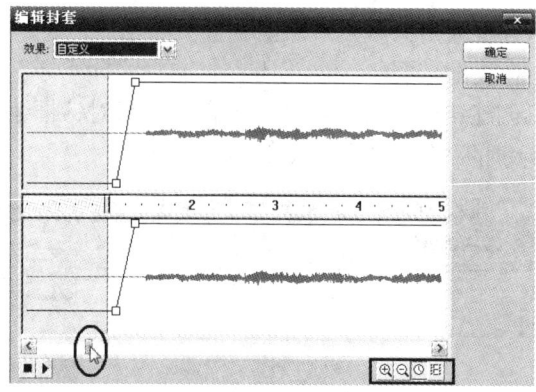

图 10-7 预览窗口调整

"编辑封套"对话框中的方形控制柄最多只能有 8 个。如果需要删除控制柄,只需用鼠标将其拖出"编辑封套"对话框即可。

如果声音播放的时间长度比动画播放的时间还长,可设置声音播放的起点和终点来缩短声音的播放时间。

10.2 制作 Flash MV

10.2.1 实例说明与效果预览

本实例以歌曲"虫儿飞"为例,配合歌曲制作了对应的歌词字幕和动画效果,在 MV 开始和结束设计制作了"Play"和"Replay"按钮,效果如图 10-8 所示。

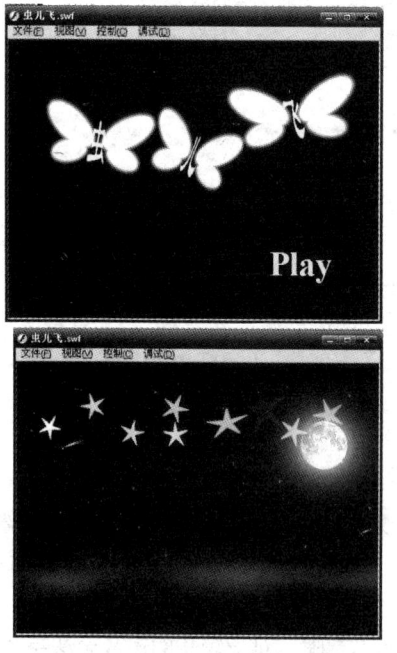

图 10-8 效果预览

10.2.2 实例分析

制作 Flash MV 中一个重要的部分就是声音和画面要有很好的配合，本实例中先导入声音，然后根据歌词在时间轴制作对应的标签，再制作字幕和动画效果。运用影片元件和引导层来实现"虫儿"扇翅膀飞行的效果，并利用按钮元件和 ActionScript 制作出 Play 和 Replay 两个按钮。

10.2.3 制作要点

（1）声音的导入。
（2）帧标签的用法。
（3）动画的灵活运用。
（4）元件的使用。
（5）ActionScript 的控制。

10.2.4 制作步骤

（1）创建一个新文档。
（2）选择"修改"→"文档"，弹出"文档属性"对话框，设置"背景颜色"为黑色，如图 10-9 所示。

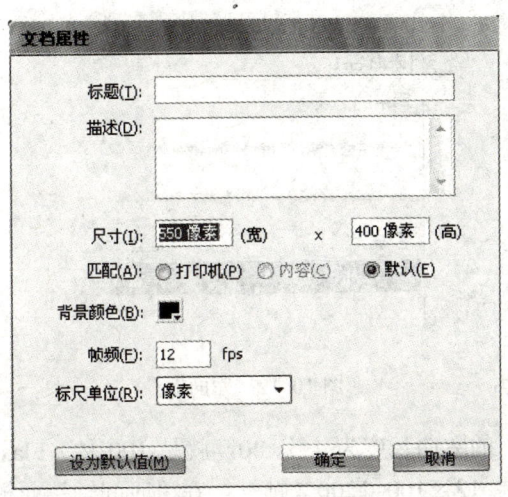

图 10-9　文档属性设置

（3）修改图层 1 的名称为"歌曲"。

图 10-10　修改图层名称

（4）选择菜单"文件"→"导入"→"导入到库"命令，弹出"导入到库"对话框，选择"虫儿飞.mp3"文件,如图 10-11 所示。

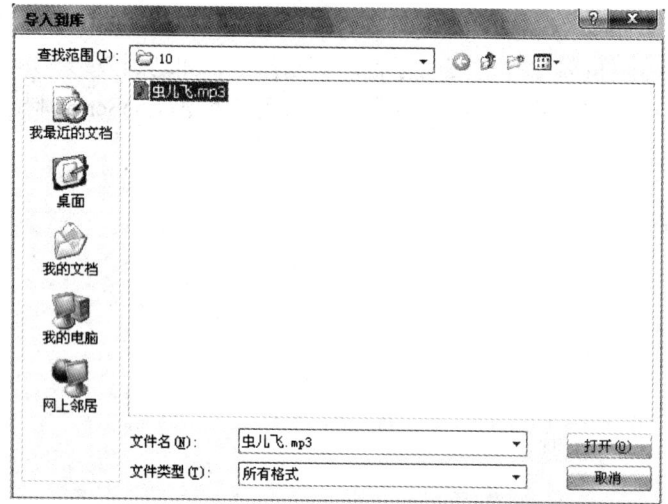

图 10-11　导入 mp3 文件

（5）导入后的歌曲保存在"库"中。按 F11 键打开"库"面板,可以看到一个新的声音符号,如图 10-12 所示。

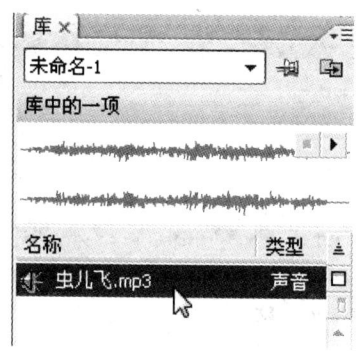

图 10-12　库面板

（6）"虫儿飞.mp3"的歌曲长度为 1 分 40,就是 100 秒。Flash 动画的帧频是 12 帧每秒,那么播放全部歌曲要 12×100=1200（帧）。在"时间轴"面板中用鼠标选择"歌曲"层的第 1200 帧,按下 F5 键插入帧。（可能会看不到 1200 帧,可以先在第 500 帧插入帧,再选第 1000 帧插入帧,这时就肯定能看到 1200 帧了）,如图 10-13 所示。

图 10-13　插入帧

（7）将"库"中的"虫儿飞.mp3"拖入舞台。可以看到时间线发生了变化,出现了音频波形,如图 10-14 所示。

第 10 章 制作 MV 227

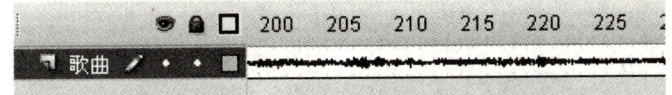

图 10-14 声音文件拖入舞台后的时间轴

（8）在"歌曲"图层的音频波形上单击鼠标，打开"属性"面板，选择"同步"中的"数据流"，这样可以让歌曲和画面达到同步播放效果，如图 10-15 所示。

（9）新建一个图层，修改名称为"标记"，如图 10-16 所示。

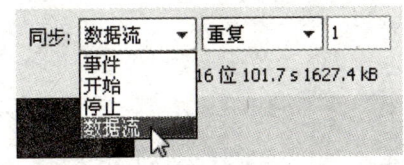

图 10-15 修改"声音"属性中的同步类型

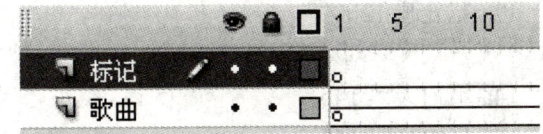

图 10-16 新建图层"标记"

（10）下面开始标记出每句歌词的位置。鼠标拖动时间轴指针到第 1 帧，确定当前图层是"标记"层。按下 Enter 键，这时开始播放，当播放到歌词第 1 句要开始时按一下 Enter 键（第 1 句歌词开始的位置大约在 128 帧），这时播放停止。按下 F7 键在"标记"层的该位置插入空白关键帧。打开"属性"面板，在帧的名称处输入"1a"，表示第 1 句开始的位置，如图 10-17 所示。

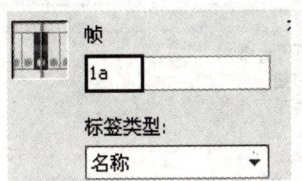

图 10-17 给帧命名

（11）鼠标单击时间轴面板的指针，再次按下 Enter 键，歌曲继续播放，到歌词第 1 句结束时按下 Enter 键（第 1 句歌词结束的位置大约在 181 帧），这时播放停止。按下 F7 键在"标记"层的该位置插入空白关键帧。打开"属性"面板，在帧的名称处输入"1b"，表示第 1 句结束的位置，如图 10-18 所示。

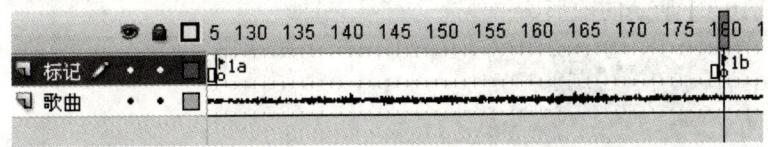

图 10-18 命名后的时间轴

（12）同样的方法为所有歌词作出标记，如下所示。
1a 黑黑的天空低垂 1b
2a 亮亮的繁星相随 2b
3a 虫儿飞 3b

4a 虫儿飞 4b
5a 你在思念谁 5b
6a 天上的星星流泪 6b
7a 地上的玫瑰枯萎 7b
8a 冷风吹 8b
9a 冷风吹 9b
10a 只要有你陪 10b
11a 虫儿飞 11b
12a 花儿睡 12b
13a 一双又一对才美 13b
14a 不怕天黑 14b
15a 只怕心碎 15b
16a 不管累不累 16b
17a 也不管东南西北 17b

下面开始动画部分的制作。

（13）选择菜单"插入"→"新建元件"，打开"创建新元件"对话框，在"名称"中输入"虫"，在"类型"中选择"影片剪辑"，单击"确定"按钮，如图10-19所示。

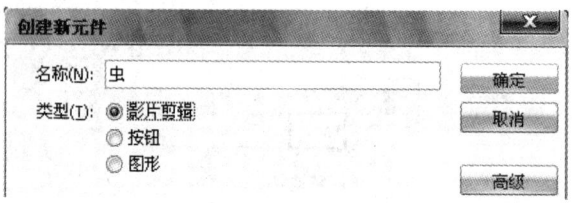

图10-19 新建元件"虫"

（14）这时元件的名称会出现在舞台的左上角，表示当前是元件编辑状态，并有一个十字表面该元件的注册点。修改图层1的名称为"字"。选择"文本工具"，设置文本颜色为淡黄色，在舞台输入文本"虫"，如图10-20所示。

（15）新建一个图层，修改名称为"翅膀"。选择"椭圆工具"，设置"笔触颜色"为无，"填充颜色"为白色，在舞台上拖动鼠标绘制两个椭圆，用"任意变形工具"旋转椭圆，组成如图10-21所示的图形。

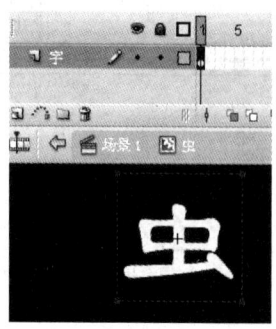

图10-20 输入文本

图10-21 绘制翅膀

(16) 选中这两个椭圆,选择菜单"修改"→"形状"→"柔化填充边缘",弹出如图 10-22 所示的"柔化填充边缘"面板,如图所示进行设置,单击"确定"按钮。这样就给翅膀添加了柔化的效果,如图 10-23 所示。

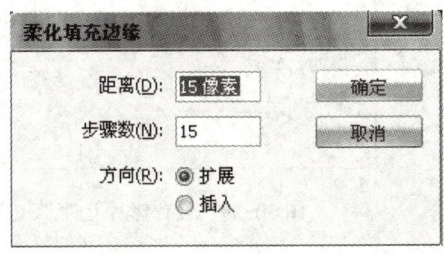
图 10-22 柔化填充边缘

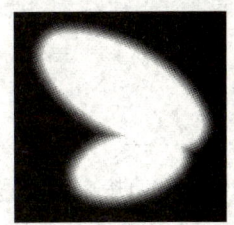
图 10-23 柔化的效果

(17) 选择翅膀,按住 Alt 键拖动再复制一个翅膀。选中其中一个,执行菜单"修改"→"变形"→"水平翻转",得到如图 10-24 所示的效果。

(18) 把这一对翅膀移动到字的两侧。用"任意变形工具"把字压缩一下,移动"字"图层到"翅膀"图层上,如图 10-25 所示。

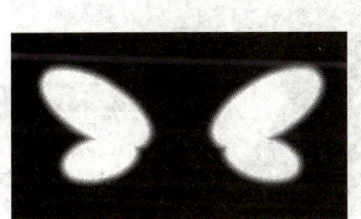
图 10-24 复制并翻转

图 10-25 移动组成图形

(19) 选择"字"图层的第 2 帧,按下 F5 键插入帧。选择"翅膀"图层的第 2 帧,按下 F6 键插入关键帧,选择"任意变形工具",按住 Alt 键把第 2 帧的翅膀横向压缩,如图 10-26 所示。

(20) 按下 F11 键,打开"库"面板,在影片元件"虫"上单击鼠标右键,在弹出的菜单中选择"直接复制",如图 10-27 所示。

图 10-26 压缩翅膀

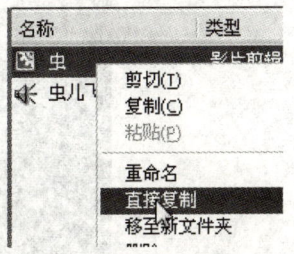
图 10-27 复制元件

（21）在弹出的如图 10-28 所示的"直接复制元件"对话框中，在"名称"中输入"儿"，"类型"选项保持"影片剪辑"不变，单击"确定"按钮。

（22）用同样的操作再复制一个影片元件"飞"，如图 10-29 所示。

图 10-28 "直接复制元件"对话框

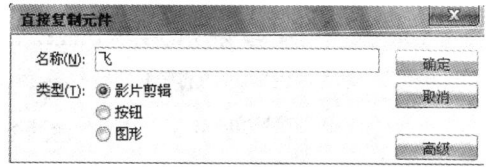

图 10-29 设置影片元件"飞"

（23）鼠标双击"库"中的元件"儿"，进入该元件编辑状态，选择"文本工具"，修改"字"图层的"虫"字为"儿"字，如图 10-30 所示。

（24）鼠标单击"翅膀"图层的名称，选择该层的所有帧，在帧上单击鼠标右键，在弹出的快捷菜单中选择"翻转帧"，如图 10-31 所示。

图 10-30 编辑元件

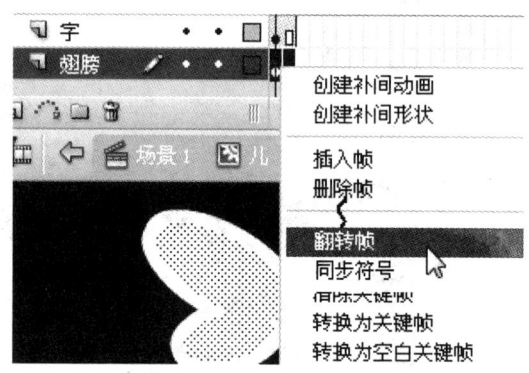

图 10-31 翻转帧

（25）鼠标双击"库"中的元件"飞"，进入该元件编辑状态，选择"文本工具"，修改"字"图层的"虫"字为"飞"字，如图 10-32 所示。

图 10-32 修改文本

第 10 章 制作 MV 231

（26）单击舞台左上角的"场景1"，返回主场景，如图10-33所示。

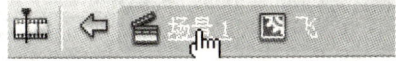

图 10-33 返回主场景

（27）新建一个图层，修改图层名称为"虫"，单击图层名称栏，选中该层的所有帧。因为"歌曲"图层有 1200 帧，新建的图层自动有 1200 帧，暂时不需要这么多帧，先把这些帧删除了。在选择的帧上单击鼠标右键，在弹出的快捷菜单中选择"删除帧"，如图 10-34 所示，删除所有的帧。

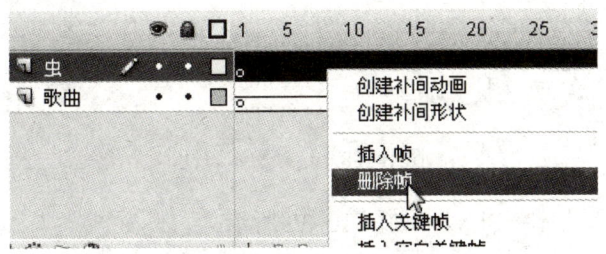

图 10-34 删除帧

（28）选择"虫"图层的第 1 帧，按下 F6 键插入关键帧，把"库"中的元件"虫"拖入舞台。用相同的操作新建图层"儿"和"飞"，同样删除自动添加的帧后，在第 1 帧插入关键帧，放置元件"儿"和"飞"。可以用"任意变形工具"进行旋转、缩放调整，时间轴如图 10-35 所示。

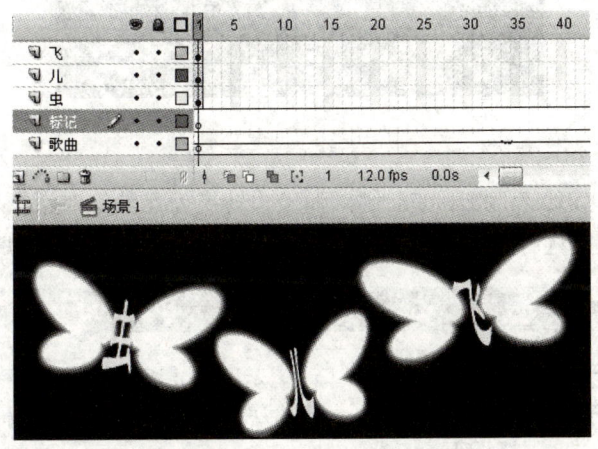

图 10-35 元件拖入舞台的效果

（29）新建一个图层，修改名称为"动作"。单击选中第 1 帧，按下 F9 键打开"动作"面板，为该帧添加动作语句 stop();，如图 10-36 所示。

（30）新建一个图层，修改图层名称为"按钮"，单击该图层的名称栏，选中该层的所有帧。在选择的帧上单击鼠标右键，在弹出的快捷菜单中选择"删除帧"。单击第 1 帧，按下 F6 键插入关键帧，如图 10-37 所示。

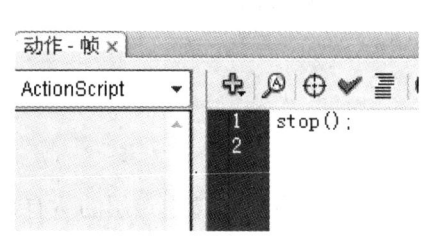

图 10-36 添加动作语句

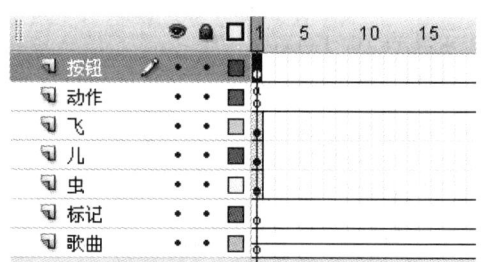

图 10-37 新建图层"按钮"

（31）选择"文本工具"，打开"属性"面板，设置"颜色"为黄色，其他设置如图 10-38 所示。

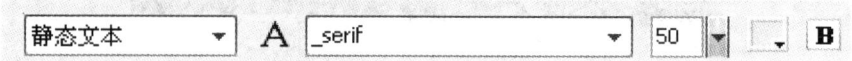

图 10-38 设置文本属性

（32）在舞台输入文本"Play"，如图 10-39 所示。

图 10-39 创建文本

（33）选择文本"Play"，按下 F8 键，弹出"转换为元件"对话框，在"名称"中输入"播放"，在"类型"中选择"按钮"，单击"确定"按钮，如图 10-40 所示。

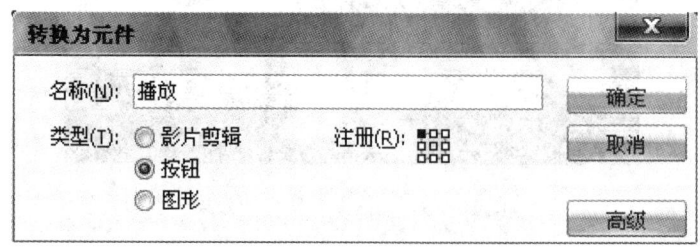

图 10-40 转换元件"播放"

（34）鼠标双击场景中的"Play"，进入该按钮元件的编辑状态，如图 10-41 所示。

（35）单击"指针经过"帧，按下 F6 键插入关键帧，修改"Play"的颜色为白色，并用"任意变形工具"放大一点，如图 10-42 所示。

图 10-41　按钮元件的编辑状态　　　　　　图 10-42　按钮元件编辑

（36）单击舞台左上角的"场景1"，返回主场景，如图 10-43 所示。

图 10-43　返回主场景

（37）在舞台上单击"Play"按钮，选中该按钮，按下 F9 键打开"动作"面板，单击"将新项目添加到脚本中"按钮，选择"全局函数"→"影片剪辑控制"→"on"，如图 10-44 所示。

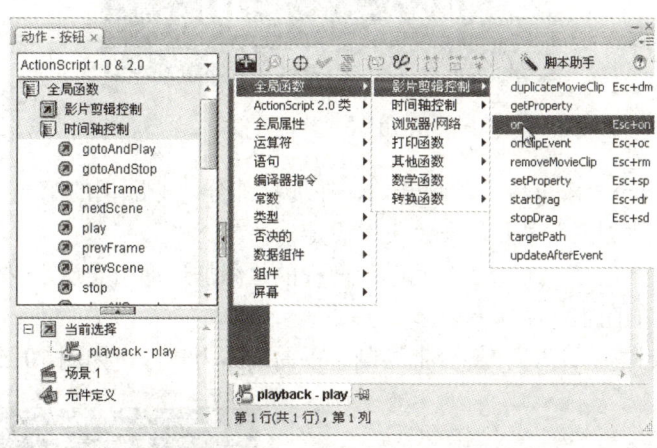

图 10-44　添加动作语句 on

（38）在随后弹出的选项中选择"release"，如图 10-45 所示。

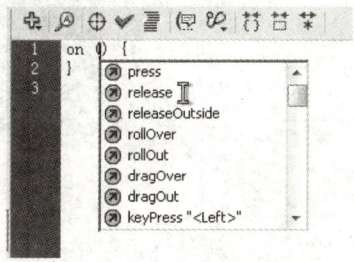

图 10-45　动作语句参数设置

（39）"脚本窗口"中的语句如下：

```
on (release) {
}
```

（40）在"脚本窗口"中将光标定位在{ }内，单击"将新项目添加到脚本中"按钮，选择"全局函数"→"时间轴控制"→"Play"，完成后的代码如下：

```
on (release) {
    play();
}
```

（41）按下 Ctrl+Enter 键测试动画，Flash MV 的控制按钮就做好了，如图 10-46 所示。

图 10-46 片头效果

（42）单击"Play"按钮后，动画开始，在前奏部分，即歌词的第一句之前，我们设计让舞台上的三个元件"虫"、"儿"和"飞"飞走。

（43）选择图层"虫"，单击"时间轴"面板的"添加运动引导层"按钮，为"虫"图层添加引导层，如图 10-47 所示。

（44）选择"铅笔工具"，在舞台上绘制一条曲线作为轨迹，如图 10-48 所示。

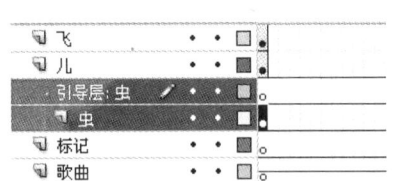

图 10-47 添加引导层

图 10-48 创建引导轨迹

（45）选择图层"虫"的第 127 帧，就是标记层中第一句歌词（1a）开始的前一帧，按下 F6 键插入关键帧，移动元件"虫"到曲线的末端，并创建补间动画，如图 10-49 所示。

第 10 章 制作 MV 235

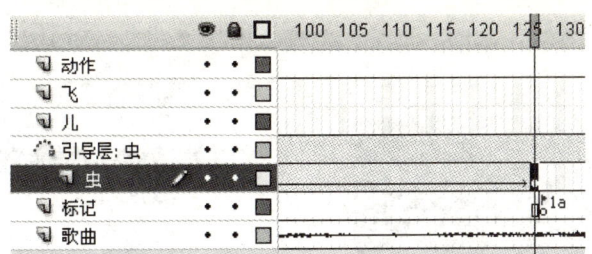

图 10-49 插入关键帧

（46）拖动时间轴播放指针，在曲线上适当位置插入关键帧，用"任意变形工具"旋转"虫"，效果，如图 10-50 所示。

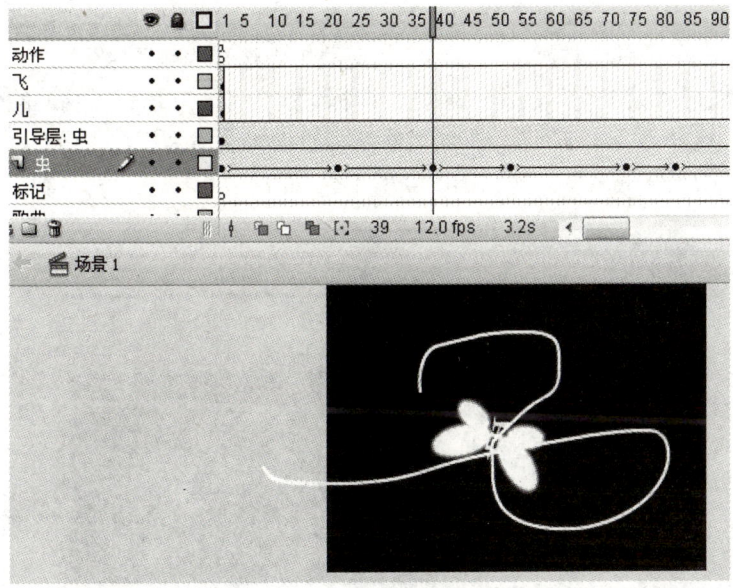

图 10-50 关键位置的调整

（47）用同样的方法为"儿"和"飞"制作动画。完成后的时间轴如图 10-51 所示。

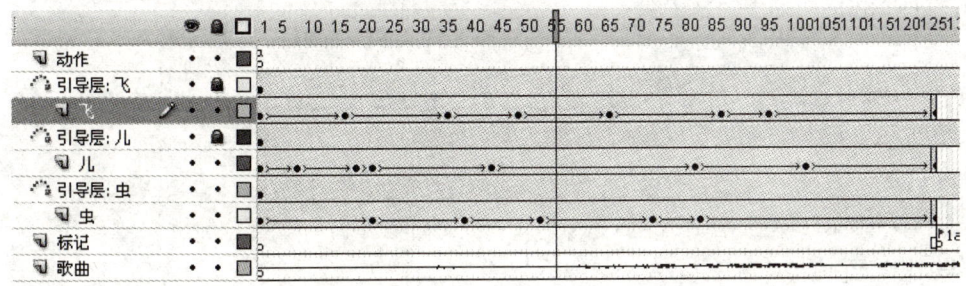

图 10-51 时间轴效果

（48）现在时间轴的图层较多，为了操作方便。在"引导层：飞"上建立一个图层文件夹，修改名称为"片头"。按住 Shift 键单击"虫"、"儿"和"飞"及它们的引导层并拖入"片头"，如图 10-52 所示。

（49）鼠标单击"片头"前的三角形▽折叠该图层文件夹，如图10-53所示。

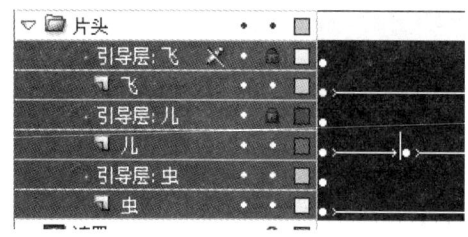

图10-52　新建图层"文件夹"

图10-53　折叠图层文件夹

下面制作歌词的第一句"黑黑的天空低垂"的动画效果。

（50）新建一个图层，修改名称为"第 1 句"，单击该图层名称栏，选中该层的所有帧。在选择的帧上单击鼠标右键，在弹出的快捷菜单中选择"删除帧"。

（51）选择图层"第1句"的第128帧，即标记层中第一句歌词（1a）的位置，按下F6键插入关键帧。选择"文本工具"，在"属性"面板设置字体为黑体，颜色为白色。在舞台输入文本"黑黑的天空低垂"，如图10-54所示。

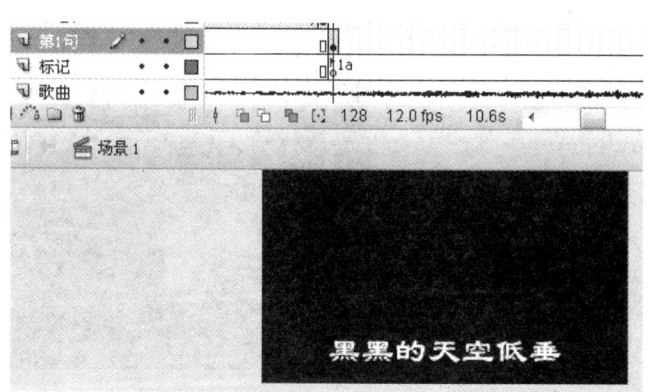

图10-54　输入歌词

（52）选择图层"第 1 句"的第 181 帧，即标记层中第一句歌词结束（1b）的位置，按下F5键插入帧，如图10-55所示。

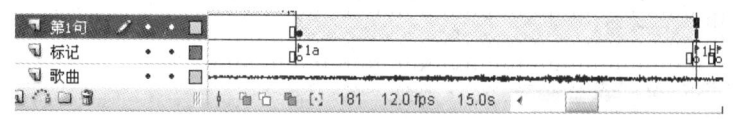

图10-55　在第一句歌词结束位置插入帧

（53）在"第 1 句"层上新建一层，修改名称为"遮罩 1"。同样删除"遮罩 1"的所有帧，如图10-56所示。

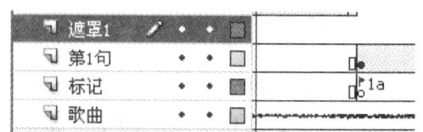

图10-56　新建图层"遮罩1"

（54）选择图层"遮罩 1"的第 128 帧，即标记层中第一句歌词（1a）的位置，按下 F6 键插入关键帧。选择"矩形工具"，打开工具箱下部选项区的"对象绘制"。在舞台拖动鼠标绘制一个正好覆盖文本"黑黑的天空低垂"的矩形，如图 10-57 所示。

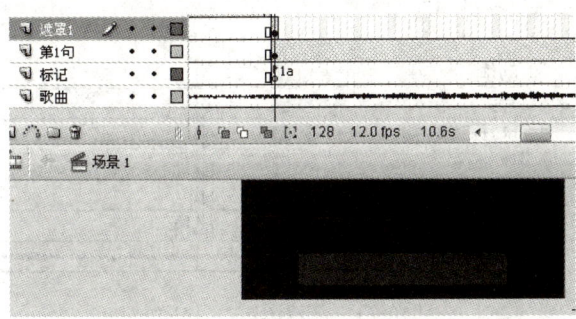

图 10-57　制作遮罩层

（55）选择图层"遮罩 1"的第 181 帧，即标记层中第一句歌词结束（1b）的位置，按下 F6 键插入关键帧。

（56）把第 128 帧中的矩形移动到文本的左侧，如图 10-58 所示。

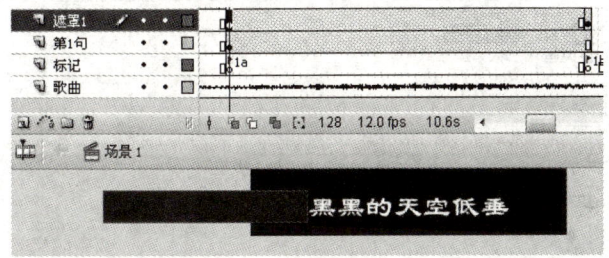

图 10-58　调整遮罩的位置

（57）在图层"遮罩 1"的第 128～181 帧之间创建动作补间动画，如图 10-59 所示。

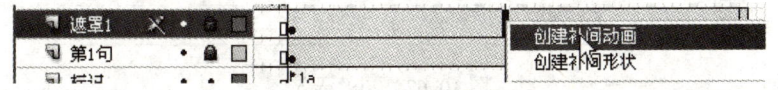

图 10-59　创建补间动画

（58）在图层"遮罩 1"的名称上单击鼠标右键，在弹出的快捷菜单中选择"遮罩层"，如图 10-60 所示。

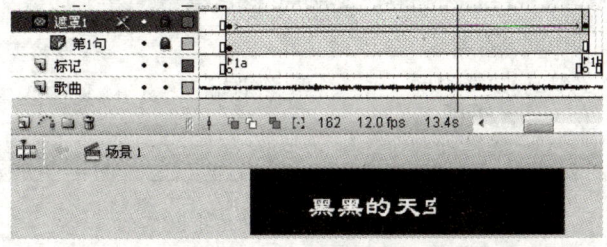

图 10-60　设置遮罩层

（59）在图层"第 1 句"下新建一个图层，修改名称为"月亮"。单击图层名称栏，选中该层的所有帧。在选择的帧上单击鼠标右键，在弹出的快捷菜单中选择"删除帧"。选择第 128 帧，即标记层中第一句歌词（1a）的位置，按下 F6 键插入关键帧，如图 10-61 所示。

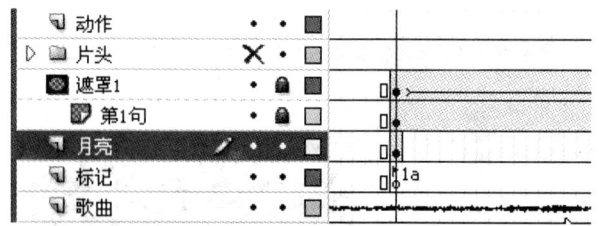

图 10-61　新建图层"月亮"

（60）选择菜单"文件"→"导入"→"导入到舞台"，打开"导入"对话框，选择文件"月亮.jpg"，单击"打开"按钮，如图 10-62 所示。

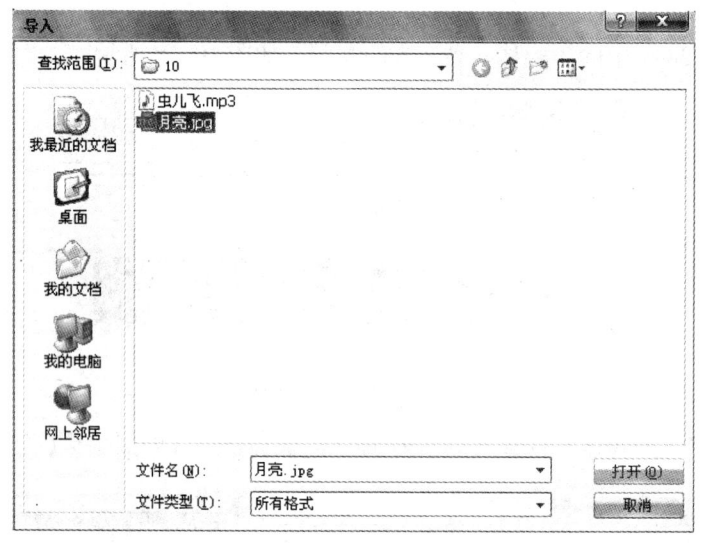

图 10-62　图像导入

（61）在舞台上单击选择图像，按下 F8 键，打开"转换为元件"对话框，把图像转换为图形元件，如图 10-63 所示。

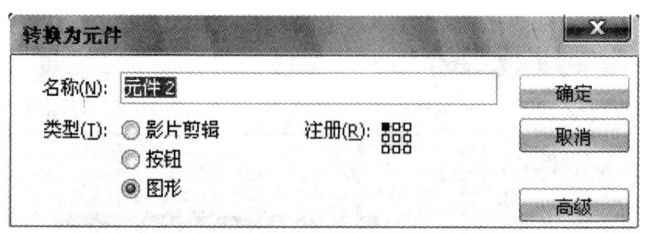

图 10-63　转换元件"元件 2"

（62）选择图层"月亮"的第 181 帧，即标记层中第一句歌词结束（1b）的位置，按下

F6 键插入关键帧。

（63）选择第 128 帧的"月亮"图像，打开"属性"面板，设置"Alpha"为 0%，如图 10-64 所示，为第 128～181 帧间创建动作补间动画。

图 10-64　修改元件的 Alpha 属性

（64）月亮也可以用前面学过的方法自己制作。选择"椭圆工具"，设置"笔触颜色"为无，"填充颜色"类型为"放射状"渐变，渐变色为"白→白→白（Alpha=0%）"，如图 10-65 所示。

图 10-65　绘制渐变圆作为月亮

（65）用同样的方法制作后面的歌词，这里就不再重复了。读者也可以自己设计不同的歌词显示效果。

接下来制作"亮亮的繁星相随"的动画效果。

（66）选择菜单"插入"→"新建元件"，弹出"创建新元件"对话框，在"名称"中输入"星星"，在"类型"中选择"图形"，单击"确定"按钮，如图 10-66 所示。

图 10-66　新建元件"星星"

（67）这时元件的名称会出现在舞台的左上角，如图 10-67 所示，表示当前是该影片元件编辑状态，并有一个十字表面该元件的注册点。

图 10-67　元件编辑状态提示

（68）选择"多边星形工具"，设置"笔触颜色"和"填充颜色"都为白色，打开"属性"面板,单击"选项"按钮,弹出"工具设置"对话框,如图 10-68 所示进行设置。

(69) 在舞台拖动鼠标绘制一个星形,选择该图形,执行菜单"修改"→"形状"→"柔化填充边缘",在打开的"柔化填充边缘"对话框中进行设置,结果如图 10-69 所示。

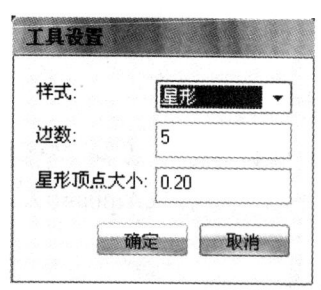
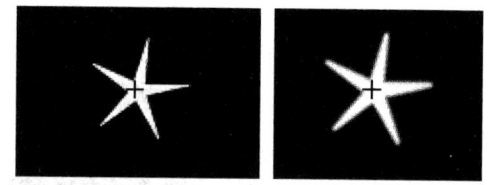

图 10-68　星形工具参数设置　　　　　图 10-69　绘制与柔化效果

(70) 选择绘制好的星形,按下 F8 键,在打开的"转换为元件"对话框中进行设置,把它转换为图形元件,如图 10-70 所示。

图 10-70　转换元件"元件 3"

(71) 选择第 10 帧,按下 F6 插入关键帧,同样在第 20 帧也插入关键帧。选择第 10 帧中的星形,用"任意变形工具"放大和旋转星星,并在"属性"面板中修改 Alpha 为 0%,如图 10-71 所示。

图 10-71　修改 Alpha 属性

(72) 在第 1~10 帧之间单击鼠标右键,在弹出的快捷菜单中选择"创建补间动画",同样在 10~20 帧之间创建动作补间,如图 10-72 所示。

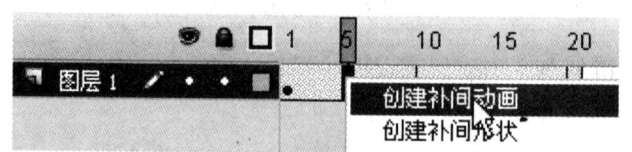

图 10-72　创建补间动画

(73) 选择菜单"插入"→"新建元件",弹出"创建新元件"对话框,在"名称"中输入"星空",在"类型"中选择"影片剪辑",单击"确定"按钮,如图 10-73 所示。

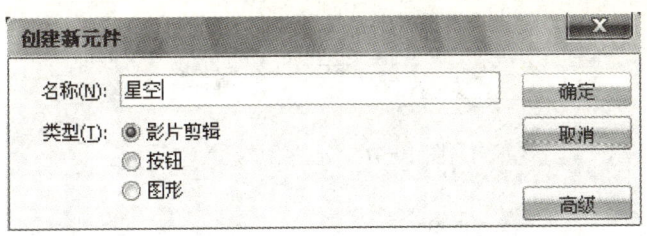

图 10-73 新建元件"星空"

（74）按下 F11 键，打开"库"面板，如图 10-74 所示，把"库"中的元件"星星"拖入影片元件"星空"中。

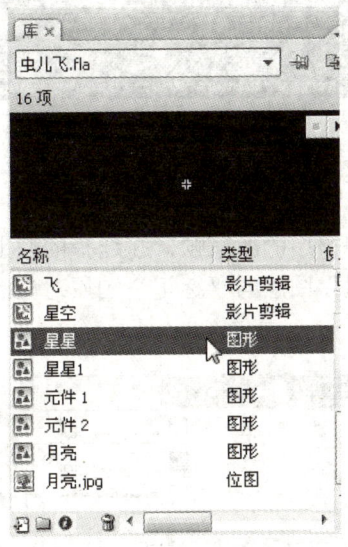

图 10-74 库面板

（75）按住 Alt 键在舞台上拖动"星星"，多复制一些，并用"任意变形工具"旋转它们，如图 10-75 所示。选择第 20 帧按下 F5 键插入帧。

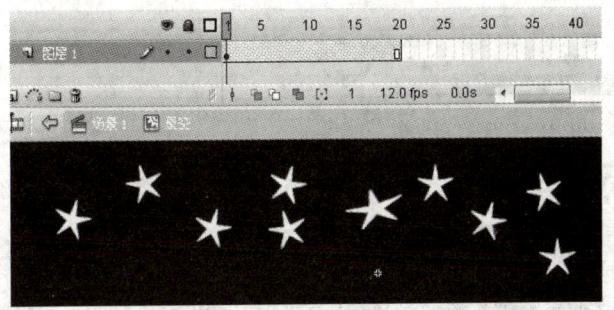

图 10-75 舞台上多个"星星"效果

（76）选择其中一个星星，打开"属性"面板，设定第一帧为"5"，即设置这个"星星"元件从第 5 帧开始播放，如图 10-76 所示。同样设置其他的星星，目的是让这些星星不规则的闪烁，设置好的效果如图 10-77 所示。

图 10-76 元件播放设置

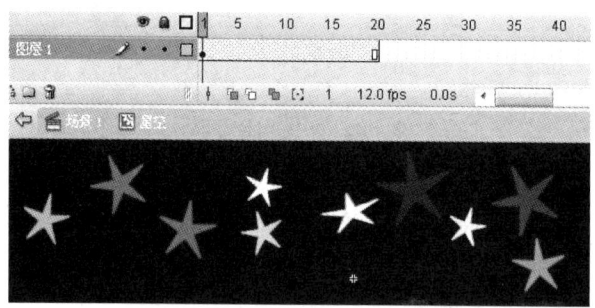

图 10-77 不同步的"星星"效果

（77）单击舞台左上角的"场景 1"，返回主场景。新建一个图层，修改名称为"星星"，单击该图层名称栏，选中该层的所有帧。在选择的帧上单击鼠标右键，弹出的快捷菜单中选择"删除帧"。在"星星"图层与"标记"图层对应的"2a"的位置插入关键帧，如图 10-78 所示。

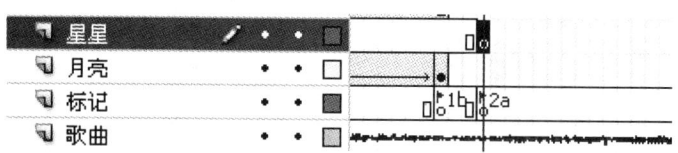

图 10-78 新建图层"星星"并插入帧

（78）按下 F11 键，从"库"中把元件"星空"拖入舞台，在"星星"图层、"月亮"图层与"标记"图层对应的"2b"的插入帧，如图 10-79 所示。

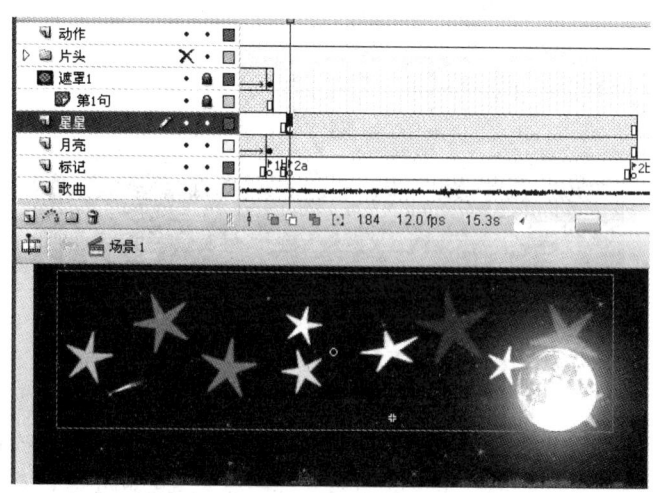

图 10-79 元件拖入舞台

动画后面的部分大家可以利用前面学习的知识自己设计。接下来制作 MV 播放结束后"重放"按钮的制作。

（79）在"动作"图层的最后一帧插入关键帧，添加动作语句"stop();"。

（80）新建一个图层，修改名称为"重放"，单击该图层名称栏，选中该层的所有帧。在选择的帧上单击鼠标右键，在弹出的快捷菜单中选择"删除帧"。在最后一帧按下 F7 键插入空白关键帧，如图 10-80 所示。

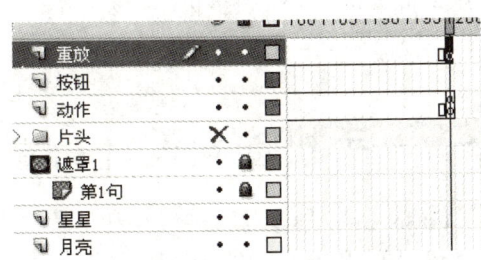

图 10-80　新建图层"重放"

（81）用前面制作"Play"按钮的方法制作"Replay"按钮，如图 10-81 所示。

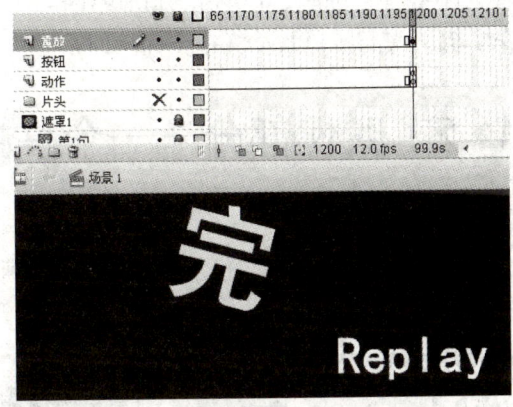

图 10-81　"Replay"按钮制作效果

（82）为"Replay"按钮添加如下语句：

```
on (release) {
    gotoAndPlay(2);
}
```

（83）按下 Ctrl+Enter 键，测试动画。

10.3　思考与练习

1. 简述 Flash MV 的制作流程。
2. Flash 中如何导入外部的声音文件？
3. 简述在制作 Flash MV 时，如何实现声音与画面的同步？

第 11 章　制作手机动画

随着智能手机技术的发展和普及，可以在手机上运行的 Flash 作品种类也越来越多。Adobe Flash CS3 也提供了一些现成的工具用来制作手机上的 Flash 动画。

11.1　基础部分——手机动画设计特点

Flash Lite 是专为移动电话和消费性电子设备开发的 Flash 技术。可以利用 ActionScript 脚本语言、绘图工具、模板等快速为移动电话和消费性电子设备开发丰富多彩的多媒体互动内容。

面向移动设备的 Flash Lite 3 播放器可以使用户在手机上体验到接近计算机视频的 Flash 播放画质，因此，Flash Lite 可以说是运行在手机上的 Flash Player 精简版播放器，如图 11-1 所示。

图 11-1　手机播放效果

11.2　实例部分——个性相册

11.2.1　实例说明与效果预览

本实例将制作一个运行在手机上的相册，在动画中多个图像渐隐渐现的切换，效果如图 11-2 所示。

图 11-2　效果预览

11.2.2　实例分析

该实例制作的是相册，利用动作补间动画的制作原理，对图像素材都转换为"图形"元件，再通过控制元件的不透明度（Alpha）来实现图像的渐隐渐现的效果。

在本实例中并没有添加音乐，读者可以选择喜欢的音乐导入到文件中，也可以利用"文本工具"给照片添加说明。

11.2.3 制作要点

（1）外部文件的导入。
（2）元件的转换。
（3）渐隐渐现效果的制作。
（4）时间轴时间的分配。

11.2.4 制作步骤

（1）选择菜单"文件"→"新建"命令，弹出"新建文档"对话框，选择"模板"选项卡，此时对话框标题变为"从模板新建"，如图 11-3 所示。在"类别"列表中选择"全球手机"，"模板"列表中选择"Nokia S60–320×240"，单击"确定"按钮。

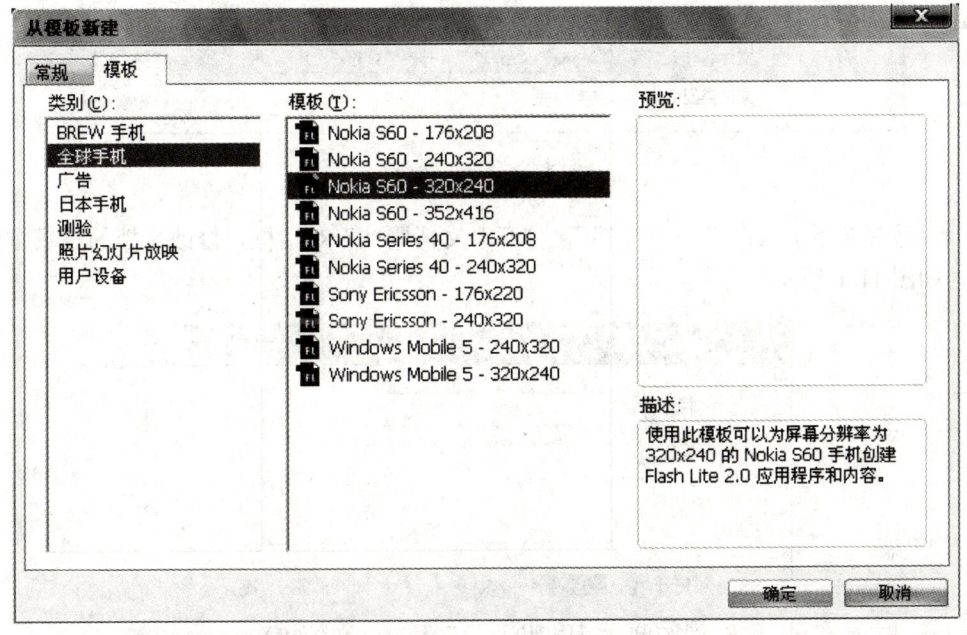

图 11-3　从模板新建文档

（2）新文件自动有两个图层，如图 11-4 所示。其中"ActionScript"图层中放置的是控制全屏的语句，保持不变。

图 11-4　新文件默认图层

（3）选择菜单"文件"→"导入"→"导入到库"，打开"导入到库"对话框，选择需要的素材文件，单击"打开"按钮，如图 11-5 所示。

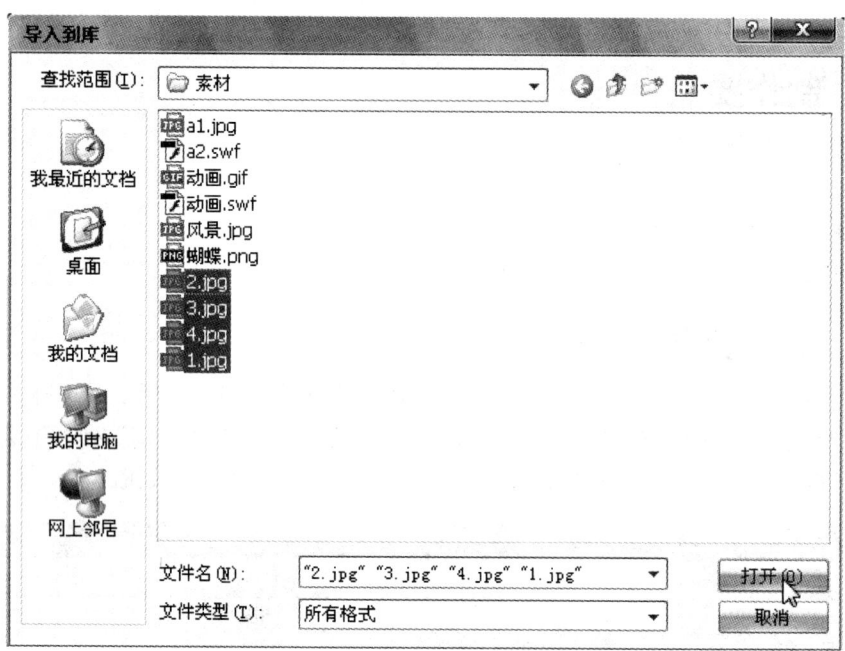

图 11-5 导入图像

(4)选择菜单"修改"→"文档",打开"文档属性"对话框,修改文档的背景颜色为黑色,如图 11-6 所示。

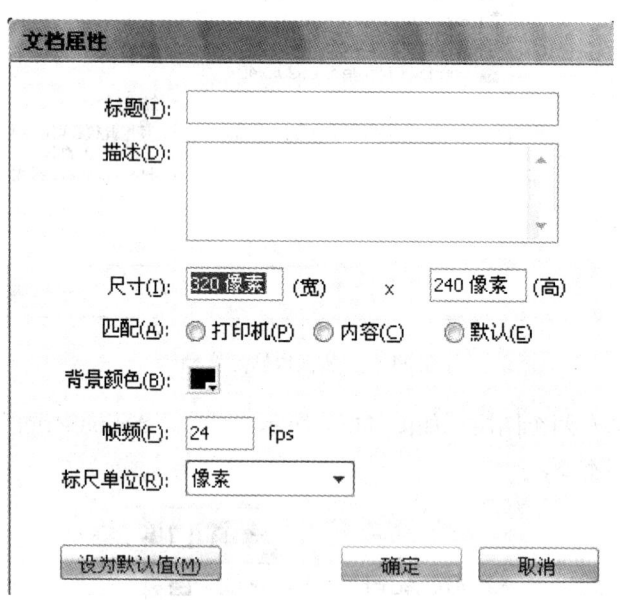

图 11-6 修改文档背景

(5)选择图层"Layer 1",修改名称为"照片 1",按下 F11 键打开"库"面板,选择"库"中的位图"1.jpg"把它拖入舞台,可以用"任意变形工具"修改图像尺寸,如图 11-7 所示。

第 11 章 制作手机动画 247

图 11-7 图像拖入舞台

（6）选择图像，按下 F8 键，弹出"转换为元件"对话框，在"名称"中输入"照片1"，在"类型"中选择"图形"，单击"确定"按钮，如图 11-8 所示。

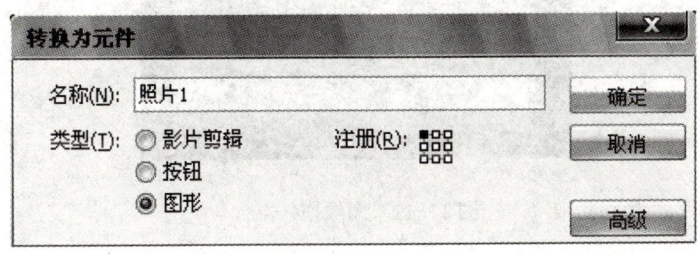

图 11-8 转换元件"照片 1"

（7）鼠标单击选择图层"照片 1"的第 30 帧，按下 F6 键，插入关键帧，如图 11-9 所示。同样在第 50 帧和第 60 帧也插入关键帧。

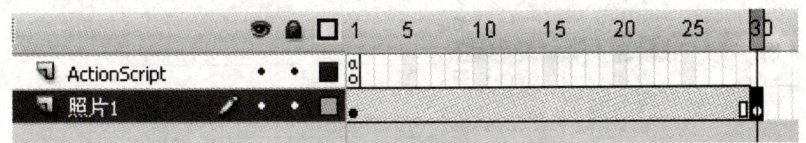

图 11-9 插入关键帧

（8）移动时间轴面板中的播放指针到第 1 帧，选择舞台中的"照片 1"，打开"属性"面板，修改颜色中的"Alpha"为 0%。同样修改第 60 帧的"照片 1"的"Alpha"为 0%，如图 11-10 所示。

图 11-10 修改 Alpha 属性

（9）鼠标右击"照片 1"层的第 1～30 帧之间的任意帧，在弹出的快捷菜单中选择"创建补间动画"，如图 11-11 所示。同样为第 50～60 帧之间创建补间动画。这样就制作好了一张照片逐渐出现又逐渐消失的动画。

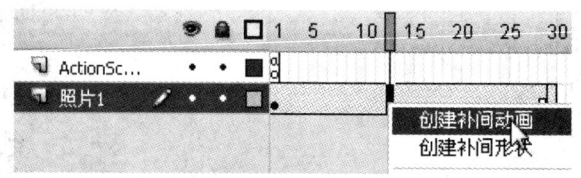

图 11-11　创建补间动画

（10）新建一个图层，修改图层名称为"照片 2"，鼠标单击选中第 50 帧，按下 F6 键插入关键帧。从"库"中把位图"2.jpg"拖入舞台，如图 11-12 所示。

图 11-12　图像拖入舞台

（11）选择"照片 2"，按下 F8 键在打开的"转换为元件"对话框中把它转换为"图形"元件，用与"照片 1"相同的操作对"照片 2"进行动画制作。"照片 3"和"照片 4"也同样。设置完成后，时间轴如图 11-13 所示。

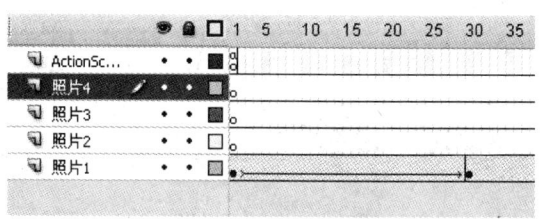

图 11-13　时间轴效果

（12）按下 Ctrl+Enter 键，测试动画。

11.3　思考与练习

1. Flash Lite 是什么，有什么用途？
2. 设计制作一个关于圣诞节的手机动画。

第 12 章 游 戏 制 作

充分利用 Flash 中的动画技术和 ActionScript，就可以能够制作出精美、有趣的游戏。

12.1 基础部分——Flash 游戏制作基础

12.1.1 游戏的种类

目前有许多不同类型的电脑游戏，而且还在不断产生新的游戏类型，其中比较常见的游戏类型主要有以下几种。

1. 角色扮演游戏（RPG）

角色扮演游戏（RPG）是指玩家在游戏中扮演一个角色，通过寻找和冒险来获得一定级别的经验。

2. 射击游戏

射击游戏是玩家以第一人称进行射击，角色所用枪的瞄准是通过屏幕上的一个十字准线来实现的，在游戏中既要消灭敌人，还要躲避敌人的攻击。

3. 益智游戏

纯粹动脑的游戏都可以被称为"益智"类游戏，如棋类、拼图和牌类游戏等。

12.1.2 Flash 游戏制作流程

当准备开始用 Flash CS3 制作游戏时，首先要考虑游戏的各个不同部分，这样能大大减少错误，提高制作效率。

（1）游戏构思：既可以是头脑中的简单想法，也可以是比较详细的草稿。
（2）流程图设计：根据前期构思，将游戏的流程图设计出来。
（3）素材收集：收集与制作游戏需要的图形与音效。
（4）具体制作：制作游戏中的角色与动画，为相应的帧和元件添加 ActionScript 语句。
（5）测试并发布：游戏制作完成后，必须对其进行测试，发现实际运行中的错误并修改。

12.2 实例部分——射击游戏

12.2.1 游戏说明与效果预览

本实例要制作一个标准的射击游戏。敌人藏在掩体的后面，随时会开枪射击。如果在敌人开枪之前没有被打中，游戏者的生命值就会减少；反之，如果敌人还没来得及开枪就被游戏者打死了，游戏者就会得分，游戏效果如图 12-1 所示。

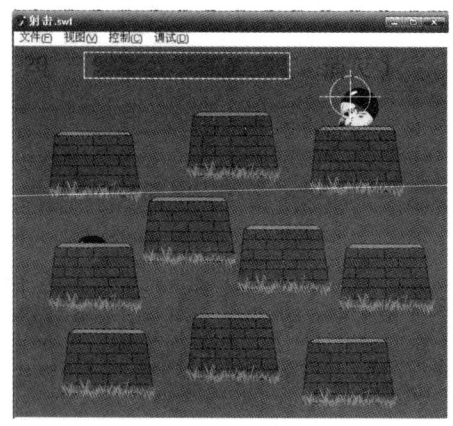

图 12-1 游戏效果

12.2.2 游戏分析

游戏中先利用 Flash 的各种工具制作出游戏需要的图形元素和动画效果外，再利用 ActionScript 代码来实现游戏的控制部分。

12.2.3 制作要点

① 游戏中动画的制作。
② 动态文本的使用。
③ ActionScript 的应用。

12.2.4 制作步骤

1．动画部分

（1）选择菜单"文件"→"新建"命令，弹出"新建文档"对话框，选择"Flash 文件（ActionScript 2.0）"，如图 12-2 所示，单击"确定"按钮，新建一个文件。

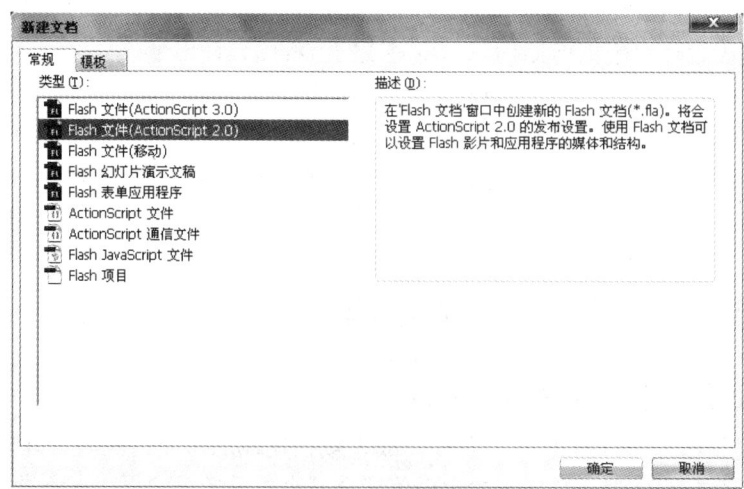

图 12-2 "新建文档"对话框

(2) 选择菜单 "插入" → "新建元件",弹出 "创建新元件" 对话框,在 "名称" 中输入 "鬼子",在 "类型" 中选择 "图形",单击 "确定" 按钮,如图 12-3 所示。

图 12-3 创建元件 "鬼子"

(3) 这时元件的名称会出现在舞台的左上角,表示当前是图形元件 "鬼子" 的编辑状态,如图 12-4 所示。

图 12-4 状态提示

(4) 修改图层 1 的名称为 "头"。选择 "椭圆工具",设置 "笔触颜色" 为无,"填充颜色" 为土黄色 (#FFCC33),拖动鼠标绘制一个椭圆,如图 12-5 所示。

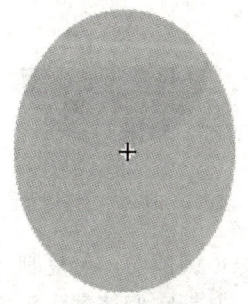

图 12-5 绘制椭圆

(5) 选择 "选择工具",调整该椭圆形状,如图 12-6 所示。

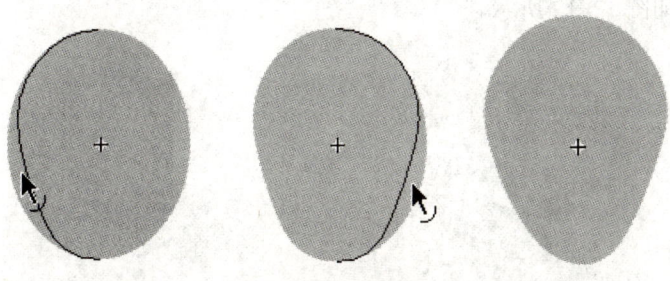

图 12-6 调整椭圆

(6) 拖动鼠标绘制两个小的椭圆并调整成耳朵形状,如图 12-7 所示。

(7)选择"刷子工具",设置"填充颜色"为深黄色,在耳朵上涂抹细节,如图 12-8 所示。

(8)选择"线条工具",设置"笔触颜色"为黑色,在"属性"面板修改"笔触高度"为 3,拖动鼠标绘制眉毛、鼻子和嘴,如图 12-9 所示。

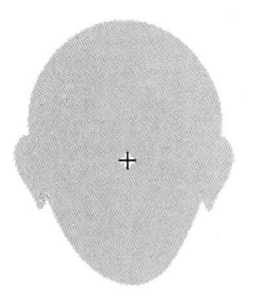 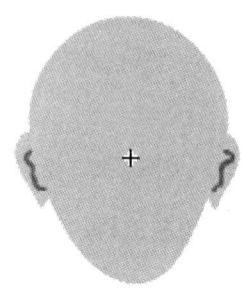 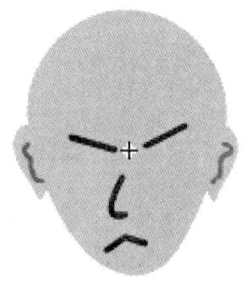

图 12-7 制作耳朵　　　　　图 12-8 耳朵细节　　　　　图 12-9 脸部绘制

(9)选择"椭圆工具",设置"笔触颜色"为无,"填充颜色"为红色,拖动鼠标绘制一个椭圆。用"选择工具"选择上半部分,按下 Delete 键删除,用"任意变形工具"选择它并旋转,作为眼睛如图 12-10 所示。

图 12-10 制作眼睛

(10)选择"选择工具",按住 Alt 键拖动,再复制一个眼睛。选择其中一个,选择菜单"修改"→"变形"→"水平翻转",并把它们移动到头部的适当位置,如图 12-11 所示。

(11)选择"线条工具",设置"笔触颜色"为黑色,在"属性"面板修改"笔触高度"为 1,关闭工具箱中选项区的"贴紧至对象",随意地绘制一些胡子。选择"刷子工具",设置"填充颜色"为黑色,选择合适的刷子大小,在鼻子下单击鼠标绘制胡子,在眼睛里单击,效果如图 12-12 所示。

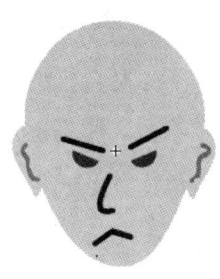 

图 12-11 放置眼睛　　　　　图 12-12 细节制作

(12) 锁定图层"头"。新建一个图层,修改图层名称为"钢盔",如图 12-13 所示。

(13) 选择"椭圆工具",设置"笔触颜色"为无,"填充颜色"为黑色。在舞台上拖动鼠标绘制一个椭圆,大小和头差不多,如图 12-14 所示。

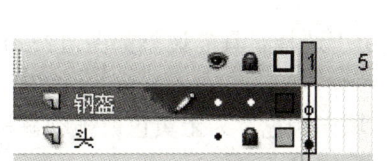

图 12-13 新建图层"头"

图 12-14 绘制黑色椭圆

(14) 选择"选择工具",框选椭圆下半部分删除,再调整图形,制作钢盔步骤如图 12-15 所示。

 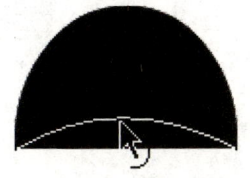 

图 12-15 制作钢盔步骤

(15) 选择"刷子工具",设置"填充颜色"为白色,设置合适的刷子大小,在钢盔上绘制一个反光点,如图 12-16 所示。

(16) 移动钢盔到头的合适位置,可以用"任意变形工具"适当缩放,如图 12-17 所示。

图 12-16 添加发光点

图 12-17 完成的脑袋

(17) 新建一个图层,修改名称为"枪",如图 12-18 所示。

(18) 选择"椭圆工具",设置"笔触颜色"为无,"填充颜色"为灰色。在舞台上拖动鼠标绘制一个正圆作为枪管。设置"填充颜色"为黑色,在刚绘制的灰色圆的中心绘制一个黑色的圆，如图 12-19 所示。

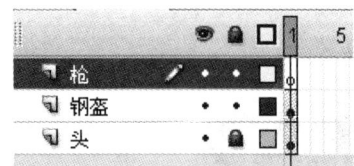
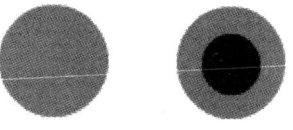

图 12-18　新建图层"枪"　　　　图 12-19　绘制枪管

（19）选择"矩形工具"，拖动鼠标绘制其他细节，用"选择工具"调整如图 12-20 所示效果。

（20）选择"椭圆工具"，设置"笔触颜色"为无，"填充颜色"为土黄色。拖动鼠标绘制几个椭圆，移动到枪把上，得到手握枪的效果，如图 12-21 所示。

图 12-20　制作枪的细节　　　　图 12-21　制作手的效果

（21）把绘制好的枪移动到头部合适位置，图形元件"鬼子"就完成了，效果如图 12-22 所示。

图 12-22　完成效果

（22）选择菜单"插入"→"新建元件"，弹出"创建新元件"对话框，在"名称"中输入"射击"，在"类型"中选择"影片剪辑"，单击"确定"按钮，如图 12-23 所示。

（23）"射击"元件的名称会出现在舞台的左上角，表示当前是影片元件"射击"的编辑状态，如图 12-24 所示。

第 12 章 游戏制作

图 12-23 创建影片元件"射击"

图 12-24 元件编辑状态

（24）修改图层 1 的名称为"墙"。选择"矩形工具"，设置"笔触颜色"为黑色，"填充颜色"为红色。绘制一个矩形。再用"线条工具"绘制一些线条，如图 12-25 所示。

 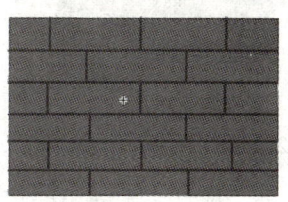

图 12-25 绘制矩形

（25）选择"任意变形工具"，在选项区选择"扭曲"按钮 ![], 调整矩形为梯形，如图 12-26 所示。

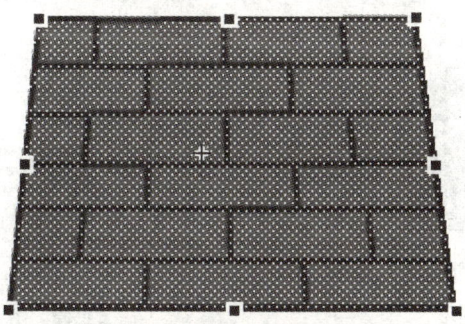

图 12-26 调整矩形

（26）选择"线条工具"，选中工具箱下部选项区的"贴紧至对象"按钮 ![], 拖动鼠标在梯形上部绘制梯形作为墙，用"油漆桶工具"填充绿色，如图 12-27 所示。

图 12-27 制作墙的效果

(27) 选择"刷子工具",设置合适的刷子大小,"填充颜色"设置为绿色,在墙的底部绘制一些草,如图 12-28 所示。

(28) 新建一个图层,修改名称为"敌人",如图 12-29 所示。

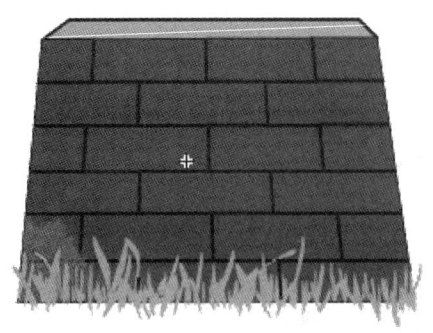

图 12-28 绘制草

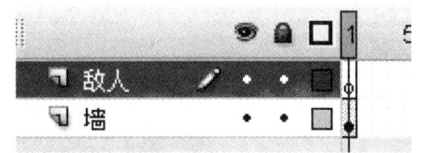

图 12-29 新建图层"敌人"

(29) 按下 F11 键,打开如图 12-30 所示的"库"面板。

(30) 拖动"库"中的图形元件"鬼子"到舞台上,把它放置在"敌人"图层。如果"鬼子"元件的大小不合适,可以选择"任意变形工具"进行缩放操作,如图 12-31 所示。

图 12-30 "库"面板

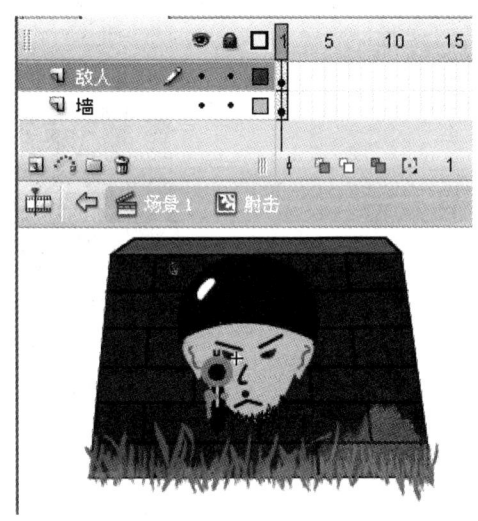

图 12-31 元件制作

(31) 选择图层"墙"的第 20 帧,按下 F5 键插入帧,如图 12-32 所示。

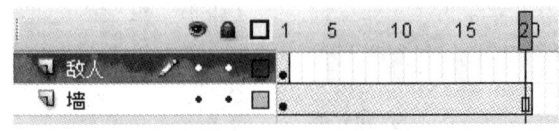

图 12-32 插入帧

(32) 选择"敌人"图层的第 1 帧,移动舞台中"鬼子"的位置,低于墙的上沿,如图 12-33 所示。

（33）选择"敌人"图层的第 5 帧，按下 F6 键，插入关键帧。移动第 5 帧的"鬼子"位置高于墙的上沿，如图 12-34 所示。

图 12-33　第 1 帧的敌人位置　　　　图 12-34　第 5 帧的敌人位置

（34）选择"敌人"图层的第 15 帧，按下 F6 键插入关键帧。选择第 20 帧，按下 F6 键插入关键帧。移动第 20 帧的"鬼子"位置低于墙的上沿，如图 12-35 所示。

图 12-35　第 20 帧的敌人位置

（35）为"敌人"层的第 1～5 帧和第 15～20 帧之间创建补间动画。拖动"敌人"图层到图层"墙"的下面，如图 12-36 所示。

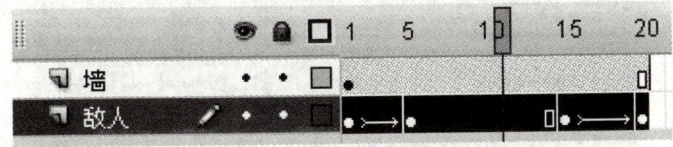

图 12-36　时间轴图层效果

（36）对于影片元件"射击"暂时先做到这里。单击舞台左上角的"场景"返回场景，如图 12-24 所示。

图 12-37　返回场景

（37）选择菜单"修改"→"文档"，弹出"文档属性"对话框，修改"尺寸"为 600×

500像素,"背景颜色"为深绿色,单击"确定"按钮,如图12-38所示。

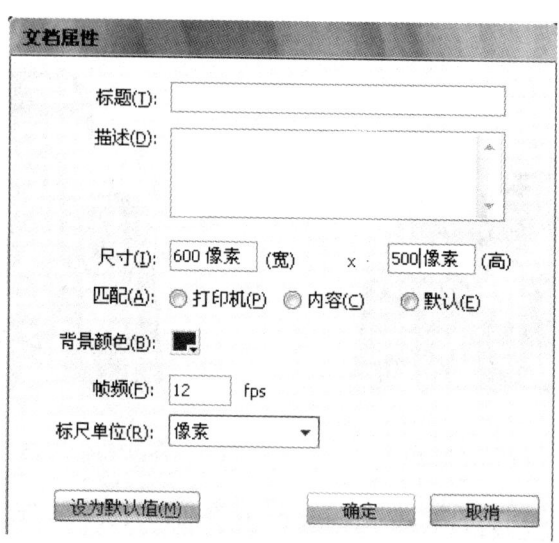

图12-38 修改文档属性

(38)修改图层1名称为"显示部分"。按下F11键,打开"库"面板,拖动"库"中的影片元件"射击"到舞台上。如果 "射击"元件大小不合适,可以用"任意变形工具"对它进行缩放操作。

(39)调整大小后,把它移动到靠近舞台的左上角的位置,按住Alt键,拖动"射击"实例再复制9个,效果如图12-39所示。

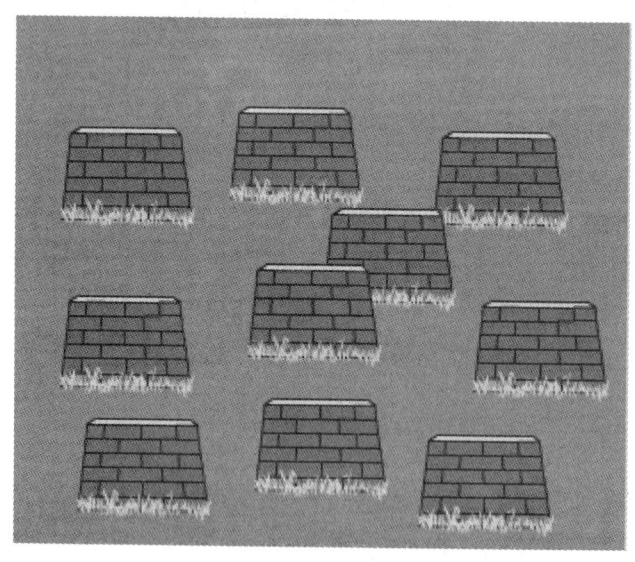

图12-39 复制多个实例

注意:拖动复制时要从上向下复制,即下面的后复制。不然会出现遮挡的问题,如图12-40所示。这时就需要将有问题的两个换下位置就好了。

图 12-40　实例位置调整

（40）按下 Ctrl+Enter 键，动画效果如图 12-41 所示。

图 12-41　动画效果

2．简单程序控制部分

下面来制作游戏的 Action 控制部分，首先实现"鬼子"随机射击的效果。

（1）按下 F11 键打开"库"面板，鼠标双击"库"中的"射击"元件，打开它，如

图 12-42 所示。

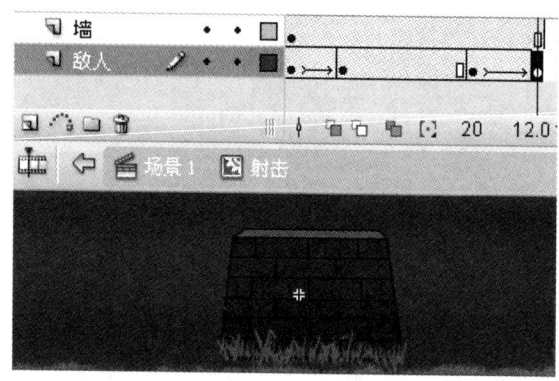

图 12-42　打开"射击"元件

（2）创建一个新图层，修改图层名称为"代码"，如图 12-43 所示。

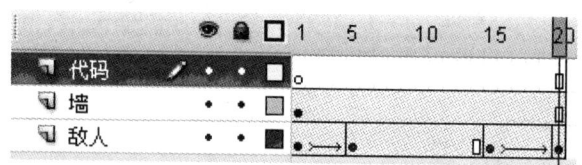

图 12-43　新建图层"代码"

（3）选择"代码"图层的第 1 帧，按下 F9 键，打开"动作"面板。单击"将新项目添加到脚本中"按钮 ，选择"全局函数"→"时间轴控制"→"stop"，为第 1 帧添加 stop 语句，如图 12-44 所示。添加后第 1 帧上的代码为 stop()，表示动画在第 1 帧被停止。

图 12-44　添加动作语句

（4）按下 Ctrl+Enter 键，测试动画，看到没有一个"鬼子"从墙后探头了。这是因为场景中放置的都是"鬼子"元件的实例，只要修改了"库"中的元件，场景中的实例也都发生了变化。

（5）单击舞台左上角的"场景"返回场景。

（6）单击选择图层"显示部分"的第 10 帧，按下 F5 键，插入帧。新建一个图层，修改名称为"action"，如图 12-45 所示。

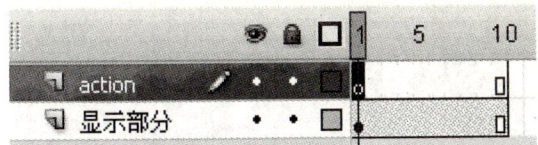

图 12-45 新建图层 action

（7）为了能控制场景中的"鬼子"实例播放，需要先给它们命名。选择左上角的第一个，打开"属性"面板，在"实例名称"中输入"mb0"，如图 12-46 所示。其他实例分别命名为 mb1～mb9。场景中各实例的名称如图 12-47 所示。

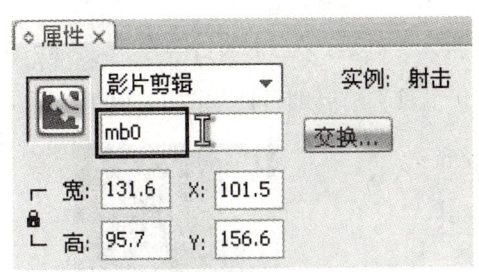

图 12-46 实例命名

图 12-47 实例对应名称

（8）选择图层"action"的第 1 帧，按下 F9 键，打开"动作"面板，输入如下代码：

```
bh = random (10);
tellTarget ("mb"+bh) {
    play();
}
```

其中 random(10)是产生一个 0～10 之间的随机整数。

使用 tellTarget 指出目标对象并下达控制命令。

语法：

```
tellTarget（target）{
statement;
}
```

参数 target 是目标名称，statement 是控制语句。

本例中用"mb"+bh 得到一个随机的名称，要注意前面为实例命名是有规律的，是 mb0～mb9，这样就得到了随机的名字。再用 tellTarget 控制该实例执行播放，添加代码后测试效果如图 12-48 所示。

（9）下面来制作瞄准镜。选择菜单"插入"→"新建元件"，弹出"创建新元件"对话框，在"名称"中输入"瞄准镜"，在"类型"中选择"影片剪辑"，单击"确定"按钮，如图 12-49 所示。

图 12-48 控制效果

（10）选择"椭圆工具"，设置"笔触颜色"为白色，"填充颜色"为无，在"瞄准镜"元件中以元件中心为圆心绘制一个正圆。再用"线条工具"绘制细节，如图 12-50 所示。

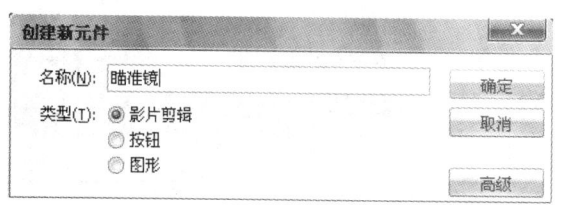

图 12-49 新建元件"瞄准镜"

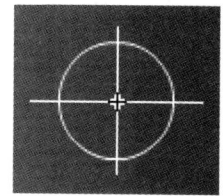

图 12-50 绘制准星

（11）选择"瞄准镜"元件的第 2 帧，按下 F6 键，插入关键帧。选择"任意变形工具"，按住 Alt+Shift 键对"瞄准镜"沿中心等比例缩小，如图 12-51 所示。

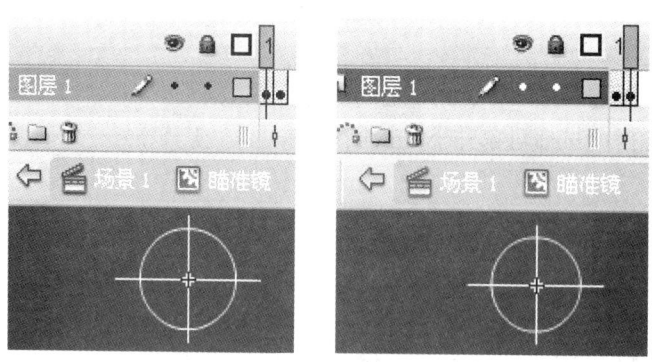

图 12-51 制作准星动画

（12）单击舞台左上角的场景 1，返回场景，如图 12-52 所示。

图 12-52 返回场景

（13）选择图层"显示部分"，拖动时间轴指针到第一帧。按下 F11 键打开"库"面板，把"库"中的元件"瞄准镜"拖入舞台，如图 12-53 所示。

图 12-53 "瞄准镜"拖入舞台

（14）选择舞台中的"瞄准镜"，打开"属性"面板，在"实例名称"中输入"mzj"，如图 12-54 所示。

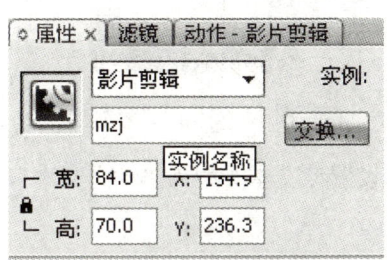

图 12-54 实例命名

（15）选择图层"action"的第 1 帧，按下 F9 键打开"动作"面板。在原语句后添加如下语句：

```
startDrag("mzj",true);
```

startDrag 语句的作用是用来拖拽场景中的实例，其中参数 true 的作用是将被拖曳的实例锁定到鼠标中心。

（16）按下 Ctrl+Enter 键测试动画，看看效果吧。

现在基本已经有了游戏的样子，但是瞄准镜在"鬼子"头上单击根本没有用，下面继续来完成游戏。

3．高级程序控制部分

下面开始制作游戏的核心部分，即鼠标在"鬼子"头上单击后能得分。

（1）在场景中按住 Shift 键单击图层"action"和"显示部分"中的所有帧。拖动鼠标向后移一帧，如图 12-55 所示。

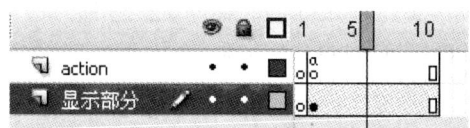

图 12-55　时间轴效果

（2）空出第 1 帧是为了给游戏中的得分变量定义初值。单击选择图层"action"的第 1 帧，按下 F9 键打开"动作"面板，输入代码 score=0。

（3）选择图层"显示部分"，单击选择图层"显示部分"的第 2 帧。选择"文本工具"，在舞台右上角上输入文本"消灭"，在"属性"面板中设置"字体"为黑体，"颜色"为红色，大小为 50，如图 12-56 所示。

图 12-56　设置文本属性

（4）同样选择"文本工具"，在舞台中拖动鼠标，拖出一个文本区，如图 12-57 所示。

图 12-57　创建文本

（5）打开"属性"面板，设置该文本类型为"动态文本"，变量是"score"，如图 12-58 所示。

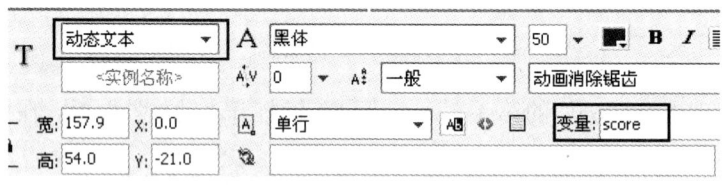

图 12-58　动态文本

（6）把该动态文本移动到静态文本"消灭"后，如图 12-59 所示。

（7）按下 Ctrl+Enter 键测试动画，发现画面会闪一下。这是因为图层"显示部分"的第 1 帧是空白的，而动画播放时，播放到最后一帧时就自动返回到第 1 帧重新播放。

（8）单击选择图层"action"的最后一帧，即第 11 帧，按下 F6 插入关键帧。

（9）按下 F9 键打开"动作"面板，在"action"层的第 11 帧输入语句 gotoAndPlay(2)。它的作用是返回到第 2 帧开始重新播放，这样就解决了闪的问题。

（10）下面开始制作打中"鬼子"后得分的部分。按下 F11 键，打开"库"面板，鼠标双击"射击"元件，进入"射击"元件编辑状态。

(11) 新建一个图层，修改名称为"有效区"，如图 12-60 所示。

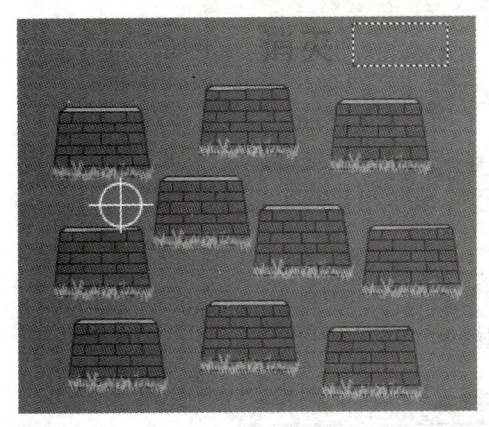

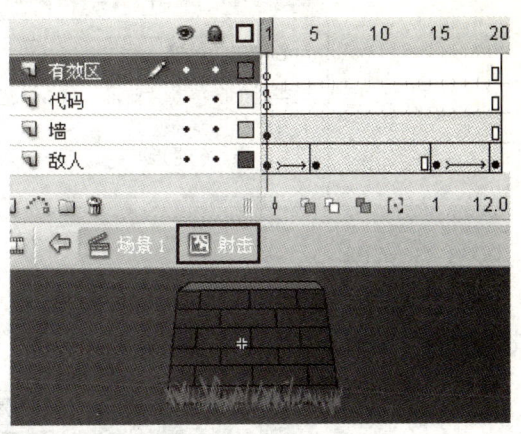

图 12-59 文本位置　　　　　　　　图 12-60 编辑射击元件

(12) 鼠标单击选择图层"有效区"的第 5 帧，按下 F7 键，插入空白关键帧。在第 12 帧也同样按下 F7 键插入空白关键帧，如图 12-61 所示。

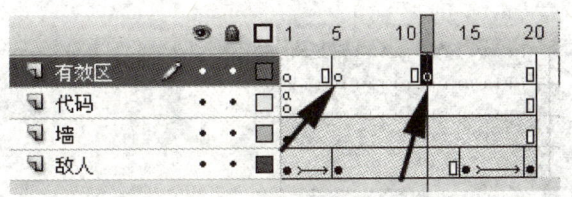

图 12-61 插入空白关键帧

(13) 鼠标单击图层"有效区"的第 5 帧。选择"椭圆工具"，设置"笔触颜色"为无，"填充颜色"为白色，在"鬼子"头上绘制一个椭圆，如图 12-62 所示。

图 12-62 绘制椭圆

(14) 再次用鼠标单击图层"有效区"的第 5 帧，选择该帧中的白色矩形，按下 F8 键，打开"转换为元件"对话框，在"名称"中输入"区域"，在"类型"中选择"按钮"，单击"确定"按钮，如图 12-63 所示。

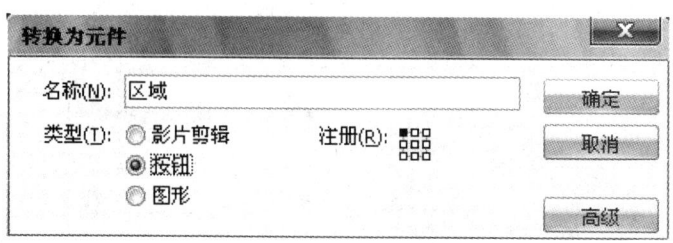

图 12-63 转换元件

（15）选择"选择工具"，双击白色椭圆，进入按钮元件"区域"的编辑状态。舞台中其他内容变浅，表明当前是按钮元件"区域"的编辑状态，如图 12-64 所示。

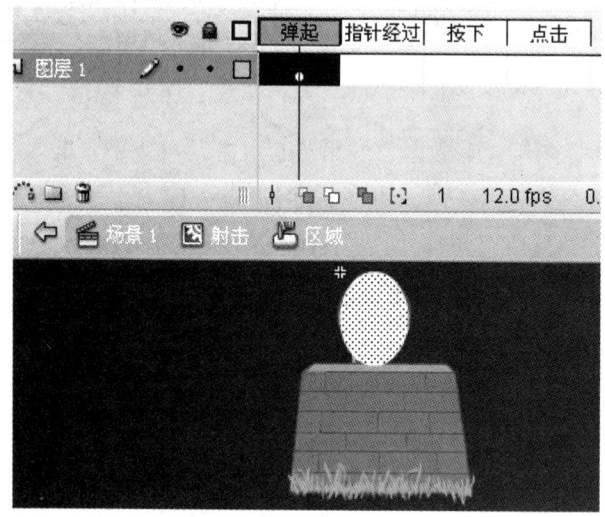

图 12-64 编辑按钮元件

（16）用鼠标拖动"弹起"帧处的关键帧到"点击"帧的位置，如图 12-65 所示，得到一个隐藏按钮。

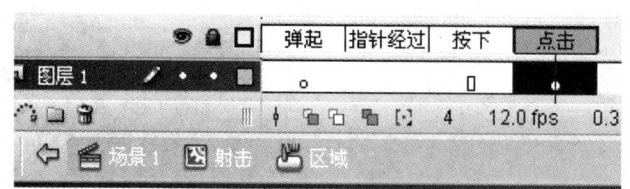

图 12-65 隐藏按钮制作

（17）鼠标单击舞台左上角的"射击"元件，如图 12-66 所示，返回"射击"元件编辑状态。这时看到"射击"元件的效果如图 12-67 所示。

图 12-66 返回"射击"元件

第 12 章 游戏制作   267

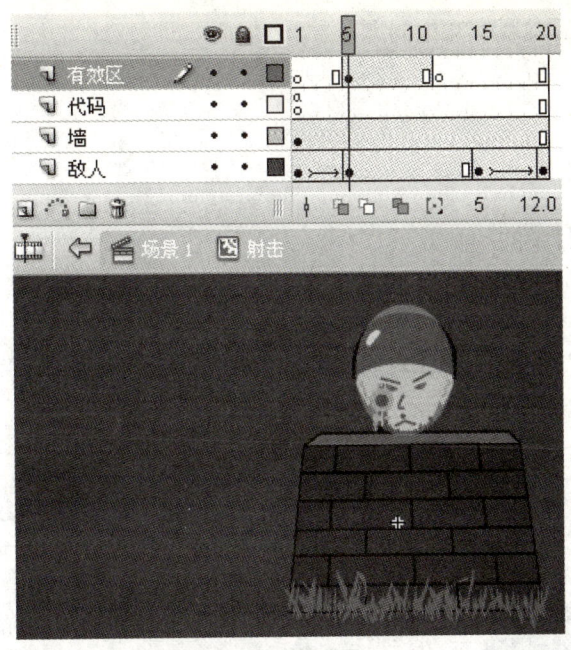

图 12-67 隐藏按钮效果

（18）"鬼子"头上的半透明的椭圆形就是刚制作的隐藏按钮。鼠标单击该椭圆，按下 F9 键打开"动作"面板，输入如下代码：

```
on (release) {
    _root.score+=1;
}
```

其中 _root.score+=1 的作用是当单击该按钮并释放时变量 score 加 1，即加 1 分。

（19）按下 Ctrl+Enter 键测试游戏，打打看看吧！在"鬼子"头上单击鼠标已经能加分了，效果如图 12-68 所示。

图 12-68 加分效果

经过短暂的喜悦后发现有几个问题：
(1) 打中"鬼子"后，"鬼子"没有中弹的效果。
(2) 游戏无法终止。
下面继续来完善。

4．完善游戏

先来制作鬼子被打中的动画效果。

(1) 按下 F11 键，打开"库"面板，鼠标双击其中的影片元件"射击"，打开该元件，如图 12-69 所示。

(2) 在"时间轴"面板，鼠标右击图层"敌人"的第 5 帧，在弹出的快捷菜单中选择"复制帧"，如图 12-70 所示。

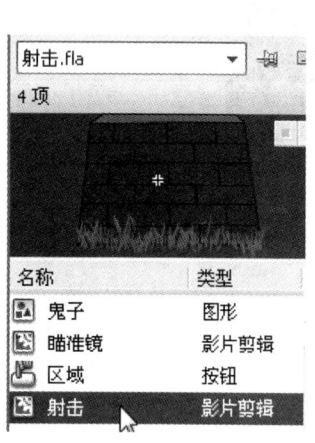
图 12-69　库面板

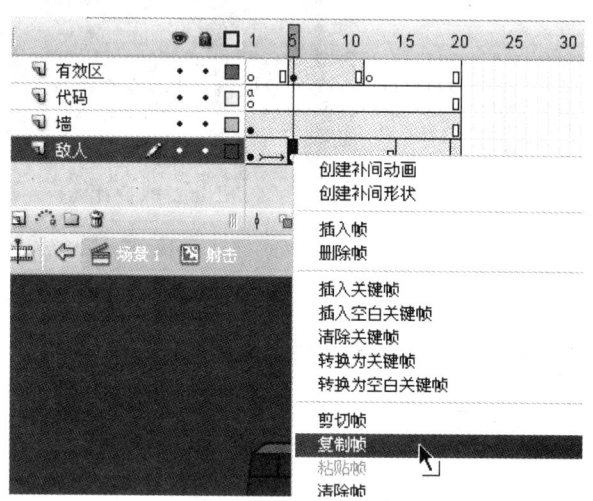
图 12-70　复制帧

(3) 鼠标右击"敌人"图层的第 21 帧（最后一个关键帧的后一帧），在弹出的快捷菜单中选择"粘贴帧"，如图 12-71 所示。

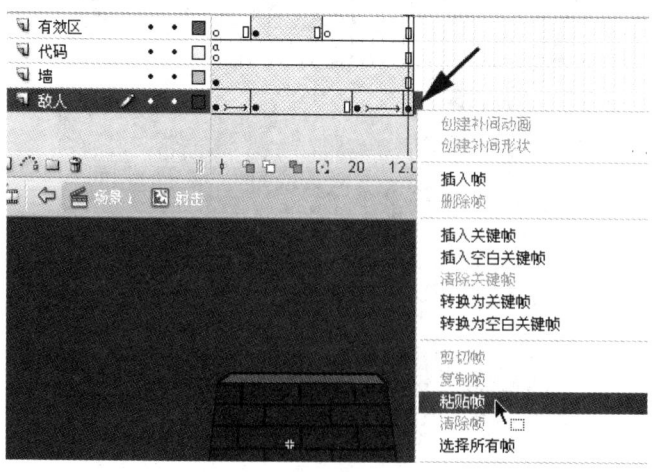
图 12-71　粘贴帧

（4）这样就把"鬼子"探出头的位置复制到了第 21 帧，时间轴如图 12-72 所示。因为图层"墙"中的帧只到 20 帧，所以这时舞台中只有"鬼子"。

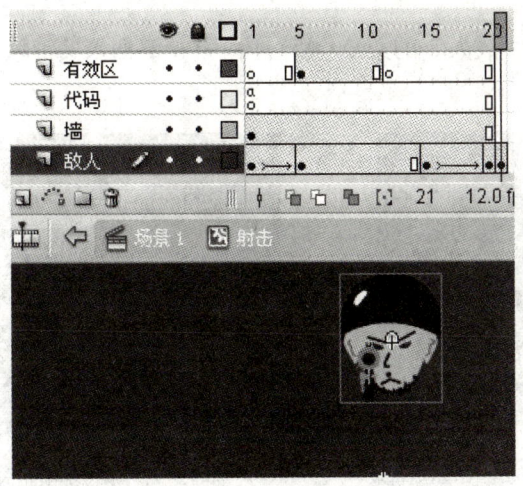

图 12-72　第 20 帧效果

（5）鼠标单击选择图层"墙"的第 25 帧，按下 F5 键插入帧，如图 12-73 所示，让"墙"的画面能延续到第 25 帧。

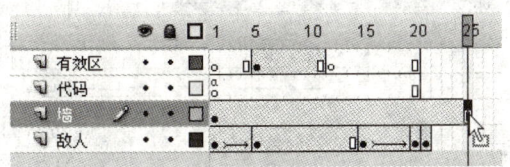

图 12-73　插入帧

（6）鼠标单击图层"敌人"的第 21 帧，选择"刷子工具"，在选项区按下"对象绘制"按钮（很重要，不然一会儿就画在"鬼子"元件后面了），设置"填充颜色"为红色，选择合适的刷子大小，在"鬼子"头上绘制血的效果，如图 12-74 所示。

（7）鼠标单击图层"敌人"的第 22 帧，按下 F6 键插入关键帧，选择"任意变形工具"旋转和移动"鬼子"，目的是用逐帧动画的方法制作出"鬼子"中弹歪头倒下的效果。同样，继续用"刷子工具"，在刚才绘制血的基础上扩大血的范围，效果如图 12-75 所示。

图 12-74　第 21 帧绘制血的效果

图 12-75　第 22 帧中弹的逐帧动画效果

（8）鼠标单击图层"敌人"的第 23 帧，按下 F6 键插入关键帧，继续上面的操作，用"任意变形工具"调整"鬼子"头更歪并往下移动，用"刷子工具"继续绘制血扩大的效果，如图 12-76 所示。

（9）鼠标单击图层"敌人"的第 24 帧，按下 F6 键插入关键帧，向下移动"鬼子"，如图 12-77 所示。

图 12-76　第 23 帧中弹的逐帧动画效果　　　　图 12-77　第 24 帧中弹的逐帧动画效果

（10）下面设置当"鬼子"中弹后播放这段动画。拖动时间轴指针到第 5 帧，这时舞台上显示隐藏按钮，单击鼠标选择该隐藏按钮，如图 12-78 所示。

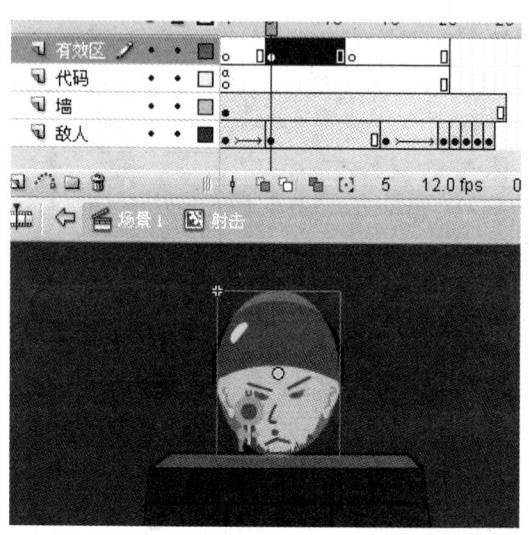

图 12-78　选择"隐藏"按钮

（11）按下 F11 键，打开"动作"面板，在原代码上添加语句 gotoAndPlay(21)。即如果打中，就跳到第 21 帧并播放，添加后该按钮上的代码如下：

```
on (release) {
    _root.score+=1;
    gotoAndPlay(21);
}
```

（12）按下 Ctrl+Enter 键，测试动画。游戏又出现了新问题。打不中也会播放"鬼子"

中弹倒下的效果。

（13）鼠标单击图层"敌人"的第 20 帧，按下 F9 键，打开"动作"面板，单击"将新项目添加到脚本中"按钮 ✚，选择"全局函数"→"时间轴控制"→"gotoAndPlay"，为第 20 帧添加 gotoAndPlay 语句，也可以手动输入，最终代码为 gotoAndPlay(1)。即如果没打中，返回第 1 帧。

（14）按下 Ctrl+Enter 键测试动画。

接下来继续完善游戏，在游戏测试中大家肯定会发现，"鬼子"很傻，从头到尾都不开枪，这样就少了很多刺激。现在对游戏进行下面的设计。"鬼子"探头后不会马上开枪，要快速击它的脑袋，如果慢了，"鬼子"就会开枪，同时游戏者的生命值也会减少一次。当生命值减到 0 时游戏就结束了。

（15）继续编辑"射击"元件。如果当前不是该元件编辑状态，鼠标双击"库"中的影片元件"射击"，打开该元件。

（16）创建一个新图层，修改名称为"开火"，如图 12-79 所示。

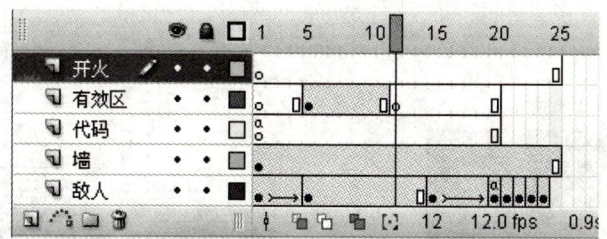

图 12-79 新建图层"开火"

（17）鼠标单击"开火"图层的第 12 帧，按下 F7 键插入空白关键帧。该帧也是隐藏按钮无效的时候，如图 12-80 所示。

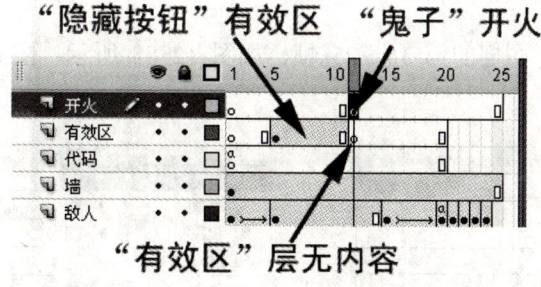

图 12-80 时间轴效果

（18）选择"多角星形工具"，打开"属性"面板，设置"笔触颜色"为黄色，"填充颜色"为红色。单击"选项"按钮，弹出"工具设置"对话框，设置"样式"为"星形"，"边数"为 6，如图 12-81 所示的。

（19）鼠标单击选择图层"开火"的第 12 帧，即刚插入的空白关键帧。在舞台拖动鼠标绘制星形，并用"选择工具"移动到角上拖动鼠标调整成不规则星形作为火光，如图 12-82 所示。

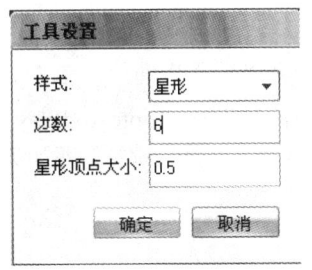
图 12-81 设置星形属性

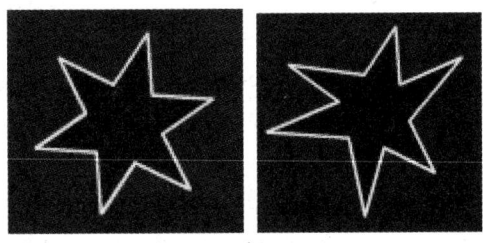
图 12-82 制作"火光"

（20）把星形移动到枪口的位置，选择"任意变形工具"调整大小，效果如图 12-83 所示。

（21）"分别在"开火"图层的第 13 帧和第 14 帧插入关键帧，单击第 13 帧选择该帧的图形，利用"任意变形工具"把该帧的"星形"放大。第 12、13、14 帧中的星形大小分别是小、大、小，如图 12-84 所示。

图 12-83 移动火光位置

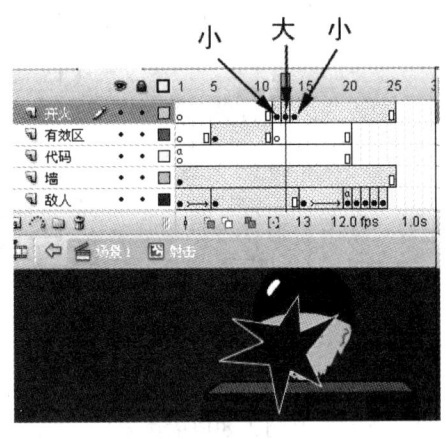
图 12-84 制作火光动画

（22）选择"开火"图层的第 15～25 帧，如图 12-85 所示，按下 Shif+F5 键删除这些帧，如图 12-86 所示。

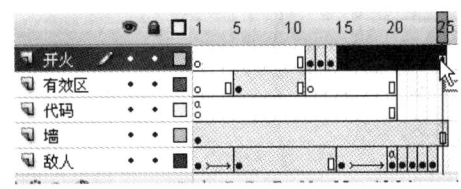
图 12-85 选择开火层上的帧

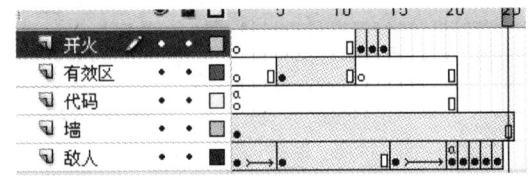
图 12-86 删除后开火层的帧后时间轴的效果

（23）单击舞台左上角的"场景 1"返回主场景，如图 12-87 所示。

图 12-87 返回主场景

（24）鼠标单击图层"action"的第 1 帧，按下 F9 键，打开"动作"面板，添加语句

life=30,这个是给生命值赋初值。添加后第 1 帧的代码为:

> score=0;
> life=30;

(25)下面制作生命值的图形提示效果。选择菜单"插入"→"新建元件",弹出"创建新元件"对话框,在"名称"中输入"生命值",在"类型"中选择"影片剪辑",单击"确定"按钮,如图 12-88 所示。

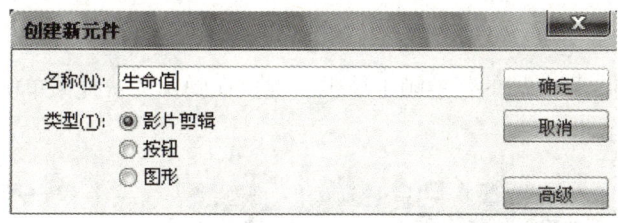

图 12-88 新建元件"生命值"

(26)在"生命值"元件编辑状态中,修改图层 1 名称为"图形",选择"矩形工具",设置"线条颜色"为无,"填充颜色"为红色,确定选项区的"对象绘制"无效,在舞台上拖动鼠标绘制一个矩形条,如图 12-89 所示。

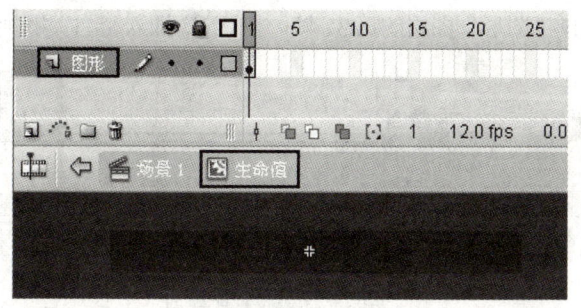

图 12-89 绘制矩形

(27)鼠标单击第 30 帧,按下 F6 键,插入关键帧,选择"任意变形工具",在矩形的左端按住鼠标左键横向压缩该矩形,如图 12-90 所示。压缩后的效果如图 12-91 所示,一定要注意保持右端不动。

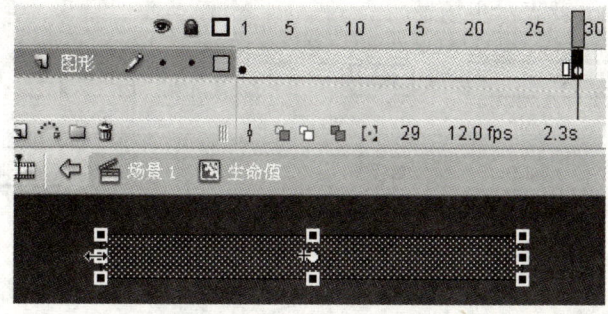

图 12-90 变形矩形

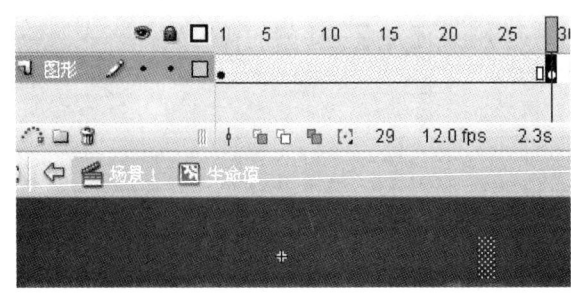

图 12-91 矩形压缩后效果

（28）在第 1~30 帧之间的任意帧上单击右键，在弹出的快捷菜单中选择"创建补间形状"，如图 12-92 所示。

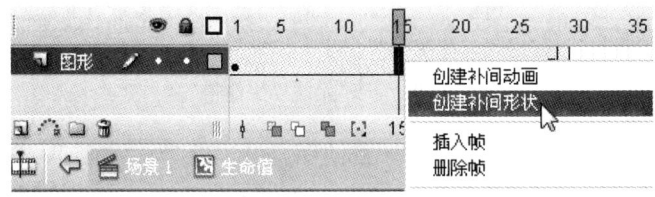

图 12-92 创建补间形状

（29）鼠标单击选择"图形"图层的第 31 帧，按下 F7 插入空白关键帧，如图 12-93 所示。

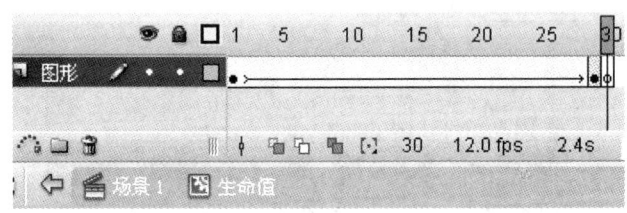

图 12-93 插入空白关键帧

（30）新建一个图层，修改名称为"文本"。选择"文本工具"，在"属性"面板设置类型为"动态文本"，"字体"为_sans，"大小"为 30，"颜色"为红色。在"变量"文本框里输入"_root.life"，如图 12-94 所示。该动态文本显示的内容是变量 life 的值，因为当前是在元件"生命值"里制作，而 life 变量是在主场景中定义的，如果要使用，需要加路径，这里用的是绝对路径，_root 就表示主场景。

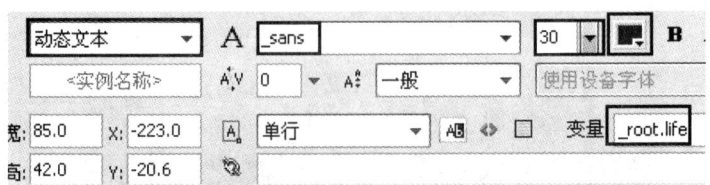

图 12-94 动态文本设置

（31）选择"文本"图层的第 1 帧，在矩形的左侧拖动鼠标设置好文本框的大小，如

图 12-95 所示。

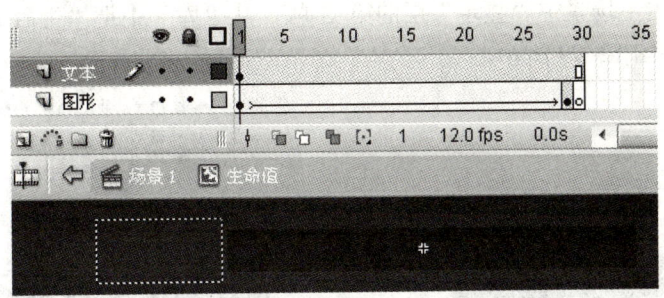

图 12-95 创建动态文本

（32）为了不让"生命值"元件自动播放，单击选择"文本"的第 1 帧，按下 F9 键，打开"动作"面板，添加"stop"语句，如图 12-96 所示。

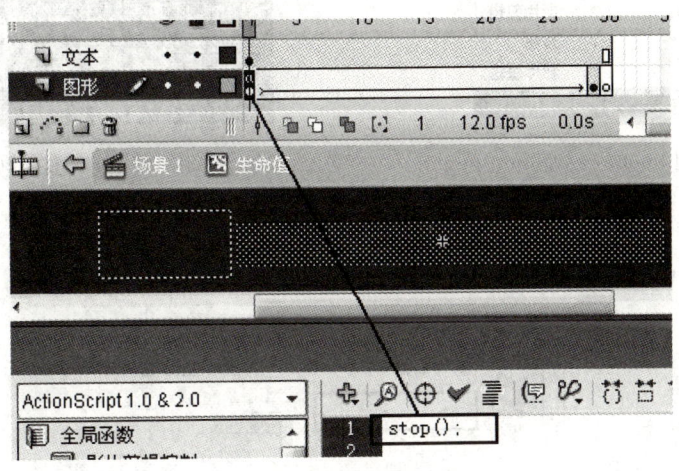

图 12-96 添加控制语句

（33）创建一个新图层，修改名称为"边框"，选择"矩形工具"，设置"笔触颜色"为黄色，"填充颜色"为无，在红色矩形外部拖动鼠标绘制一个框，如图 12-97 所示。

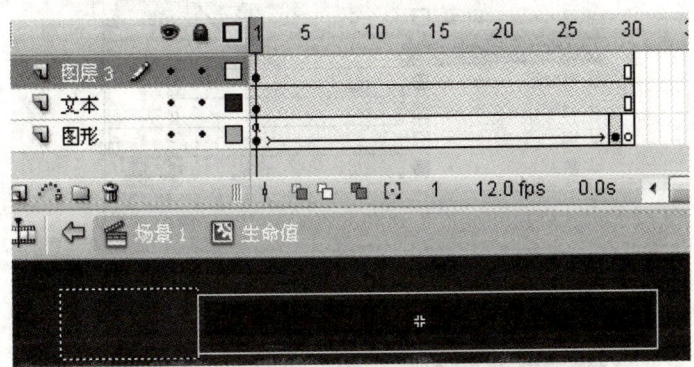

图 12-97 新建图层"边框"

（34）单击舞台左上角的"场景 1"返回主场景。按下 F11 键打开"库"面板，找到其中的影片元件"生命值",如图 12-98 所示。

(35)鼠标单击主场景中"显示"层的第 2 帧,从"库"中把"生命值"元件拖动到舞台上的左上角,如图 12-99 所示。

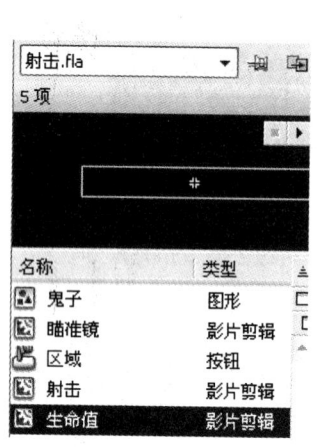

图 12-98 库面板

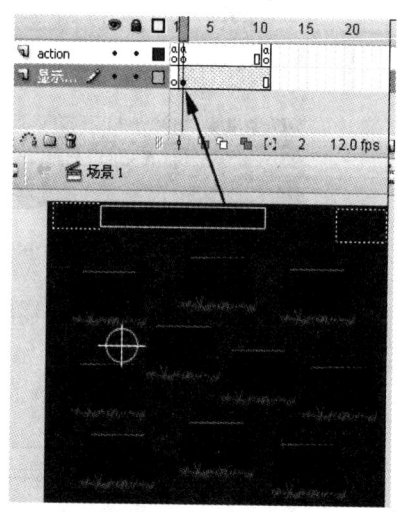

图 12-99 时间轴与场景效果

(36)选择舞台上的"生命值",打开"属性"面板,在"实例名称"口输入"smz",如图 12-100 所示。

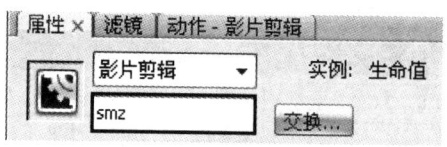

图 12-100 实例命名

(37)按下 F11 键,打开"库"面板,鼠标双击"库"中的"射击"元件,进入该元件编辑状态。鼠标单击选择"开火"图层的最后一帧,即第 14 帧,如图 12-101 所示。

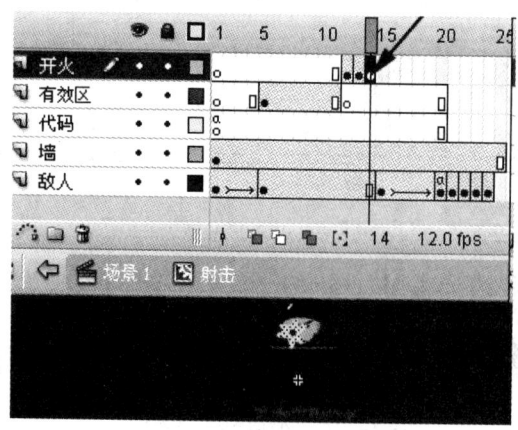

图 12-101 选择帧

(38) 按下 F9 键，打开"动作"面板，输入如下代码：

_root.life-=1;
wz=31-_root.life;
_root.life1.gotoAndStop(wz);

其中_root.life-=1 的作用是如果"鬼子"开枪，则游戏者的生命值减少 1 次。

wz=31-_root.life 的作用是计算出跳转到"生命值"元件的位置。life 的初值是 30，例如第 1 次中了"鬼子"的枪，则_root.life 的值就变成了 29，wz 的值即为 2。_root.lifel.gotoAndStop(wz)的作用就是控制让实例"生命值"跳到对应的帧上，现在 wz 是 2，就跳到并停止在"生命值"的第 2 帧，"血"的指示就减少了一段。

(39) 单击舞台左上角的"场景 1"返回主场景，按下 Ctrl+Enter 键测试动画，看看消灭敌人数和生命值的变化吧。

(40) 在主场景中创建一个新图层，修改图层名称为"结束"，如图 12-102 所示。

(41) 鼠标单击选择"结束"图层的第 11 帧，按下 F7 键插入空白关键帧，如图 12-103 所示。

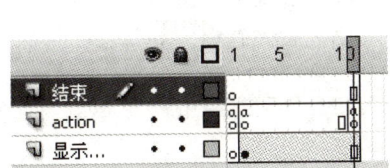

图 12-102 新建图层"结束"

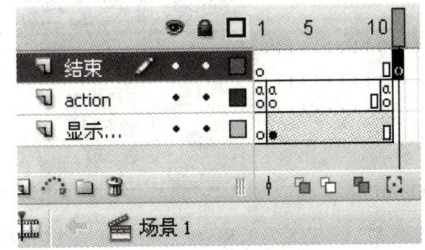

图 12-103 插入空白关键帧

(42) 选择"矩形工具"，设置"笔触颜色"为无，"填充颜色"为红色，确定当前是"结束"图层的第 11 帧，在舞台上拖动鼠标绘制一个大小遮住整个舞台的矩形，如图 12-104 所示。

(43) 选择"铅笔工具"，设置铅笔模式为平滑，在矩形的下端绘制波浪形，如图 12-105 所示。

图 12-104 绘制矩形

图 12-105 绘制波浪线

(44) 选择"选择工具"，双击矩形下部被分隔开的图形，按下 Delete 键删除选择图形,如图 12-106 所示。

图 12-106 删除图形

(45)鼠标单击时间轴的"结束"图层的第 11 帧,选中该帧中的红色图形,按下 F8 键,弹出"转换为元件"对话框,在"名称"中输入"血",在"类型"中选择"图形",单击"确定"按钮。如图 12-107 所示。

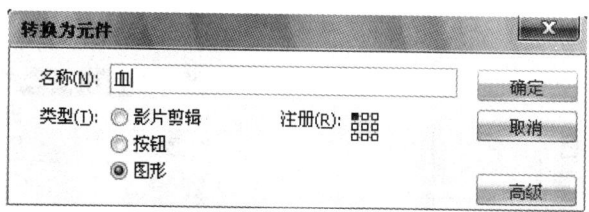

图 12-107 转换元件"血"

(46)选择"结束"图层中第 11 帧的"血",把它移动到舞台上端,如图12-108 所示。

(47)鼠标单击"结束"图层的第 25 帧,按下 F6 键插入关键帧,向下移动该帧中的"血"直到全部覆盖舞台,如图 12-109 所示。

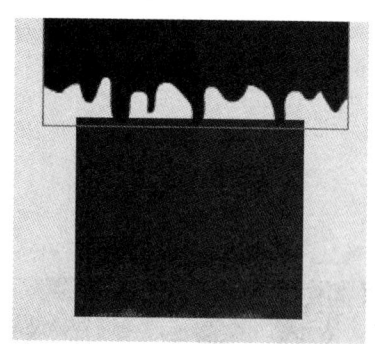

图 12-108 第 11 帧效果

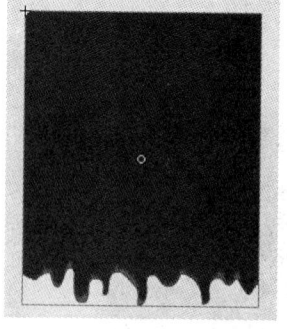

图 12-109 第 25 帧效果

(48)鼠标单击"结束"图层的第 35 帧,按下 F6 键插入关键帧,选择该帧中的"血",打开"属性"面板,在"颜色"中选择"亮度","亮度"数量拖动滑块设置为-100,红色的"血"变成了黑色。

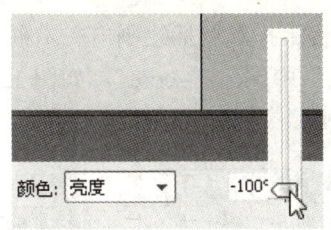

图 12-110 修改属性

（49）鼠标右击"结束"图层第 11～25 帧之间的任意帧，在弹出的快捷菜单中选择"创建补间动画"。同样为第 25～35 帧之间创建补间动画，如图 12-111 所示。

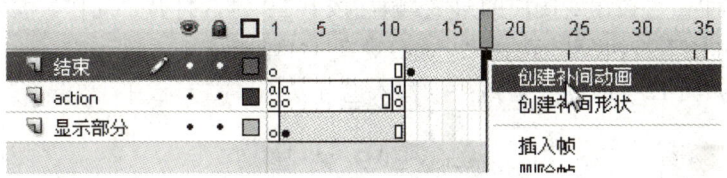

图 12-111 创建动作补间

（50）创建一个新图层，修改图层名称为"按钮"，如图 12-112 所示。

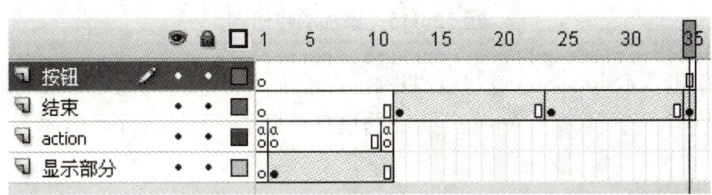

图 12-112 新建图层"按钮"

（51）鼠标单击"按钮"层的第 35 帧，按下 F7 键插入空白关键帧。选择"文本工具"，在"属性"面板设置文本类型为"静态文本"，文本颜色为白色，在舞台输入文本"战役结束""共打死　　个鬼子"，如图 12-113 所示。

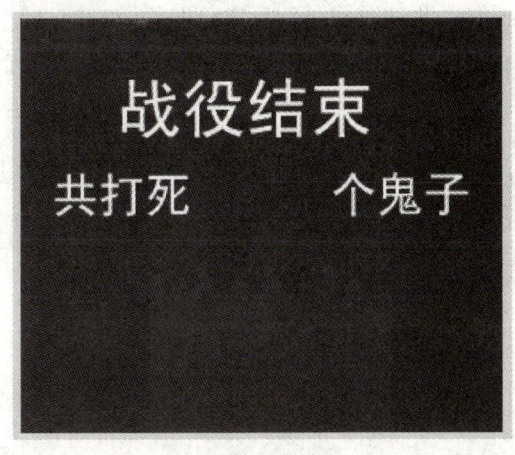

图 12-113 创建静态文本

（52）用"文本工具"在舞台上拖动鼠标绘制出文本框，在"属性"面板设置"文本类型"为"动态文本"，在"变量"中输入"score"，如图 12-114 所示，在文本"打死"和"鬼子"之间拖动鼠标绘制文本框。

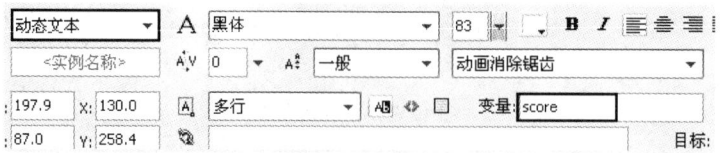

图 12-114　创建动态文本

（53）鼠标单击"按钮"图层的第 35 帧，按下 F9 键，打开"动作"面板，单击"将新项目添加到脚本中"按钮 ，选择"全局函数"→"时间轴控制"→"stop"，为第 35 帧添加 stop 语句，如图 12-115 所示，或手动输入也可以。

图 12-115　添加动作语句

（54）鼠标单击"action"图层的第 11 帧，打开"动作"面板，该帧原来的动作语句是"gotoAndPlay(2);"，现在添加控制游戏结束的语句。添加后该帧的语句如下：

```
gotoAndPlay(2);
if(life==0) {
    gotoAndPlay(12);
}
```

if 是条件语句，它判断变量 life 是否为 0，如果是，则跳转到第 12 帧。

（55）鼠标单击"显示"图层的第 35 帧，按下 F5 键插入帧。

（56）按下 Ctrl+Enter 键，测试游戏，玩玩自己做的游戏吧！

大家可以试试在游戏开始和结束时增加"开始游戏"、"重玩"两个按钮，让游戏更完善。

12.3　思考与练习

1．简述 Flash 游戏制作的流程。
2．完善游戏。在游戏开始和结束时增加"开始游戏"、"重玩"两个按钮。

参 考 文 献

[1] 宋一兵，李仲，马震. 从零开始 Flash MX 基础培训教程. 北京：人民邮电出版社，2003.
[2] 张世军等. Flash 5 案例教程. 北京：科海集团公司，2001.
[3] 殷虹等. Flash 动画制作. 北京：中国铁道出版社，2005.
[4] 彭宗勤，孙利娟，徐景波. Flash 8 中文版基础与实例教程. 北京：电子工业出版社，2006.
[5] 兴图科技产品研发中心. 中文版 Flash 8 基础与上机实训. 南京：南京大学出版社，2006.
[6] 王云. Flash 8 动画制作案例教程. 西安：西安电子科技大学出版社，2008.